"十四五"职业教育国家规划教材

职业教育电类系列教材

"十四五"职业教育
河南省规划教材

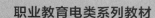

U0216418

电路分析基础

第5版 | 附微课视频

王磊 曾令琴 / 主编　　丁燕 何红军 / 副主编

LECTRICITY

人民邮电出版社

北　京

图书在版编目（CIP）数据

电路分析基础：附微课视频 / 王磊，曾令琴主编
. -- 5版. -- 北京：人民邮电出版社，2021.11
职业教育电类系列教材
ISBN 978-7-115-57136-6

Ⅰ. ①电… Ⅱ. ①王… ②曾… Ⅲ. ①电路分析—职
业教育—教材 Ⅳ. ①TM133

中国版本图书馆CIP数据核字(2021)第162132号

内 容 提 要

　　本书以电路的基本概念和定律为开篇，以技能训练为结尾；各章均以知识导图的方式展示重点知识脉络，电路理论知识中穿插了课堂实践，强调了理论联系实际；书中设有大量例题，以便引导学习者举一反三。本书分为 9 章：电路的基本概念和定律，电路基本分析方法，正弦交流电路基础，正弦稳态电路的分析，谐振电路，耦合电路和变压器，三相电路，电路的暂态分析，非正弦周期电流电路。本书制作了微课视频，运用动画将抽象概念通过形象思维展现出来；配套的高水平教学课件直观明了，易于教学；配套教学大纲、教学计划、参考教案、能力检测题解析、思考题答案、试题库等，帮助教师更好地组织和开展教学，帮助学习者把握学习内容，提高学习效率。全书行文流畅，内容先进，概念清楚，注重实际，目标明确，便于自学。

　　本书可作为应用型高等教育、职业教育本科和专科的电类各专业及非电类相关专业的"电路分析基础"课程教材，也可供从事相关工作的工程技术人员参考。

◆ 主　　编　王　磊　曾令琴
　　副主编　丁　燕　何红军
　　责任编辑　王丽美
　　责任印制　王　郁　彭志环
◆ 人民邮电出版社出版发行　　北京市丰台区成寿寺路 11 号
　　邮编　100164　电子邮件　315@ptpress.com.cn
　　网址　https://www.ptpress.com.cn
　　三河市兴达印务有限公司印刷
◆ 开本：787×1092　1/16
　　印张：12　　　　　　　　　　2021 年 11 月第 5 版
　　字数：322 千字　　　　　　　2024 年 7 月河北第 4 次印刷

定价：42.00 元

读者服务热线：(010)81055256　印装质量热线：(010)81055316
反盗版热线：(010)81055315
广告经营许可证：京东市监广登字 20170147 号

前言

随着职业教育改革的不断推进，按照突出应用性、实践性的原则，重组课程结构、更新教学内容的工作也已提到改革日程上来。对"电路分析基础"这门专业基础理论课程，教材的内容也需要做相应的调整。

鉴于目前各职业院校课程改革的学时压缩较多，编者决定对《电路分析基础（第4版）（附微课视频）》教材进行修订。与第4版对比，本书的具体变动主要有以下几个方面。

1. 贯彻落实党的二十大报告中提出的"育人的根本在于立德。全面贯彻党的教育方针，落实立德树人根本任务，培养德智体美劳全面发展的社会主义建设者和接班人"精神，融入素质培养元素，提升育人成效。

2. 本书在修订前的调研表明，各校由于课时压缩和专业需求，第4版的第10章二端口网络、第11章均匀传输线、第12章拉普拉斯变换很少讲到。根据"够用、实用"的原则，本次修订对这3章进行了删减。

3. 本次修订对每章的体例进行了重组，设置了以下几个环节。

（1）知识导图：利用知识导图帮助学习者梳理知识脉络，了解各知识点之间的逻辑关系，从整体上把握章节内容。

（2）知识目标和能力目标：对项目中的知识水平和能力水平提出了具体要求。

（3）课堂实践：书中章节凡前面带有★的内容，教学中应放在实训室或实验室介绍，并与后面的课堂实践紧密结合，以便能够更好地体现理论联系实际的教学环节。

（4）节后思考题：与当节重点知识紧密结合，以及时巩固学习成果。

（5）小结：对各章中罗列的知识要点进行概括，引导学习者对各章知识体系加深理解和体会。

（6）能力检测题：基本涵盖了项目中所有知识点，可用来检测学习者对项目内容理解和掌握的程度。其中，"素质拓展题"是结合党的二十大精神和实际案例提出的开拓性任务，引导学习者探索本书相关科技前沿发展动态，进一步拓展知识面，同时增强民族自信心和自豪感。

4. 本次修订保持了第4版通俗易懂的风格，同时注意到了职业院校学生的需求，本着"讲透基本原理，打好能力基础，面向工程应用"的宗旨，进一步降低书中的理论深度，主要体现在正弦稳态电路的分析和三相电路的分析上。

5. 本书配套了立体化教学资源，其中以纸质教材和高水平教学课件作为教学主导，以微课视频作为辅助工具，提供了详细的能力检测题解析和思考题解答，给教师的教和学生的学带来了方便。

在对本书进行修订的过程中，编者力求彰显应用型人才培养的特色，对电路分析基础课程的教学提出了指导性的教学大纲、教学计划及教案。

本书由黄河水利职业技术学院的王磊、曾令琴担任主编，黄河水利职业技术学院的丁燕、温州职业技术学院的何红军担任副主编，黄河水利职业技术学院的赵转莉、李景丽、高玲参编，全书由曾令琴负责统稿。

为使本书更好地为读者服务，敬请广大教师和工程技术人员对书中存在的不当之处及时给予指正。

编　者
2023 年 5 月

目录

第1章 电路的基本概念和定律 ……………1

知识导图 …………………………………1

知识目标 …………………………………1

能力目标 …………………………………1

1.1 电路和电路模型 ………………………2

   1.1.1 电路的组成及功能 ………………2

   1.1.2 电路模型和理想电路

       元件 ………………………………2

1.2 电路的基本物理量 ……………………4

   1.2.1 电流 ………………………………4

   1.2.2 电压 ………………………………5

   1.2.3 电位 ………………………………6

   1.2.4 电功和电功率 ……………………7

1.3 电路基本定律 …………………………8

   1.3.1 欧姆定律 …………………………8

   *1.3.2 基尔霍夫定律 …………………9

   课堂实践：基尔霍夫定律的验证 …………12

1.4 电压源和电流源 ………………………13

   1.4.1 理想电压源 ………………………13

   1.4.2 理想电流源 ………………………13

   1.4.3 实际电源的两种电路模型及外

       特性 ………………………………14

1.5 电路的等效变换 ………………………14

   1.5.1 电阻之间的等效变换 ……………15

   1.5.2 电源之间的等效变换 ……………17

1.6 直流电路中的几个问题 ………………19

   1.6.1 电路中各点电位的计算 …………19

   1.6.2 电桥电路 …………………………20

   1.6.3 负载获得最大功率的

       条件 ………………………………21

   1.6.4 受控源 ……………………………22

小结 ………………………………………23

能力检测题 ………………………………24

第2章 电路基本分析方法 ………………28

知识导图 …………………………………28

知识目标 …………………………………28

能力目标 …………………………………28

2.1 支路电流法 ……………………………29

2.2 回路电流法 ……………………………30

2.3 结点电压法 ……………………………32

   2.3.1 结点电压法及其分析步骤 ………32

   2.3.2 弥尔曼定理 ………………………34

*2.4 叠加定理 ……………………………35

   课堂实践：叠加定理的验证 ………………37

*2.5 戴维南定理 …………………………38

   课堂实践：戴维南定理的验证 ……………39

小结 ………………………………………40

能力检测题 ………………………………40

第3章 正弦交流电路基础 ………………43

知识导图 …………………………………43

知识目标 …………………………………43

能力目标 …………………………………43

3.1 正弦交流电路的基本概念 ……………44

   3.1.1 正弦交流电的产生 ………………44

   3.1.2 正弦量的三要素 …………………45

   3.1.3 相位差 ……………………………47

3.2 正弦交流电的相量分析法 ……………49

   3.2.1 复数及其表示方法 ………………49

   3.2.2 复数运算法则 ……………………50

   3.2.3 相量与相量图 ……………………50

3.3 相量形式的电路定律 …………………52

3.4 单一参数的正弦交流电路 ……………53

   3.4.1 电阻元件 …………………………53

   *3.4.2 电感元件 ………………………55

   课堂实践：三表法测量线圈参数 …………58

3.4.3　电容元件 ················59

小结 ···················62

能力检测题 ················62

第4章　正弦稳态电路的分析 ···65

知识导图 ·················65

知识目标 ·················65

能力目标 ·················65

4.1　单相正弦稳态电路的分析 ······65

4.1.1　串联电路的稳态分析和
复阻抗 ··············66

4.1.2　并联电路的稳态分析和
复导纳 ··············68

4.2　单相交流电路的典型设备 ······74

4.2.1　感性设备的稳态分析 ·····74

4.2.2　提高功率因数的意义和方法 ·77

*4.2.3　日光灯电路 ··········80

课堂实践：日光灯电路并联不同数值电容的
实验 ··············82

小结 ···················84

能力检测题 ················85

第5章　谐振电路 ·········87

知识导图 ·················87

知识目标 ·················87

能力目标 ·················88

*5.1　串联谐振 ··············88

5.1.1　RLC串联电路的基本关系 ·88

5.1.2　串联谐振的条件 ·······88

5.1.3　串联谐振电路的基本特性 ··88

5.1.4　串联谐振回路的能量特性 ·89

5.1.5　串联谐振电路的频率特性 ·90

课堂实践：串联谐振的实验 ·····93

5.2　并联谐振 ··············96

5.2.1　并联谐振电路的谐振条件 ·96

5.2.2　并联谐振电路的基本特性 ··97

5.2.3　信号源内阻对并联谐振电路的
影响 ··············97

5.2.4　并联谐振电路的一般分析方法 ·99

5.3　正弦交流电路的最大功率传输 ··100

5.4　谐振电路的应用 ··········101

小结 ··················102

能力检测题 ··············102

第6章　耦合电路和变压器 ····105

知识导图 ················105

知识目标 ················105

能力目标 ················105

6.1　耦合电感电路基础 ········106

6.1.1　自感电压与自感系数 ····106

6.1.2　互感电压与互感系数 ····106

*6.1.3　耦合系数和同名端 ·····108

课堂实践：变压器参数测定及绕组极性
判别 ·············108

6.2　互感电路的分析方法 ·······111

6.2.1　互感线圈的串联 ······111

6.2.2　互感线圈的并联 ······112

6.2.3　互感线圈的去耦等效电路 ·113

6.3　空心变压器 ············115

6.4　理想变压器 ············117

6.4.1　理想变压器的条件 ·····117

6.4.2　理想变压器的主要性能 ··118

6.5　全耦合变压器 ···········119

6.5.1　全耦合变压器的定义 ····119

6.5.2　全耦合变压器的等效电路 ·120

6.5.3　全耦合变压器的变换系数 ·120

小结 ··················121

能力检测题 ··············122

第7章　三相电路 ········124

知识导图 ················124

知识目标 ················124

能力目标 ················124

7.1　三相电源 ·············124

7.1.1　星形连接三相电源及其供电体制··125

7.1.2　三角形连接三相电源及其供电
体制 ·············126

7.2　三相负载 ·············127

7.2.1　三相负载的两种连接方式 ·····127

*7.2.2　对称三相负载电路 ·····128

课堂实践：对称三相电路电压、电流的
测量 ·············131

*7.2.3　单相负载接到三相电源的情况 ····132

课堂实践：不对称三相电压、电流的
测量 ·············133

7.3　三相电路的功率 ·········135

小结 ·······················137
能力检测题 ·················137

第8章　电路的暂态分析 ·······140

知识导图 ···················140
知识目标 ···················140
能力目标 ···················140
8.1　基本概念和换路定律 ·······140
8.1.1　基本概念 ···········141
8.1.2　换路定律 ···········141
8.2　一阶电路的暂态分析 ·······143
8.2.1　一阶电路的零输入响应 ···143
8.2.2　一阶电路的零状态响应 ···146
8.2.3　一阶电路的全响应 ·····147
*8.2.4　一阶电路暂态分析的三要素法 ·····149
课堂实践:一阶电路的响应测试 ·······150
8.3　一阶电路的阶跃响应 ·······153
8.3.1　单位阶跃函数 ·······153
8.3.2　单位阶跃响应 ·······154
8.4　二阶电路的零输入响应 ·····156
小结 ·····················158
能力检测题 ···············159

第9章　非正弦周期电流电路 ·······162

知识导图 ···················162
知识目标 ···················162

能力目标 ···················162
9.1　非正弦周期信号 ···········162
9.1.1　非正弦周期信号的产生 ···163
9.1.2　非正弦周期信号的合成与分解 ·····163
9.2　谐波分析和频谱 ···········164
9.2.1　非正弦周期信号的傅里叶级数表达式 ·····164
9.2.2　非正弦周期信号的频谱 ·······165
9.2.3　波形的对称性与谐波成分的关系 ··166
9.2.4　波形的平滑性与谐波成分的关系 ·166
*9.3　非正弦周期量的有效值、平均值和平均功率 ·················168
9.3.1　非正弦周期量的有效值和平均值 ·168
9.3.2　非正弦周期量的平均功率 ·········168
课堂实践:非正弦周期电流电路的研究实验 ·················169
9.4　非正弦周期信号作用下的线性电路分析 ·················171
小结 ·····················173
能力检测题 ···············174

附录　技能训练 ·············177

实训项目　常用电工工具的使用及配盘练习 ·················177

参考文献 ·················186

第1章　电路的基本概念和定律

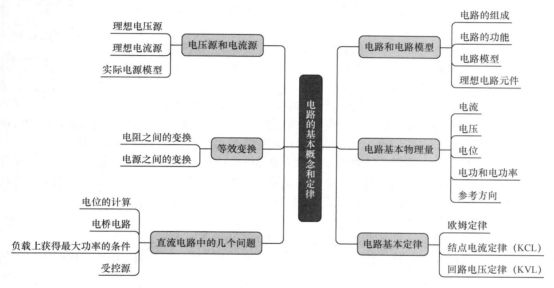

现代电工电子设备种类日益繁多，规模和结构更是日新月异，但无论怎样设计和制造，这些设备绝大多数仍是由各式各样的电路所组成的。电路的结构不论多么复杂，它们和最简单的电路之间仍具有许多基本的共性，遵循着相同的规律。本章的重点就是要阐明这些共性及分析电路的基本规律。

知识目标

了解和熟悉理想电路元件和电路模型的概念；理解和区分电压、电流、电位、电功率的概念及其描述问题的方法；进一步熟悉欧姆定律及其扩展应用；充分理解基尔霍夫定律，并能运用基尔霍夫定律分析电路中的实际问题；深刻理解和掌握参考方向在电路分析中的作用；理解和领会电路等效，掌握等效化简的基本方法；理解受控源的概念。

能力目标

了解实训场地或实验室的情况；熟悉常用实训设备和实验设备，具有测量电压和电流的能力；具有电路定律的检测能力，具有用万用表测量电阻的能力。

1.1 电路和电路模型

生产和生活中的各种实际电路，都是由电源、电阻器、电感线圈、电容器、变压器、仪表、二极管、三极管等实体部件组成的。这些实体部件各自具有不同的电磁特性和功能，将它们按照一定的方式组合起来可构成不同功能的电路。

1.1.1 电路的组成及功能

1. 电路的组成

电流通过的路径称为电路。

手电筒电路、单灯照明电路是实际应用中最为简单的电路实例，电动机电路、雷达导航设备电路、计算机电路、电视机电路显然是较为复杂的电路，但不管电路是简单的还是复杂的，其基本组成部分都离不开 3 个基本环节：电源、负载和中间环节。

（1）电源：向电路提供电能的装置，如电池、发电机、信号源等。电路中的电压和电流是在电源的作用下产生的，因此，电源又被人们称为激励，激励是激发和产生电能的因素。

1-1 电路的组成
和功能

（2）负载：电路中接收电能的装置，如电灯、电动机等用电设备。负载把从电源接收到的电能转换为人们需要的能量形式，如电灯把电能转换为光能和热能，电动机把电能转换为机械能，充电的蓄电池把电能转换为化学能等。由激励在负载上产生的电压和电流称为响应。

（3）中间环节：电源和负载之间连通的传输导线、控制电路通断的开关、保护和监控实际电路的设备（如熔断器、热继电器、空气开关等）均为电路的中间环节。中间环节在电路中起着传输和分配能量、控制和保护电气设备的作用。

2. 电路的功能

工程应用中的实际电路按照功能的不同可以概括为以下两大类。

（1）电力系统中的电路：特点是大功率、大电流，其主要功能是对发电厂发出的电能进行传输、分配和转换。

（2）电子技术中的电路：特点是小功率、小电流，其主要功能是实现对电信号的传递、变换、存储和处理。

1.1.2 电路模型和理想电路元件

1. 电路模型

电路理论是关于电的一门公共基础性的工程学科，电路理论是建立在理想化模型基础上的。电路理论的对象并不是实际电路，而是由理想电路元件相互连接而成的电路模型。

1-2 电路模型

电路模型是实际电路电气特性的抽象和近似，例如，图 1.1 所示为手电筒电路及其电路模型。图 1.1（a）所示手电筒的实体电路画法较为复杂，图 1.1（b）所示的电路模型显然清晰明了。电路模型具有以下两大特点。

① 电路模型中的任何一个元件都是只具有单一电特性的理想电路元件，因此反映出的电现象均可用数学方式进行精确的分析和计算。

② 对各种电路模型的深入研究，实质上就是探讨各种实际电路共同遵循的基本规律。

电路模型是用来探讨存在于不同特性的各种真实电路中共有规律的工具。进行电路分析时，应牢固树立"电路模型"的概念，通过对电路模型的分析、研究来预测实际电路的电气特性，以便指导和改进实际电路的电气特性和设计制造新的实际电路。

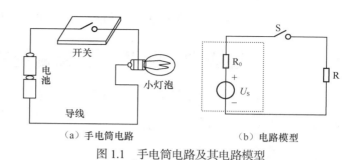

（a）手电筒电路　　　　（b）电路模型

图 1.1　手电筒电路及其电路模型

2. 理想电路元件

1-3 理想电路元件

实际电路器件的电特性往往多元而复杂。例如，一个实际的电感线圈，通电后在线圈周围会建立磁场，显然这是电感线圈的主要电磁特性；电感线圈通电后会发热，即实际电感线圈同时存在着"耗能"的电特性；实际电感线圈还存在着匝间分布电容和层间分布电容效应。可见，实际电感线圈的电特性多元而复杂，且当它们所处的外部条件改变时，它们的电特性也会随之发生改变。

理想电路元件是用数学关系式严格定义的假想元件。每一种理想元件都可以表示实际器件所具有的一种主要电特性。理想电路元件的数学关系反映了实际电路器件的基本物理规律。

电路理论中的理想电路元件分为无源和有源两大类，其电路模型分别如图 1.2（a）～（c）和图 1.2（d）、（e）所示。

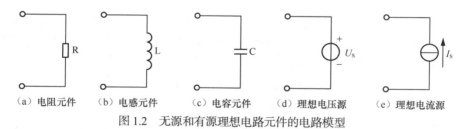

（a）电阻元件　　（b）电感元件　　（c）电容元件　　（d）理想电压源　　（e）理想电流源

图 1.2　无源和有源理想电路元件的电路模型

图 1.2 中的理想电阻元件仅表征电路中消耗电能并转换成非电能的电特性；理想电感元件仅表征电路中储存或释放磁场能量的电特性；理想电容元件仅表征储存或释放电场能量的电特性。它们均为无源二端元件，分别是实际电路器件电阻器、电感器和电容器在一定条件下的理想化、近似化的抽象。理想电压源和理想电流源称为有源二端元件，其中的"源"是指它们能向电路提供电能。在电路精度要求不高的情况下，如果实际电源的主要供电方式是向电路提供一定的电压，则其电路模型可用电压源抽象和模拟；若主要供电方式是向电路提供一定的电流，则可用电流源抽象和模拟。显然，理想电路元件的电特性单一、确切。

注意：进行模型化处理的思路，就是要在工程允许的范围内，用一些理想电路元件表征实际器件的主要电特性，忽略它们的次要电特性，从而大大简化对实际问题的分析和计算。电路理论中的这种抽象出来的理想电路元件，也是简化电路分析和计算的最行之有效的方法。

思考题

1. 电路由哪几部分组成？各部分的作用是什么？
2. 试述电路的分类及其功能。

3. 何谓电路模型？何谓理想电路元件？如何理解"理想"二字在实际电路中的含义？

1.2 电路的基本物理量

电路理论中涉及的物理量主要有电压 U、电流 I、电位 V、电能 W 和电功率 P 等。

1-4 电流

1.2.1 电流

电荷有规则地定向移动形成电流。

1. 电流的定义

在金属导体内部，自由电子可以在原子间做无规则运动；在电解液中，正、负离子可以在溶液中自由运动。如果在金属导体或电解液两端加上电压，在金属导体内部或电解液中就会形成电场，自由电子或正、负离子就会在电场力的作用下做定向移动，从而形成电流。

电流的大小是用单位时间内通过导体横截面的电量进行衡量的，即

$$i = \frac{\mathrm{d}q}{\mathrm{d}t} \tag{1.1}$$

稳恒直流电路中，电流的大小及方向都不随时间变化时，其电流可表示为

$$I = \frac{Q}{t} \tag{1.2}$$

式（1.1）和式（1.2）中，当电量 q（Q）的单位采用国际制单位库仑（C）、时间 t 的单位采用国际制单位秒（s）时，电流 i（I）的单位应采用国际制单位安培（A）。电流还有较小的单位——毫安（mA）、微安（μA）、纳安（nA），它们之间的换算关系为

$$1A = 10^3 mA = 10^6 \mu A = 10^9 nA$$

注意：电路理论中，一般把随时间变化的电压、电流用小写英文字母 u、i 表示，而把不随时间变化的电压、电流用大写英文字母 U、I 表示。如式（1.1）中的电流是用小写英文字母表示的，所以它指的是任意波形的交变电流；式（1.2）中的电流是用大写英文字母表示的，指的是大小和方向均不随时间变化的稳恒直流电，这一规定在电学中十分重要，切不可随意乱用。

2. 电流的参考方向

电荷的定向移动形成电流，说明电流是一种物理现象。

电路理论中，电流不仅是一种重要的物理量，因其具有方向性而又成为一个代数量。在电路分析时，电流的大小和方向是描述电流变量不可缺少的两个方面。习惯上，人们规定正电荷移动的方向为电流的参考正方向。

但是，对于一个给定的复杂电路，要指出其某支路电流的真实方向并不是一件容易的事情，而交流电路中电流的真实方向也不断地随时间变化，为此，引入了电流参考方向的概念。

图 1.3 所示为某电路的一部分，其中方框表示一个二端元件。流经二端元件的电流 I 的参考方向为从 A 点到 B 点，用箭头表示。

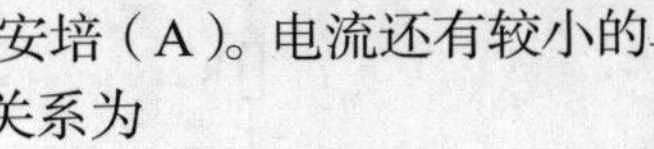

图 1.3 某电路的一部分

电路理论中，电流是代数量，因此在求解电路时，必须首先选定电流的参考方向，参考方向确定之后，电流在方程式中的正、负才有意义。只有数值而无参考方向是没有意义的。例如，在图 1.3 中，若电流 $I=2A$，则说明其实际方向与参考方

向一致；若电流 $I=-2A$，则说明其实际方向与参考方向相反。

注意：电路理论中，电路图上标示的电流箭头指向都是电流的参考方向。原则上，电流的参考方向可以任意选定，但一经选定，就不允许再改变。

3. 电流的测量

1-5　电流的测量

测量直流电流通常采用磁电式电流表，测量交流电流主要采用电磁式电流表。图 1.4 所示为常用的交直流毫安表。

实际测量电流时，如果无法正确估算电流值的范围，则应先把毫安表打到最大量程，再根据实际测量值调整到合适的量程（为使测量值误差最小，应使指针偏转到最大偏转角度的 1/2 或 2/3 以上处）。

电路理论中，为简化分析问题的步骤，通常把电流表理想化，即把电流表的内阻视为零。实际上，电流表的内阻总是存在的，根据各电流表内阻的不同，通常把电流表划分为不同等级的精度，精度越高的电流表其内阻越小。

实际电流表的内阻总是非常小的，因此在使用中必须把电流表串联在被测支路中，如图 1.5 所示。

如果使用中误将电流表与被测支路相并联，或者把电流表直接接在电源两端，就会因其内阻很小造成过电流而使电流表烧损。

此外，测量直流电流时还要注意电流表的极性不要接反（测交流电流时无极性选择）。

图 1.4　常用的交直流毫安表

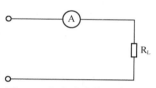

图 1.5　电流表连接示意图

1.2.2　电压

1-6　电压及其测量

1. 电压的定义

单位正电荷从电场中的一点 A 移至另一点 B 所做的功称为 A、B 两点的电压，可表达为

$$u_{AB} = \frac{w_A - w_B}{q} \tag{1.3}$$

式中，u_{AB} 是用来衡量电场力做功本领大小的电量。式（1.3）中，当电功的单位用焦耳（J）、电量的单位用库仑（C）时，电压的单位是伏特（V）。电压的单位还有千伏（kV）和毫伏（mV），各种单位之间的换算关系为

$$1V=10^{-3}\,kV=10^3\,mV$$

由欧姆定律可知，如果在一个电阻两端加上电压，则电阻中就会有电流通过。实际电路中的情况正是如此，在一个闭合电路两端加上电压，电路中就会有电流通过。因此，从工程应用的角度来看，电压是电路中产生电流的根本原因。

2. 参考方向与关联参考方向

电路理论中，电压也是一个代数量，因此在电路分析中同样存在参考方向的问题。电学中规定：电压的参考正方向由高电位"+"指向低电位"−"，所以电压也称为电压降，如图 1.6（a）所示。

图 1.6（b）所示的电压、电流参考方向为关联参考方向（关联参考方向是指同一元件或同一段电路中的电压和电流方向一致）；图 1.6（c）所示的电压、电流参考方向为非关联参考方向（非关联参考方向是指同一元件或同一段电路中的电压和电流方向相反）。

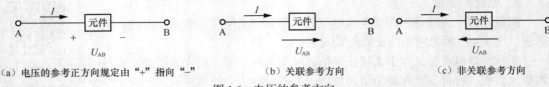

（a）电压的参考正方向规定由"+"指向"–"　　　　　（b）关联参考方向　　　　　　　（c）非关联参考方向

图 1.6　电压的参考方向

电压和电流之间虽然独立无关，但在电路理论中为了使说明问题更加方便，习惯上负载上的电压、电流方向采用关联参考方向，电源上的电压和电流采用非关联参考方向，即关联参考方向下元件吸收电能，非关联参考方向下元件供出电能。

分析电路时，在列写电压方程式之前，必须在电路图中标出待求电压的参考方向，否则方程式中各电压的正、负取值将无意义。

在运用参考方向时应注意以下两个问题。

① 参考方向是列写方程式的需要，是待求值的假定方向而不是待求值的真实方向，所以不必去追求其物理实质是否合理。

② 在分析、计算电路的过程中，切不可把"正、负""加、减"及"相同、相反"这几个概念混为一谈。

1-7　参考方向

"正、负"：分析和计算电路的最后结果，当某一所求电量得正值时，说明它选取的参考方向与实际方向相同；若某一所求电量得负值时，则说明它选取的参考方向与该电量的实际方向相反。

"加、减"：方程式中各电量前面的加、减号。

方程式各量前面的加、减号规定：凡与参考方向一致的电量，前面取加号；凡与参考方向相反的电量，前面取减号。

"相同、相反"：元件上流过的电流与它两端电压为关联参考方向时，称方向相同；元件上流过的电流与它两端电压为非关联参考方向时，称方向相反。

3. 电压的测量

电路中测量电压时应选用电压表或万用表的电压挡。理想电压表的内阻无穷大，实际电压表的内阻是有限值，根据电压表内阻的不同，其精度也各不相同，精度越高的电压表，其内阻值越大。

在测量电路中某两点间的电压时，电压表必须与被测电路相并联，如图 1.7 所示。如果使用中误将电压表与被测电路相串联，则会由于其具有高内阻而导致电压表无动作。此外，测量直流电压时一定要注意直流电压表极性的正确连接。

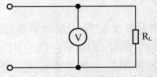

图 1.7　电压表的连接示意图

1.2.3　电位

1. 电位的定义

唐古拉山主峰格拉丹冬峰海拔 6 621m，珠穆朗玛峰高达 8 848.86m……
在讲这些山峰的高度时，通常是以海平面作为参照的。电路中各点电位的高低正负同样要涉及电路参考点，电路参考点是电路中各点电位的参照标准，只有电路参考点确

1-8　电位

定了，电路中各点的电位才是唯一和确定的。

电力系统中，通常选取大地作为参考点，且电路中的公共连接点往往与机壳相连后"接地"，因此常把参考点称为"地点"，并用接地符号"⊥"标示在电路图中。

数值上，电位等于电场力将单位正电荷从电场中某点移到参考点所做的功，即

$$v_A = \frac{w_A - w_0}{q} \qquad (1.4)$$

电学中，为了让电位区别于电压，用"v_x"表示电位。显然，电位的单位也是伏特（V），所不同的是，电位采用单注脚表示它在电路中的电位点。

电压和电位的关系为

$$u_{AB} = v_A - v_B \qquad (1.5)$$

也就是说，电路中两点电位的差值在数值上等于两点间的电压。式（1.5）表示：电压是绝对的量，其大小仅取决于电路中两点间电位的差值，与参考点无关。

2. 电位的测量

测量电路中某点电位时应用电压表或万用表的电压挡。

测量时，应选择合适的量程，让黑表笔与参考点（电路中的公共连接点）相接触，红表笔与待测电位点相接触，此时电表指示值即为待测值。

电位的测量在检测电路和查找电路故障时广泛应用。

1-9 电位的测量

1.2.4　电功和电功率

1. 电功

1-10 电功和
电功率

电流能使电动机转动、电炉发热、电灯发光，说明电流具有做功的本领。电流做的功称为电功。电流做功的同时伴随着能量的转换，其做功的大小可以用能量进行度量，即

$$w = uit \qquad (1.6)$$

式中，当电压 u 的单位用伏特（V），电流 i 的单位用安培（A），时间 t 的单位用秒（s）时，电功（或电能）w 的单位是焦耳（J）。工程实际中，还常常用千瓦时（kW·h）来表示电功（或电能）的单位，1kW·h 又称为一度电。

一度电的概念：100W 的灯泡使用 10h 耗电 1 度；40W 的灯泡使用 25h 耗电 1 度；1 000W 的电炉加热 1h 耗电 1 度，即 1 度 = 1kW × 1h。

2. 电功率

单位时间内电流做功的大小称为电功率。电功率用 P 表示，即

$$P = \frac{w}{t} = \frac{uit}{t} = ui \qquad (1.7)$$

式中，当电功的单位用焦耳（J），时间的单位用秒（s），电压的单位用伏特（V），电流的单位用安培（A）时，电功率的单位是瓦特（W）。

电功率反映了电气设备或用电器能量转换的本领。例如，"220V，100W"的白炽灯，它在 220V 电压下，1s 内可将 100J 的电能转换成光能和热能；而"220V，40W"的白炽灯，它在 220V 电压下，1s 内只能将 40J 的电能转换成光能和热能。显然，"220V，100W"的白炽灯能量转换的本领大。

电路分析中，电功率也是一个代数量，当元件上电功率为正值时，说明这个元件在电路中

吸收电能，为无源元件，或称为负载；当元件上的电功率为负值时，说明元件向外供出电能，这时元件为有源元件，起电源的作用。

注意：电气设备或用电器的铭牌数据上标示的瓦数均是它们的额定电功率，只有加在电气设备或用电器上的实际电压等于它们的额定电压时，实际电功率才等于它们的额定电功率。

对一个完整的电路而言，它产生的功率和它消耗的功率总是相等的，称为功率平衡。

思考题

1. 如图 1.6（b）所示，若已知元件吸收功率为-20 W，电压 U_{AB}=5V，求电流 I。
2. 如图 1.6（c）所示，若已知元件中通过的电流 I=-100A，元件两端电压 U_{AB}=10V，求电功率 P，并说明该元件是吸收功率还是发出功率。
3. 从工程应用的角度来看，电压、电位有何联系和区别？
4. 电功率大的用电器，电功也一定大。这种说法正确吗？为什么？
5. 在电路分析中，引入参考方向的目的是什么？应用参考方向时，会遇到"正、负""加、减""相同、相反"这几对词，你能说明它们的不同之处吗？

 ## 1.3 电路基本定律

欧姆定律、结点电流定律（即基尔霍夫第一定律）和回路电压定律（即基尔霍夫第二定律）称为电路的三大基本定律。

1-11 电路的三
大基本定律

1.3.1 欧姆定律

1. 欧姆定律的内容

1926 年 4 月，德国物理学家乔治·西蒙·欧姆发表了他由实验得出的重要定律：在同一电路中，通过某一导体的电流与这段导体两端的电压成正比，与这段导体的电阻成反比，用公式表示为

$$i = \frac{u}{R} \text{ 或 } u = iR \tag{1.8}$$

这一重要定律被人们称为欧姆定律。为了纪念欧姆对电磁学研究工作的突出贡献，物理学界将电阻的单位命名为欧姆，以符号"Ω"表示。

式（1.8）是在假定电阻元件上电压、电流方向关联时提出的。式中的电流单位是安培（A），电压单位是伏特（V），电阻单位是欧姆（Ω）。式中的 R 即前面讨论过的理想电阻，电阻元件反映了电路中的耗能特性，其显著特点是其阻值不随它两端电压和通过它的电流的变化而变化，为时不变电阻；如果元件的电阻值随它的电压和电流发生变化，则为时变电阻。时不变电阻根据欧姆定律可推出：$R = U/I$。

2. 欧姆定律的适用范围

欧姆定律的应用具有局限性。常温下，对于电子导电的金属导体，或者像电解液这样的离子导电的导体而言，欧姆定律都是一个很准确的定律。但在低温下，对于处于超导态的金属导体或非线性器件二极管、三极管来讲，欧姆定律不再适用。

尽管如此，在电机工程学和电子工程学中，欧姆定律仍妙用无穷，因为它能够在宏观层面上表达电路元件两端的电压与通过元件的电流之间的关系。

注意：欧姆定律体现了线性电路中元件上电压、电流的约束关系，表明线性元件的伏安特性仅取决于元件本身，与元件接入电路的方式无关。

*1.3.2　基尔霍夫定律

1847 年，德国科学家古斯塔夫·罗伯特·基尔霍夫将物理学中"流体流动的连续性"和"能量守恒定律"用于电路之中，创建了结点电流定律（KCL），之后根据"电位的单值性原理"又创建了回路电压定律（KVL），这两个定律统称为基尔霍夫定律。

1. 常用的电路名词

（1）支路

一个或几个元件相串联后，连接于电路的两个结点之间，使通过其中的电流值相同的路线称为支路。例如，图 1.8 中的 ab、adb、acb 即为 3 条支路。对一个整体电路而言，支路就是指其中不具有任何分岔的局部电路。

（2）结点

电路中 3 条或 3 条以上支路的汇集点称为结点，是支路的连接点。例如，图 1.8 中的 a 点和 b 点即为结点。

（3）回路

电路中任意一条或多条支路组成的闭合路径称为回路。例如，图 1.8 中的 abca、adba、adbca 均为回路。

（4）网孔

电路中不包含其他支路的单一闭合路径称为网孔。例如，图 1.8 中的 abca 和 adba 为两个网孔。网孔中不包含其他支路，但回路中可能会包含支路。

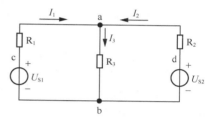

图 1.8　常用的电路名词举例电路图

2. 结点电流定律

结点电流定律的英文缩写是 KCL，又称为基尔霍夫第一定律。

（1）结点电流定律的内容

KCL 的内容：对电路中任一结点而言，在任一时刻，流入结点的电流的代数和恒等于零。其数学表达式为

$$\sum I = 0 \qquad (1.9)$$

1-12 基尔霍夫
第一定律

对于式（1.9），本书中约定：指向结点的电流取正，背离结点的电流取负。当约定背离结点的电流为正，指向结点的电流为负时，KCL 仍不失其正确性，会取得相同的结果。KCL 是描述电路中各支路电流之间约束关系的定律。

（2）结点电流定律的应用

KCL 实际上是电荷守恒定律和电流连续性原理在电路中任意结点处的具体反映。根据电流的连续性原理，支路任一截面上的电流应处处相等；根据电荷守恒定律，电荷在结点处既不能创造也不能自行消失，因此，流入结点的电流和流出结点的电流必须大小相等，保持"收支"平衡。

例 1.1　在图 1.9 所示电路中，已知 $I_1=-2A$，$I_2=6A$，$I_3=3A$，$I_5=-3A$，参考方向已在图中标示。求元件 4 和元件 6 中的电流。

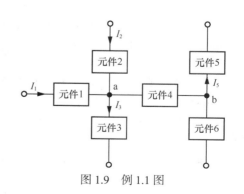

图 1.9　例 1.1 图

解： 首先应在图中标示出待求电流的参考方向。设元件 4 上的电流方向从 a 点到 b 点；流过元件 6 的电流指向 b 点。

对 a 点列 KCL 方程式： $I_1+I_2-I_3-I_4=0$

代入已知电流值： $-2+6-3-I_4=0$

求得 $I_4=-2+6-3=1(A)$

对 b 点列 KCL 方程式： $I_4-I_5+I_6=0$

代入已知电流值： $1-(-3)+I_6=0$

求得 $I_6=-1-3=-4(A)$

I_4 得正值，说明设定的参考方向与该电流的实际方向相同；I_6 得负值，说明设定的参考方向与该电流的实际方向相反。

由例 1.1 可知：应用 KCL 列写结点电流方程时，必须先标出汇集到结点上的各支路电流的参考方向。一般而言。对于已知电流，可按实际方向标定；对于未知电流，其参考方向可任意选定。只有在参考方向选定之后，才能确立各支路电流在 KCL 方程式中的正、负号。

（3）结点电流定律的推广应用

KCL 虽然是对电路中任一结点而言的，但它也可推广应用于电路中的任一假想封闭曲面，如图 1.10 所示。

图 1.10（a）是一个三极管，通常在分析三极管电路时，可把三极管视为一个结点，则三极管 3 个电极上的电流显然遵循 KCL；图 1.10（b）是一个三角形电阻网络，因三角形电阻网络只与 3 个结点上引出的支路有关联，所以对

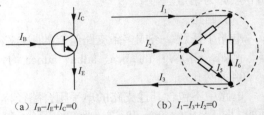

（a）$I_B-I_E+I_C=0$ （b）$I_1-I_3+I_2=0$

图 1.10 KCL 的推广应用

这 3 条支路来说，可以把封闭的三角形电阻网络看作一个广义结点，于是三角形电阻网络对外的 3 条支路电流必然遵循 KCL。

3. 回路电压定律

回路电压定律的英文缩写为 KVL，又称为基尔霍夫第二定律。KVL 是描述电路中任一回路上各段电压之间相互约束关系的电路定律。

1-13 基尔霍夫第二定律

（1）回路电压定律的内容

KVL 的内容：在集总参数电路中，任一时刻，沿任意回路绕行一周（顺时针方向或逆时针方向），回路中各段电压的代数和恒等于零，即

$$\sum U = 0 \qquad (1.10)$$

本书约定：沿回路绕行一周，当电压降低的参考方向与绕行方向一致时取正号，当电压升高的参考方向与绕行方向一致时取负号。

（2）回路电压定律的应用

对于图 1.11 所示电路，根据 KVL 可对电路中的 3 个回路分别列出 KVL 方程式。

对左回路 $I_1R_1+I_3R_3-U_{S1}=0$

对右回路 $-I_2R_2-I_3R_3+U_{S2}=0$

对大回路 $I_1R_1-I_2R_2+U_{S2}-U_{S1}=0$

例 1.2 在图 1.12 所示的电路中，利用 KVL 求解图示电路中的电压 U。

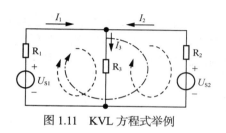

图 1.11　KVL 方程式举例

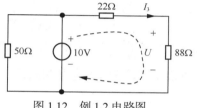

图 1.12　例 1.2 电路图

解：显然，要想求出电压 U，需先求出支路电流 I_3，电流 I_3 与待求电压 U 的参考方向如图 1.12 所示。

对右回路，假设一个如虚线所示的回路参考绕行方向，并对该回路列写 KVL 方程式：

$$(22+88)I_3=10$$

求得
$$I_3=10/(22+88)\approx0.0909\text{(A)}$$

因此
$$U=0.0909\times88\approx8\text{(V)}$$

（3）回路电压定律的推广应用

KVL 不仅可以应用于电路中的任意闭合回路，还可推广应用于回路的部分电路。以图 1.13 所示电路为例，应用 KVL 可列出

$$\sum U =IR+U_S-U=0$$

或者
$$U=IR+U_S$$

注意：应用 KVL 列写方程式之前，必须在电路图上标出各元件端电压的参考极性，并根据约定的正、负列写相应的 KVL 方程式。

图 1.14 所示电路是一个星形连接的电阻电路，其中 ABOA 是一个非闭合的回路。假设电阻 R_a 上的电压 U_a 和 R_b 上的电压 U_b 均为已知，求 A、B 两点电压时，可假想在 A、B 之间有一个由 A 指向 B 的电压 U_{ab}，这时 ABOA 可视为一个闭合回路。

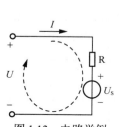

图 1.13　电路举例

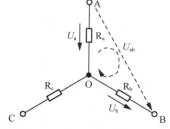

图 1.14　星形连接的电阻电路

选取 ABOA 绕行方向为图中虚线环绕所示的顺时针方向，则可列写出如下 KVL 方程式：

$$U_{ab}-U_b-U_a=0$$

可得
$$U_{ab}=U_b+U_a$$

应用 KVL 时，需注意回路的闭合和非闭合概念是相对于电压而言的，并不是指电路形式上的闭合与否，因为 KVL 定律讨论的依据是"电位的单值性原理"。所谓电位的单值性原理，指回路中某点电位是确定的，由该点电位出发，绕回路环行一周，升高的电位必与降低的电位相等，才能保证该点的电位值不变。

（4）三大基本定律的区别

欧姆定律和基尔霍夫定律是分析电路的三大基本定律。其中，欧姆定律用于确定线性元件

自身的约束，这种约束并不涉及电路结构或元件与元件之间的关系；KCL 用于确定电路中任意结点上各支路电流之间的约束，KVL 用于确定电路中任意回路上各段电压之间的约束，它们不涉及元件本身的性质。学习者应分清上述两种约束的内涵及不同。

课堂实践：基尔霍夫定律的验证

一、验证电路

KCL、KVL 验证实验电路如图 1.15 所示。

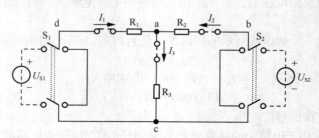

图 1.15　KCL、KVL 验证实验电路

二、验证步骤

1. 连接验证电路中的电源

选择直流电源分别为 $U_{S1} = 12V$ 和 $U_{S2} = 6V$，调节好后，按图 1.15 分别连接在电路两端，注意保持电源为开路状态。

2. 测量支路电流

测量支路电流时，电流表必须串联在待测支路中。图 1.15 中各电流处的两个端点分别表示电流表的位置，实验设备中用电流插孔代替了电流表。测量时，将电流插头与交直流毫安表连接后，分别测量各支路电流，并将测量值填写在表 1.1 中。

表 1.1　支路电流及回路电压测量值

测量参量	U_{S1}/V	U_{S2}/V	U_{R1}/V	U_{R2}/V	U_{R3}/V	I_1/A	I_2/A	I_3/A
实测值								

3. 测量回路上各部分电压

测量回路上各部分电压时，需用电压表或万用表的直流电压 20V 挡位，将电表的两个表笔分别与待测段两端点相接触，测得的各段电压值填写在表 1.1 中。

4. 实验分析

检查测量数据的合理性，如无问题，则可根据 KCL 和 KVL 对测量数据进行验证，并分析误差原因。

三、实践环节思考题

（1）电压、电流的测量中应注意什么事项？

（2）如何把测量仪表所测得的电压或电流数值与参考正方向联系起来？

思考题

1. 试说明欧姆定律和基尔霍夫定律在电路的约束上有什么不同。

2. 在应用 KCL 解题时，为什么要先约定流入、流出结点的电流的正负？计算结果电流为负值说明了什么？

3. 应用 KCL 和 KVL 解题时，为什么要在电路图上标示出电流的参考方向及事先给出回路中的参考绕行方向？

4. 如何理解和掌握 KCL 和 KVL 的推广应用？

1.4　电压源和电流源

电压源和电流源是理想电压源和理想电流源的简称。

1-14　电压源和电流源

1.4.1　理想电压源

1．理想电压源及其特点

理想电压源是由实际电源抽象出来的一种电路模型。当电源供出的电压不随供出的电流发生变化时，即为理想电压源。理想电压源具有以下两个显著特点。

（1）它对外供出的电压 U_S 是恒定值（或是一定的时间函数），与流过它的电流无关，即与接入电路的方式无关。

（2）流过理想电压源的电流由它本身与外电路共同决定，即与它相连接的外电路有关。

2．理想电压源的外特性

理想电压源的外特性如图 1.16 所示。可见，理想电压源恒压不恒流。

3．理想电压源的串、并联

理想电压源可以通过串联形式提高供出的电压，但串联时必须注意电压源输出的电流值相等这一特点。理想电压源并联可以增大向负载供出的电流，但只有大小相等、方向相同的理想电压源才能并联运行，否则将会在并联电压源内部出现环流而致使电压源烧坏。

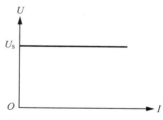

图 1.16　理想电压源的外特性

1.4.2　理想电流源

1．理想电流源及其特点

理想电流源也是由实际电源抽象出来的一种电路模型。当一个电源供出能量的形式是电流，且电流不随电源端电压的变化而变化时，即为理想电流源。理想电流源具有以下两个显著特点。

（1）它对外供出的电流 I_S 是恒定值（或是一定的时间函数），与其两端的电压无关，即与接入电路的方式无关。

（2）加在理想电流源两端的电压由它本身与外电路共同决定，即与它相连接的外电路有关。

2．理想电流源的外特性

理想电流源的外特性如图 1.17 所示。显然，理想电流源恒流不恒压。

3．理想电流源的串、并联

理想电流源并联以后可以提高向负载供出的电流，但并联

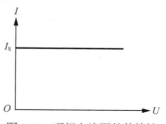

图 1.17　理想电流源的外特性

电流源的条件是它们的端电压相等；大小相等、方向相同的理想电流源串联后可以提高耐压值，否则会破坏供出电流的唯一性，应禁止！

1.4.3 实际电源的两种电路模型及外特性

理想是人们心中的向往，和现实总是存在差异的。因此，理想电源只有在精度要求不高且一定的适用范围内，才能作为实际电源的理想化和近似。那么，真实的电源又如何呢？

1. 实际电源的电路模型

实际应用中，考虑到实际电源内阻的影响，人们往往把一个理想电压源 U_S 和一个电阻元件 R_u 的串联组合作为实际电压源的电路模型，如图 1.18（a）所示；而把一个理想电流源 I_S 和一个电阻元件 R_i 的并联组合作为实际电流源的电路模型，如图 1.18（b）所示。

2. 实际电源的外特性

在电压源形式的电路模型中，电压源对内阻和负载电阻的能量分配比例是以分压形式给出的。由于负载电阻远大于电源内阻，因此，电源提供的电压基本上被负载接收，即供出的电压随负载电流的增大略微下降，其外特性如图 1.19（a）所示。

同理，在电流源形式的电路模型中，电源供出的能量比例分配是以分流形式给出的。实际电流源的内阻总是很大，因此分流作用极小，电源的绝大部分能量提供给了负载。实际电流源的外特性曲线与理想电流源的外特性曲线很接近，如图 1.19（b）所示。

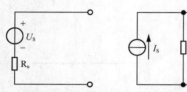
（a）实际电压源的电路模型　（b）实际电流源的电路模型
图 1.18　实际电源的电路模型

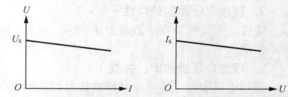
（a）实际电压源电路模型的外特性　（b）实际电流源电路模型的外特性
图 1.19　实际电源电路模型的外特性

思考题

1. 理想电压源和理想电流源各有何特点？它们与实际电源的区别主要是什么？

2. 炭精送话器的电阻随声音的强弱变化而变化，假设由 3V 的理想电压源对它进行供电，则当电阻值由 300Ω 转变至 200Ω 时，电流变化多少？

3. 实际电源的电路模型如图 1.18（a）所示，已知 U_S=20V，负载电阻 R_L=50Ω，当电源内阻分别为 0.2Ω 和 30Ω 时，流过负载的电流各为多少？由计算结果可说明什么问题？

4. 当电流源内阻较小时，对电路有何影响？

 ## 1.5　电路的等效变换

1-15 等效的概念和电阻等效

结构、元件参数可以完全不相同的两部分二端电路，若具有完全相同的外特性（即它们的端口电压、电流完全相等），则它们相互等效。

通俗地讲，"等效"指两个不同的事物作用于同一目标时的作用效果相同。例如，一台拖拉机拖动一节车厢，使车厢速度达到 10m/s；5 匹马拖动同样一节车厢，使该车厢的速度也达到 10m/s。于是，对这一车厢而言，这台拖拉机和 5 匹马"等效"。这里不能把"等效"和"相等"混同，"等效"是指两个或几个事物对它们之外的某一事物作用效果相同，但其内部特性是不同的，即 1 台拖拉机不能等于 5 匹马。

注意："等效"是电路理论中的一个概念，不同于真实电路中的"替换"。"等效"的目的是在进行电路分析时，简化分析过程，使电路易于理解。

1.5.1　电阻之间的等效变换

1.　串联电阻的等效

两个或两个以上的电阻元件相串联时，等效电阻等于各串联电阻之和，即

$$R_{串} = R_1 + R_2 + R_3 + \cdots \tag{1.11}$$

从工程应用的角度重新理解电阻串联的意义，应了解电阻在实际电路中所起的主要作用。

首先，几个电阻相串联时，它们处在同一支路中，因此通过各电阻的电流相同；其次，串联电阻可提高支路阻值，当支路电压不变时，串联电阻可限制电流；最后，串联电阻可以分压，各串联电阻上分压的多少与其阻值成正比。由此可概括出串联电阻在工程实际中的作用——分压限流。

2.　并联电阻的等效

电阻并联时，其等效电阻是各并联电阻倒数和的倒数，即

$$R_{并} = \cfrac{1}{\cfrac{1}{R_1} + \cfrac{1}{R_2} + \cfrac{1}{R_3} + \cdots} \tag{1.12}$$

如果只有两个电阻并联，则其等效电阻为

$$R_{并} = \frac{R_1 R_2}{R_1 + R_2} \tag{1.13}$$

如果 n 个阻值相同的电阻相并联，则其等效电阻为

$$R_{并} = \frac{R_1}{n} \tag{1.14}$$

工程实际中，利用并联电阻的形式可以实现分流，如电流表各挡位的分配就是靠并联电阻实现的；实际的办公用电器和家庭用电器额定电压都是 220V，所以必须采用并联方式连接，而各用电器上的功率分配取决于它们的分流大小，功率大的用电器阻值小而分配的电流大，所以获得较大功率；功率小的用电器阻值较大而分配的电流就会小一些，功率也就相应小一些。

3.　混联电阻的等效

在电路分析中，经常会遇到一些较为复杂的电阻网络，如图 1.20（a）所示，其中既有电阻的并联又有电阻的串联，这样的连接方式称为混联。

对混联电阻电路的求解，目的显然也是化简电路，即解出混联电阻电路的等效电阻，如图 1.20（b）所示。

分析：图 1.20（a）所示混联电阻电路的求解，关键点是正确找到电路的结点。观察该电路，除了有 A、B 两个结点（端点都视为结点）之外，根据结点的概念，R_1、R_2 和 R_5 的汇集点也是一个结点，可定为 C 点。可以先把这几个结点的位置定下来，再观察各电阻的连接情况：R_1 和 R_2 接在相同的结点上，显然它们可用并联电阻方法等效为一个 R_{12}，这样 C 点就取消了，R_{12} 和 R_5 构成串联，其串联等效为 R_{125}，R_{125} 再和 R_4、R_3 关联。于是，混联电阻的等

效电阻 R_{AB} 为：

$$R_{AB}=[(R_1 /\!/ R_2)+R_5] /\!/ R_3 /\!/ R_4$$

注意： 当电路模型中两个或两个以上的结点之间只有无阻无感的理想导线时，这几个结点应视为同一结点，因为电路模型中的理想导线长度可以无限延长和无限缩短。

4. 电阻Y网络与电阻△网络的等效

如果 3 个电阻的一端汇集于一个电路结点，另一端分别连接于 3 个不同的电路端钮上，则其构成的部分电路称为电阻Y网络，如图 1.21（a）所示。如果 3 个电阻连接成一个闭环，由 3 个连接点分别引出 3 个接线端钮，则称为电阻△网络，如图 1.21（b）所示。

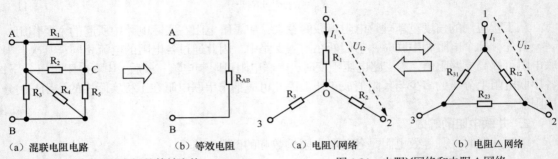

（a）混联电阻电路　　　（b）等效电阻　　　　　（a）电阻Y网络　　　　　（b）电阻△网络

图 1.20　电阻之间的等效变换　　　　　　　图 1.21　电阻Y网络和电阻△网络

电阻的Y网络和△网络都是通过 3 个端钮与外部电路相连接的（图中未画电路的其他部分），当它们的对应端钮之间具有相同的电压 U_{12}、U_{23} 和 U_{31}，而流入对应端钮的电流也分别相等时，称它们相互"等效"，等效的Y网络和△网络在电路分析过程中可以等效互换。

当一个电阻Y网络变换为电阻△网络时，有

$$\begin{cases} R_{12} = \dfrac{R_1 R_2 + R_2 R_3 + R_3 R_1}{R_3} \\[3mm] R_{23} = \dfrac{R_1 R_2 + R_2 R_3 + R_3 R_1}{R_1} \\[3mm] R_{31} = \dfrac{R_1 R_2 + R_2 R_3 + R_3 R_1}{R_2} \end{cases} \tag{1.15}$$

当一个电阻△网络变换为电阻Y网络时，有

$$\begin{cases} R_1 = \dfrac{R_{12} R_{31}}{R_{12} + R_{23} + R_{31}} \\[3mm] R_2 = \dfrac{R_{23} R_{12}}{R_{12} + R_{23} + R_{31}} \\[3mm] R_3 = \dfrac{R_{31} R_{23}}{R_{12} + R_{23} + R_{31}} \end{cases} \tag{1.16}$$

若电阻Y网络中的 3 个电阻值相等，则等效电阻△网络中的 3 个电阻也必定相等，即

$$R_Y = \frac{1}{3} R_\triangle \ \text{或} \ R_\triangle = 3 R_Y \tag{1.17}$$

例 1.3 求图 1.22 所示电路的入端电阻 R_{AB}。

解：图 1.22（a）所示电路由 5 个电阻元件构成，其中任何两个电阻元件之间都不具备串、并联关系，因此这是一个复杂电阻网络电路。

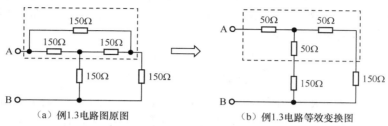

（a）例1.3电路图原图   （b）例1.3电路等效变换图

图 1.22 例 1.3 电路图

对这样一个复杂电阻网络的求解，其基本方法如下：假定 A、B 两端钮之间有一个理想电压源 U_S，运用 KCL 和 KVL 对电路列出足够的方程式并从中解出输入端电流 I，此时即可解出输入端电阻 $R_{AB}=U_S/I$。但这种方法求解的过程比较烦琐。

简单方法：把图 1.22（a）虚线框中的电阻△网络变换为图 1.22（b）虚线框中的电阻Y网络，即图 1.22（a）中虚框内电阻△网络中的 3 个 150Ω 电阻用图 1.22（b）中电阻Y网络中的 3 个 50Ω 电阻替换（注意，在替换过程中，3 个端点的位置应保持不变）。对图 1.22（b）利用电阻的串、并联公式，可方便地求出 R_{AB}，即

$$R_{AB} = 50 + [(50+150)//(50+150)]$$
$$= 50 + 100$$
$$= 150(\Omega)$$

电阻Y网络与电阻△网络之间的等效变换，除了可以计算电路的入端电阻以外，还能较方便地解决实际电路中的其他问题。

1.5.2 电源之间的等效变换

理想电压源和理想电流源均为无穷大功率源，无穷大功率源实际上并不存在，也找不出它们的等效条件，因此理想电源之间无等效可言。

问题：将一个与内阻相并的电流源模型等效为一个与内阻相串的电压源模型，或是将一个与内阻相串的电压源模型等效为一个与内阻相并的电流源模型，等效互换的条件是什么？

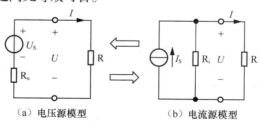

（a）电压源模型   （b）电流源模型

图 1.23 两种电源模型之间的等效互换

1-16 电源之间的等效变换

图 1.23 所示为实际电源与负载所构成的电路。

对图 1.23（a）所示电路列 KVL 方程式，设回路绕行方向为顺时针，则

$$U_S=U+IR_u \tag{1.18}$$

对图 1.23（b）所示电路列 KCL 方程式，则

$$I_S=U/R_i+I \tag{1.19}$$

将式（1.19）等号两端同时乘以 R_i，可得

$$R_i I_S = U + IR_i \qquad (1.20)$$

比较式（1.18）和式（1.19），两式都反映了负载端电压 U 与通过负载的电流 I 之间的关系，假设两个电源模型对负载 R 等效，则式（1.18）和式（1.19）中的各项应完全相同。于是可得到两种电源模型等效互换的条件是

$$\begin{cases} U_S = I_S R_i \\ R_u = R_i \end{cases} 或 \begin{cases} I_S = U/R_u \\ R_i = R_u \end{cases} \qquad (1.21)$$

注意： 在进行上述等效变换时，一定要让电压源由"－"到"＋"的方向与电流源电流的方向保持一致，这一点恰恰说明了实际电源上的电压、电流非关联的原则。

如图 1.24（a）所示电路，当求解对象是 R 支路中的电流 I 时，观察电路可发现，该电路中的 3 个电阻之间无串、并联关系，因此判断此电路是一个复杂电路。显然，对于该电路要应用 KCL 和 KVL 列写方程式，并对方程式联立求解才能得出待求量。

但是，如果把电路中连接在 A、B 两点之间的两个电压源模型变换成电流源模型，如图 1.24（b）所示，再根据 KCL 及电阻的并联公式将两个电流源合并为一个，如图 1.24（c）所示，原复杂电路就变成了一个简单电路，利用分流关系即可求出电流 I。或者继续将图 1.24（c）中的电流源模型等效变换为一个电压源模型，如图 1.24（d）所示，利用欧姆定律也可求出电流 I。

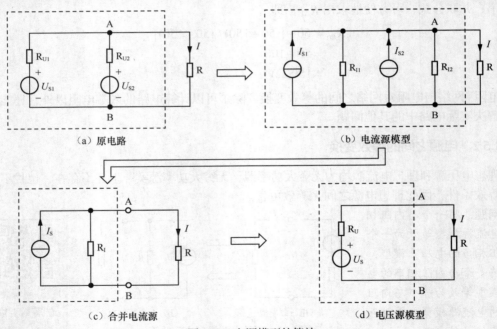

（a）原电路　　　　　　　　　　　　（b）电流源模型

（c）合并电流源　　　　　　　　　　（d）电压源模型

图 1.24　电源模型的等效

思考题

1. 图 1.24（a）所示电路中，设 $U_{S1}=2V$，$U_{S2}=4V$，$R_{U1}= R_{U2}=R=2\Omega$。求图 1.24（c）所示电路中的理想电流源、图 1.24（d）所示电路中的理想电压源发出的功率，再分别求出两个等效电路中负载 R 吸收的功率。根据计算结果，能得出什么样的结论？

2. 用电阻的串、并联公式解释一下"等效"的真实含义。

1.6　直流电路中的几个问题

1.6.1　电路中各点电位的计算

前面介绍过，电位实际上也是电路中两点间的电压，只不过其中的一点是预先指定好的参考点而已。因此，计算电位离不开参考点。

以图 1.25 所示电路为例进行说明。

设选择 b 点为电路参考点，则 $V_b = 0$，可得到

$$V_a = I_3 R_3$$
$$V_c = U_{S1}$$
$$V_d = U_{S2}$$

若选取 a 作为电路参考点，则 $V_a = 0$，又可得到

$$V_b = -I_3 R_3$$
$$V_c = I_1 R_1$$
$$V_d = I_2 R_2$$

可见，参考点可以任意选定，但一经选定，各点电位的计算即以该点为准。当参考点发生变化时，电路中各点的电位也随之发生变化，即电路中各电位的高低正负均根据参考点的选择而确定。

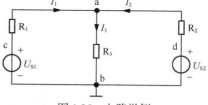

图 1.25　电路举例

电子技术中，为了作图的简便和图面的清晰，习惯上在电路图中不画出电源，而是在电源非接"地"一端标出其电压的数值及相对于电路参考的极性，如图 1.25 所示。

例 1.4　求图 1.26 所示电路中 a 点的电位值。若开关 S 闭合，则 a 点的电位值又为多少?

解：S 断开时，3 个电阻相串联。串联电路两端点的电压为

$$U = 12 - (-12) = 24 \ (\text{V})$$

电流方向由 +12V 端经 3 个电阻至 -12V 端，20kΩ 电阻两端的电压为

$$U_{20k\Omega} = 24 \times \frac{20}{6 + 4 + 20} = 16 \ (\text{V})$$

根据电压等于两点电位之差可求得

$$V_a = 12 - 16 = -4 \ (\text{V})$$

开关 S 闭合后，电路可用图 1.27 所示等效电路表示，由等效电路可得

$$V_a = \frac{12}{4 + 20} \times 4 = 2 \ (\text{V})$$

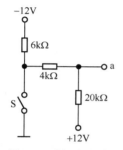

图 1.26　例 1.4 电路图

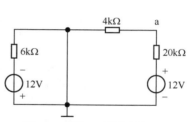

图 1.27　例 1.4 等效电路

1.6.2 电桥电路

1. 电桥电路的组成

在实际应用中，有时会遇到图 1.28 所示的电桥电路。

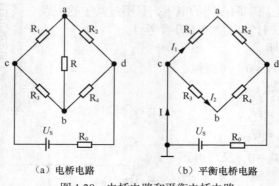

1-18 电桥电路

（a）电桥电路　　　　（b）平衡电桥电路

图 1.28 电桥电路和平衡电桥电路

其中，电阻 R_1、R_2、R_3 和 R_4 称为电桥电路的 4 个桥臂；4 个桥臂中间对角线上的电阻 R 构成桥支路；理想电压源 U_S 与电阻元件 R_0 相串联后构成电桥电路的另一条对角线。整个电桥就是由 4 个桥臂和两条对角线所组成的。

2. 电桥平衡

电桥电路的主要特点：当 4 个桥臂电阻 R_1、R_2、R_3 和 R_4 的阻值满足一定关系时，桥支路电阻 R 两端等电位而没有电流通过，这种情况称为电桥平衡。

问题：4 个桥臂电阻之间具有什么关系时，能使电桥处于平衡状态呢？

若使图 1.28（a）所示电桥电路中的桥支路 R 中没有电流通过，则电路中 a、b 两点电位必相等。因此，可假设电桥电路已达平衡，即 $V_a = V_b$。此时，桥支路电阻 R 中无电流通过，将其拆除不会影响电路的其余部分，原电桥电路就可用图 1.28（b）来代替。

选取 c 点作为平衡电桥电路的参考点，则 a、b 两点电位为

$$V_a = I_1 R_1 = I_1 R_2 + I R_0 - U_S$$
$$V_b = I_2 R_3 = I_2 R_4 + I R_0 - U_S$$

由 $V_a = V_b$ 可得

$$I_1 R_1 = I_2 R_3$$
$$I_1 R_2 = I_2 R_4$$

将上述两式相除，可得

$$\frac{R_1}{R_2} = \frac{R_3}{R_4} \tag{1.22}$$

或者

$$R_1 R_4 = R_2 R_3 \tag{1.23}$$

也就是说，电桥平衡的条件是对臂电阻的乘积相等。

3. 直流单臂电桥

直流单臂电桥是一种专门用来测量中值电阻的精密仪器，其示意图如图 1.29 所示。

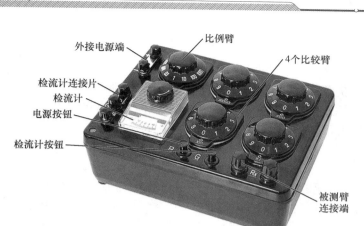

图 1.29　直流单臂电桥示意图

直流单臂电桥由 R_X、R_2、R_3 和 R_4 组成电桥的 4 个桥臂，其中 R_X 是被测臂，R_2 和 R_3 合在一起称为比例臂，比例臂由 8 个标准电阻组成，分为 1/1000、1/100、1/10、1/4、1、10 及 100 共 7 挡，相当于式（1.22）中的 R_3/R_4。R_4 由 4 个可调的标准电阻组成比较臂，它们分别由面板上的 4 个读数盘控制，可得到 0～9 999Ω 的一切整数阻值，使测出的电阻能精确到 4 位数字，这是万用表所不能及的。

工程实际中测量电阻时，当电源与外接电源接通后，调节标准电阻 R_2、R_3 和 R_4，观察电桥的检流计指示，当检流计指针指示为零时，表示此时电桥平衡，平衡时，$R_X = R_4 \times R_2/R_3$。

1.6.3　负载获得最大功率的条件

一个实际电源产生的功率通常分为两部分：一部分消耗在电源及线路的内阻上，另一部分输出给负载。电力系统中，人们总是希望电源供出的电能绝大部分消耗在负载上，而在电子通信技术中，为了使负载上获得最大功率，人们总是希望负载上得到的功率越大越好，那么，怎样才能使负载从电源获得最大功率呢？

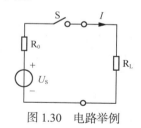

1-19 负载获得最大功率的条件

如图 1.30 所示，当负载太大或太小时，显然都不能使负载获得最大功率：负载 R_L 很大时，电路将接近于开路状态；负载 R_L 很小时，电路又会接近短路状态。为找出负载上获得最大功率的条件，可写出图示电路中负载 R_L 的功率表达式

$$P = I^2 R_L = \left(\frac{U_S}{R_0 + R_L}\right)^2 R_L = \frac{U_S^2 R_L}{(R_0 + R_L)^2}$$

图 1.30　电路举例

为了便于对问题的分析，上式可转化为

$$P = \frac{U_S^2}{4R_0 + \dfrac{(R_0 - R_L)^2}{R_L}}$$

由此式可以看出，负载功率 P 仅由分母中的两项所决定。第 1 项 $4R_0$ 与负载无关，第 2 项主要取决于分子 $(R_0-R_L)^2$。因此，当第 2 项中的分子为零时，分母最小，此时负载获得最大功率，即

$$P_{\max} = \frac{U_S^{\,2}}{4R_0} \qquad\qquad (1.24)$$

由此得出负载获得最大功率的条件：负载电阻等于电源内阻。

这一原理在许多实际问题中得到应用。例如，晶体管收音机中的输入、输出变压器就是为了达到上述阻抗匹配条件而接入的。

1-20 受控源

1.6.4 受控源

前面介绍了电压源和电流源，它们向电路提供的电压值或电流值与电路中的其他电压或电流无关，是由自身决定的，因此称为独立源。在电路理论中还有另外一种有源理想电路元件，这种有源理想电路元件上的电压或电流不像独立源那样由自身决定，而是受电路中某部分的电压或电流的控制，称为受控源。受控源实际上是电子线路中受电压或电流控制的晶体管、场效应管、集成运放等有源器件满足一定条件时的理想电路模型。

受控源可受电流控制（如三极管），也可受电压控制（如场效应管），受控源为负载提供能量的形式也有恒压和恒流两种，因此能组合成 4 种类型：电压控制的电压源（Voltage Controlled Voltage Source，VCVS）、电压控制的电流源（Voltage Controlled Current Source，VCCS）、电流控制的电压源（Current Controlled Voltage Source，CCVS）和电流控制的电流源（Current Controlled Current Source，CCCS）。为区别于独立源，受控源的图形符号采用菱形，4 种理想受控源电路图如图 1.31 所示。

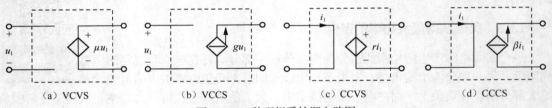

(a) VCVS　　　　(b) VCCS　　　　(c) CCVS　　　　(d) CCCS

图 1.31　4 种理想受控源电路图

图 1.31 中受控源的系数 μ 和 β 无单位，g 的单位是西门子（S），r 的单位是欧姆（Ω）。

对受控源可以这样来理解：当整个电路中没有独立电源存在时，受控源的控制量为零，此时受控源在电路中仅仅作为无源元件使用；若电路中有电源为受控源提供控制量，它们则表现出能够向电路提供电压（或电流）的电源特性，即受控源具有双重身份。

必须指出的是，独立源与受控源在电路中的作用完全不同。独立源在电路中起"激励"作用，有了这种"激励"，电路中才能产生响应（即电流和电压）；而受控源则受电路中其他电压或电流的控制，当这些控制量为零时，受控源的电压或电流也随之为零，因此，受控源实际上只是反映了电路中某处的电压或电流能控制另一处的电压或电流这一现象而已。

在电路分析中，受控源的处理与独立源并无原则上的不同，只是要注意在对电路进行化简时，不能随意把含有控制量的支路消除掉。

例 1.5 化简图 1.32 所示电路。

解： 保持端口电压、电流不变，将图 1.32（a）中的受控电流源模型等效变换为受控电压源模型，即图 1.32（b）所示电路。应用 KVL 对假想回路列写电压方程：

$$U = -400I + (1\,000 + 1\,000)I + 20 = 1\,600I + 20$$

根据这一结果，可将图 1.32（b）所示电路化简为图 1.32（c）所示的等效电路。

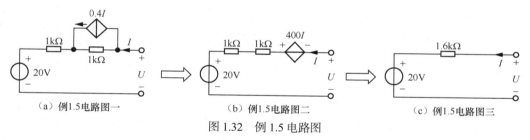

（a）例1.5电路图一　　　（b）例1.5电路图二　　　（c）例1.5电路图三

图 1.32　例 1.5 电路图

显然，在端口电压、电流不受影响的情况下，可用两种电源模型等效互换的方法简化受控源电路。但简化时一定要注意不能把控制量化简掉，否则会留下一个没有控制量的受控源电路，使电路无解。

如果一个二端网络内除了受控源外没有其他独立源，则此二端网络的开路电压必为零。因为只有独立源产生"激励"后，受控源才能表现出电源性质。

当对含有受控源电路求其等效电阻时，须先将二端网络中的所有独立源置零（恒压源短路处理、恒流源开路处理），受控源保留，再对这个无源二端网络用"加压求流法"求解其等效电阻。

思考题

1. 电桥平衡的条件是什么？电桥在不平衡条件下和平衡条件下有什么区别？
2. 计算电路中某点电位时的注意事项有哪些？在电路分析过程中，能改变参考点吗？
3. 负载上获得最大功率的条件是什么？写出最大功率的计算式。
4. 负载上获得最大功率时，电源的利用率是多少？
5. 电路等效变换时，电压为零的支路可以去掉吗，为什么？电流为零的支路可以短路吗，为什么？

小结

1. 电路理论研究的对象是由理想电路元件构成的电路模型。实际电路元件的电磁特性是多元、复杂的，各种理想电路元件的电磁特性都是具有精确定义、表征参数、伏安关系和能量特性的，即电特性单一、确切，可以用数学公式精确定义。

2. 电路分析的主要变量有电压、电流和电功率等。在分析电路时，电流、电压的参考方向是重要的概念，必须注意熟练掌握和正确运用。

3. 欧姆定律、KCL 和 KVL 是电路中的三大基本定律。欧姆定律只取决于元件的性质，与电路的连接方式无关；KCL 和 KVL 只取决于电路的连接方式，与元件的性质无关。欧姆定律可推广应用于任何无源线性元件；KCL 和 KVL 不仅适用于直流电路，还适用于交流电路。应用 KCL、KVL 两个定律列写方程式时，必须注意电压、电流的参考方向以及回路的绕行方向，由此来进一步理解和掌握参考方向的重要性。

4. 实际电源具有两种电路模型：一种是由电阻元件与理想电压源相串联构成的电压源模型；另一种是由电阻元件与理想电流源相并联构成的电流源模型。理想电压源视为零值时，相当于短路；理想电流源视为零值时，相当于开路。注意理解实际电压源不允许短路，实际电流源不允许开路的意义。

5. "等效"的概念贯穿于本书始终，是电路分析中非常重要的基本概念。等效变换就是把电路中的一部分电路用其等效电路来代换。电路等效变换的目的是简化电路，方便计算。两个线性电路"等效"，是指它们对"等效"之外的电路作用效果相同。两个线性电路相互"等效"的条件，在保持两个线性电路对外引出端钮上的电压、电流、功率关系一致的情况下，即可导出。由此本章导出：①电阻串、并联电路的等效变换；②电阻Y-△网络的等效互换；③实际电源的两种电路模型之间的等效变换。

6. 电路中某一点电位等于该点与参考点之间的电压，计算电位时与所选择的路径无关。

7. 电桥电路由 4 个桥臂电阻及两条对角线组成，电源接在一条对角线上，当两个相对的桥臂电阻的乘积相等时，在另一条对角线两端出现等电位现象，桥支路中无电流通过，此时称为电桥平衡。利用电桥平衡原理可以比较精确地测量电阻。

8. 在电子技术中，负载电阻与电源的输出电阻达到"匹配"时，负载可以从电源获得最大功率。

9. 受控源是一种电压或电流受电路中其他部分的电压或电流控制的非独立源。受控源可以按照独立源进行等效变换和化简。

注意：在化简的过程中，当受控量还存在时，不可将控制量消除掉。

能力检测题

一、填空题

1. 电路通常由_____、_____和_____3 个部分组成。

2. 电力系统中，电路的功能是对发电厂发出的电能进行_____、_____和_____。

3. _____元件只具有单一耗能的电特性，_____元件只具有建立磁场储存磁能的电特性，_____元件只具有建立电场储存电能的电特性，它们都是_____电路元件。

4. 电路理论中，由理想电路元件构成的电路图称为与其相对应的实际电路的_____。

5. _____的高低正负与参考点有关，是相对的量；_____是电路中产生电流的根本原因，其大小仅取决于电路中两点电位的差值，与参考点无关，是绝对的量。

6. 串联电阻越多，串联等效电阻的数值越_____；并联电阻越多，并联等效电阻的数值越_____。

7. 反映元件本身电压、电流约束关系的是_____定律；反映电路中任一结点上各电流之间约束关系的是_____定律；反映电路中任一回路中各电压之间约束关系的是_____定律。

8. 负载上获得最大功率的条件是_____。

9. 电桥的平衡条件是_____。

10. 在没有独立源作用的电路中，受控源是_____元件；在受独立源产生的电量的控制下，受控源是_____元件。

二、判断题

1. 电力系统的特点是高电压、大电流，电子技术电路的特点是低电压、小电流。
（　　）

2. 理想电阻、理想电感和理想电容是电阻器、电感线圈和电容器的理想化和近似。
（　　）

3. 当实际电压源的内阻能视为零时，可按理想电压源处理。　　　　　　　（　　）

4. 电压和电流都是既有大小又有方向的电量，因此它们都是矢量。　　　　　　（　　　）

5. 电压源模型处于开路状态时，其开路电压数值与它内部理想电压源的数值相等。

　　　　　　　　　　　　　　　　　　　　　　　　　　　　　　　　　　（　　　）

6. 电功率大的用电器，其消耗的电功也一定比电功率小的用电器多。　　　　（　　　）

7. 两个电路等效，说明它们对其内部作用效果完全相同。　　　　　　　　　（　　　）

8. 对电路中的任意结点而言，流入结点的电流与流出该结点的电流必定相同。（　　　）

9. KVL 仅适用于闭合回路中各电压之间的约束关系。　　　　　　　　　　　（　　　）

10. 当电桥电路中对臂电阻的乘积相等时，该电桥电路桥支路上的电流必为零。（　　　）

三、单项选择题

1. 能量转换过程不可逆的理想电路元件是（　　　）。

　　A. 电阻元件　　　　B. 电感元件　　　　C. 电容元件　　　　D. 受控源

2. 单位为伏特，其数值取决于电路两点间电位的差值，与电路参考点无关的电量是（　　　）

　　A. 电压　　　　　　B. 电位　　　　　　C. 电流　　　　　　D. 电阻

3. 电子技术中电路的特点是（　　　）。

　　A. 高电压、小电流　　　　　　　　　　B. 低电压、小电流

　　C. 小功率、小电流　　　　　　　　　　D. 小功率、低电压

4. 自身电压受电路中某部分电流控制的有源电路元件是（　　　）。

　　A. 流控电流源　　　B. 压控电压源　　　C. 流控电压源　　　D. 压控电流源

5. 负载上获得最大功率的条件是（　　　）。

　　A. 电源内阻最小时　　　　　　　　　　B. 负载上通过的电流最大时

　　C. 负载电阻等于电源内阻时　　　　　　D. 负载上加的电压最高时

6. 反映电路中建立磁场储存磁能电特性的理想电路元件是（　　　）。

　　A. 电阻元件　　　　B. 电感元件　　　　C. 电容元件　　　　D. 受控源

7. 不属于电路基本物理量的是（　　　）

　　A. 电压　　　　　　B. 电位　　　　　　C. 电流　　　　　　D. 电阻

8. 受电路某处电压的控制，受控源系数为电导 g 的是（　　　）。

　　A. 电压控制的电流源　　　　　　　　　B. 电压控制的电压源

　　C. 电流控制的电流源　　　　　　　　　D. 电流控制的电压源

四、简答题

1. 一只 100Ω、100W 的电阻与 120V 电源相串联，至少要串入多大的电阻 R 才能使该电阻正常工作？

2. 两个额定值分别是 110V、40W 和 110V、100W 的灯泡，能否串联后接到 220V 的电源上使用？为什么？

3. 有一台 40W 的扩音机，其输出电阻为 8Ω。现有 8Ω、10W 低音扬声器两只，16Ω、20W 扬声器 1 只，问应把它们如何连接在电路中才能满足"匹配"的要求？能否像电灯那样全部并联？

4. 工程实际应用中，利用平衡电桥可以解决什么问题？电桥的平衡条件是什么？

五、分析计算题

1. 在图 1.33（a）和图 1.33（b）所示电路中，若让 I=0.6A，则 R 的值是多少？在图 1.33（c）和图 1.33（d）所示电路中，若让 U=0.6V，则 R 的值是多少？

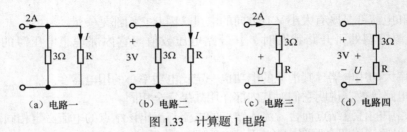

（a）电路一　　　（b）电路二　　　（c）电路三　　　（d）电路四

图 1.33　计算题 1 电路

2. 在图 1.34 所示电路中，已知 $U_S=6V$，$I_S=3A$，$R=4\Omega$。计算通过理想电压源的电流及理想电流源两端的电压，并根据两个电源功率的计算结果，分别说明各个电源是产生功率还是吸收功率。

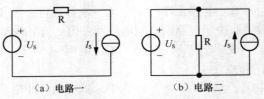

（a）电路一　　　　　　　（b）电路二

图 1.34　计算题 2 电路

3. 求图 1.35 所示各电路的输入端电阻 R_{ab}。

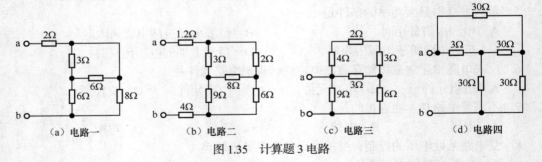

（a）电路一　　　　（b）电路二　　　　（c）电路三　　　　（d）电路四

图 1.35　计算题 3 电路

4. 在图 1.36 所示电路中，电流 $I=10mA$，$I_1=6mA$，$R_1=3k\Omega$，$R_2=1k\Omega$，$R_3=2k\Omega$。电流表 A_4 和 A_5 的读数各为多少？

5. 求图 1.37 所示电路中的电流 I 和电压 U。

6. 常用的分压电路如图 1.38 所示，试求：①当开关 S 打开，负载 R_L 未接入电路时，该分压电路的输出电压 U_o；②当开关 S 闭合，$R_L=150\Omega$ 时，分压电路的输出电压 U_o；③当开关 S 闭合，$R_L=15k\Omega$ 时，分压电路输出的电压 U_o。由计算结果可以得出一个什么结论？

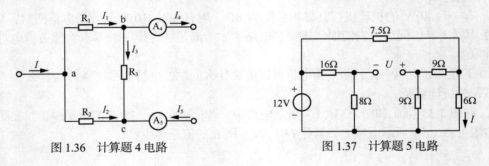

图 1.36　计算题 4 电路　　　　　　图 1.37　计算题 5 电路

7. 用电压源和电流源的"等效"方法求出图 1.39 所示电路中的开路电压 U_{AB}。

8. 已知电路如图 1.40 所示，其中电流 $I_1=-1A$，$U_{S1}=20V$，$U_{S2}=40V$，电阻 $R_1=4\Omega$，$R_2=10\Omega$，求电阻 R_3。

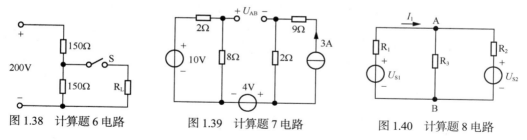

图 1.38　计算题 6 电路　　　图 1.39　计算题 7 电路　　　图 1.40　计算题 8 电路

9. 分别计算图 1.41 所示电路中 S 打开与闭合时 A、B 两点的电位。

10. 求图 1.42 所示电路的输入端电阻 R_i。

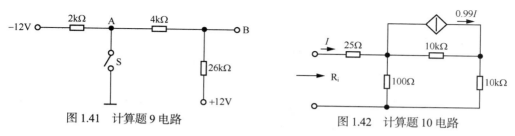

图 1.41　计算题 9 电路　　　　图 1.42　计算题 10 电路

六、素质拓展题

从第一个想到利用火箭飞天的人——明朝的万户，到 2022 年航天员王亚平的"空中课堂"，我国已经逐步迈入航天强国。虽然航天工程是一项巨大的工程，但是他离不开电路相关内容。请通过网络了解航天、能源、通信等应用电路，讨论其中的电路知识。

第2章 电路基本分析方法

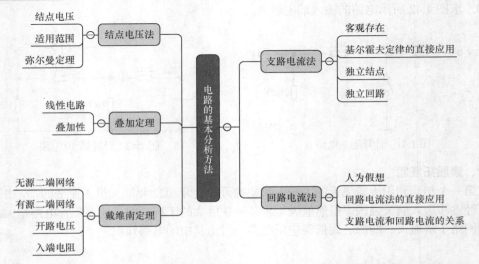

知识 导图

- 结点电压法
  - 结点电压
  - 适用范围
  - 弥尔曼定理
- 叠加定理
  - 线性电路
  - 叠加性
- 戴维南定理
  - 无源二端网络
  - 有源二端网络
  - 开路电压
  - 入端电阻

电路的基本分析方法

- 支路电流法
  - 客观存在
  - 基尔霍夫定律的直接应用
  - 独立结点
  - 独立回路
- 回路电流法
  - 人为假想
  - 回路电流法的直接应用
  - 支路电流和回路电流的关系

电路基本分析方法，是指适用于任何线性网络的具有普遍性和系统化的分析方法。电路基本分析方法通常不改变电路的结构，分析过程往往比较有规律，因此特别适用于对整体电路的分析和利用计算机求解。电路基本分析方法中所应用的一些原则、原理均具有普遍的典型意义，可扩展运用到交流电路甚至更为复杂的网络中。因此，本章内容是全书的重点内容之一。

知识 目标

理解支路电流客观存在的事实，掌握应用基尔霍夫定律求解支路电流的方法；理解假想的回路电流与支路电流的关系，理想支路电流与结点电压的关系，掌握回路电流法和结点电压法的正确运用；了解叠加定理的适用范围，深刻理解线性电路的叠加性；理解有源二端网络、无源二端网络的概念，掌握有源二端网络开路电压和无源二端网络入端电阻的求解方法。

能力 目标

具有正确使用实验室设备和测量仪器仪表的能力；具有应用实训设备对叠加定理和戴维南定理进行正确验证的能力；具有熟练应用各种分析方法对电路进行分析和计算的能力。

2.1　支路电流法

1. 支路电流法的概念

以电路中客观存在的支路电流作为未知量，直接应用 KCL 和 KVL 以及支路的伏安关系，列出与支路数相等的独立方程，先解得支路电流，进而求得待求响应的电路分析方法称为支路电流法。

2. 支路电流法的应用

支路电流法是复杂电路的各种计算分析法中最基本、最直接、最直观的方法，正确应用支路电流法的前提是选择好各支路电流的参考方向。

例 2.1　图 2.1 是两个参数不同的电源并联运行向负载供电的电路。已知负载电阻 $R_L=24\Omega$，两个电源的电压值 $U_{S1}=130V$，$U_{S2}=117V$，电源内阻 $R_1=1\Omega$，$R_2=0.6\Omega$。试用支路电流法求出各支路电流及两个电源的输出功率，并进行功率平衡校验。

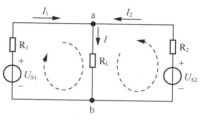

图 2.1　例 2.1 电路

解：观察图 2.1 的电路结构，可看出电路中有 2 个结点 a 和 b，这两个结点之间连接 3 条支路，所以应建立 3 个以支路电流为电路变量的独立方程。

复杂电路中的结点数为 n 时，独立结点数等于 $n-1$ 个。选取 a 点为独立结点，首先在图中标出各支路电流的参考方向，如图 2.1 所示，并约定指向结点 a 的电流为正，背离结点 a 的电流为负，应用 KCL 列出的方程式为

$$I_1+I_2-I=0 \tag{2.1}$$

复杂电路的支路数为 m 时，独立回路数应等于 $m-n+1$ 个。因此，图 2.1 中的独立回路数是 2 个。习惯上选择比较直观的网孔作为独立回路，分别对它们列出 KVL 方程式。列写方程式之前，需在电路图上标出独立回路的绕行方向，如图 2.1 中虚线箭头所示。

对左回路列写 KVL 方程式

$$I_1R_1+IR_L=U_{S1} \tag{2.2}$$

对右回路列写 KVL 方程式

$$I_2R_2+IR_L=U_{S2} \tag{2.3}$$

将数值代入上述方程组，化简处理后可得

$$\begin{cases} I_1+I_2-I=0 \\ I_1=130-24I \\ I_2=195-40I \end{cases}$$

利用代入消元法联立求解可得

$$I=5\,\text{A}$$

$$I_1=10\,\text{A}$$

$$I_2=-5\,\text{A}$$

其中，I_2 为负值，说明其参考方向与实际方向相反。

联立方程求解的方法不是唯一的，也可采用行列式或其他方法求解。

3. 支路电流法求解电路的一般步骤

（1）选定 $n-1$ 个独立结点和 $m-n+1$ 个独立回路，在电路图上标出各支路电流的参考方向及回路的参考绕行方向。

（2）应用 KCL 对独立结点列出相应的电流方程式。

（3）应用 KVL 对独立回路列出相应的电压方程式。

（4）将电路参数代入，联立方程式进行求解，得出各支路电流。

4. 支路电流法的特点

支路电流法求解电路的优点是对未知支路电流可直接求解，解题结果直观明了；但这种解题方法的缺点也很突出，它需联立求解的独立方程数等于电路的支路数。对支路数较多的复杂电路来说，支路电流法的计算工作量较大，手工联立方程求解方程式的过程烦琐且极易出错。例如，在图 2.2 所示电路中，支路数有 6 条，因此列写的独立方程式有 6 个，这 6 个方程式的列写并无规律可循，而且不便使用计算机辅助计算。

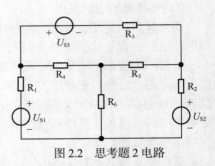

图 2.2　思考题 2 电路

如果使用现代计算机工具软件（如 Matlab）应用支路电流法求解电路，则上述缺点不再凸显。

思考题

1. 说说你对独立结点和独立回路的看法，应用支路电流法求解电路时，根据什么原则选取独立结点和独立回路？

2. 图 2.2 所示电路中有几个结点？几个回路？几个网孔？若对该电路应用支路电流法进行求解，则最少要列出几个独立的方程式？应用支路电流法，列出相应的方程式。

 2.2　回路电流法

1. 回路电流法的概念

前面提到：当一个复杂电路的支路数较多时，应用支路电流法求解电路需要列写较多个方程式，导致解题过程烦琐和不易。那么，在以电流或电压为电路变量时，能否使必需的变量数最少，从而相应地使所需联立求解的独立方程数最少呢？

观察图 2.3 所示电路，该电路虽然支路数较多，但独立回路数较少。

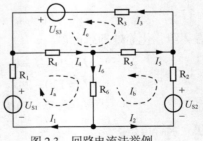

图 2.3　回路电流法举例

2-2　回路电流法

针对此类电路，假设环绕各独立回路边界均有一个流动的假想电流，称为回路电流。

以回路电流为电路变量，仅用 KVL 对电路求解的方法称为回路电流法。

2. 回路电流法的应用

显然，回路电流自动满足 KCL。因此，应用回路电流法求解电路的过程中 KCL 方程式被省略，只需对 3 个独立回路列出相应的 KVL 方程式即可。

选取 3 个网孔作为独立回路，用环绕回路的虚线箭头表示假想回路电流的流动方向，且其为独立回路的绕行方向。分别对 3 个网孔列写 KVL 方程。

对回路a：$\qquad (R_1 + R_4 + R_6)I_a + R_4 I_c + R_6 I_b = U_{S1}$

对回路b：$\qquad (R_2 + R_5 + R_6)I_b - R_5 I_c + R_6 I_a = U_{S2}$

对回路c：$\qquad (R_3 + R_4 + R_5)I_c - R_5 I_b + R_4 I_a = U_{S3}$

3 个方程式的左边为电阻产生的压降，其中，方程式左边的第 1 项为本回路电流流经本回路中所有电阻时产生的压降，括号内的所有电阻之和称为回路的自电阻；方程式左边的第 2 项和第 3 项为相邻回路电流流经本回路公共支路上连接的电阻（即 R_4、R_5 和 R_6）时产生的压降，把这些公共支路上连接的电阻称为互电阻。联立方程式进行求解，即可求出电路变量 I_a、I_b 和 I_c。

I_a、I_b 和 I_c 是假想的回路电流，而电路的待求响应从来都是客观存在的支路电流。因此，必须找出支路电流和回路电流之间的关系。

在电路中标出客观存在的各支路电流，如图 2.3 中实线箭头所示，不难看出这些支路电流与假想回路电流之间的关系：

$$I_1 = I_a \qquad\qquad I_4 = I_a + I_c$$
$$I_2 = I_b \qquad\qquad I_5 = I_c - I_b$$
$$I_3 = I_c \qquad\qquad I_6 = I_a + I_b$$

显然，当支路上只有一个回路电流流过时，该支路电流在数值上就等于这个回路电流；当支路上有两个回路电流经过时，该支路电流在数值上应等于这两个回路电流的代数和。

规定：当支路电流的参考方向与流经支路的回路电流方向一致时取正，相反时取负。

互电阻 R_4 上的压降是 $I_4 R_4$，其对应的回路电流产生的压降是 $I_a R_4 + I_c R_4$；互电阻 R_5 上的压降是 $I_5 R_5$，其对应回路电流产生的压降为 $I_c R_5 - I_b R_5$；互电阻 R_6 上的压降是 $I_6 R_6$，其对应回路电流产生的压降为 $I_a R_6 + I_b R_6$。也就是说，回路电流法中的 3 个 KVL 方程式实质上与支路电流法中的 3 个 KVL 方程式完全等效，只不过将假想的回路电流替代了客观存在的支路电流。在方程式的右边，由于不牵扯到回路电流，因此与支路电流法中的 KVL 方程式的右边完全相同。

3. 回路电流法求解电路的基本步骤

（1）选取独立回路（一般选择网孔作为独立回路），在回路中标示出假想回路电流的参考方向，并把这一参考方向作为回路的绕行方向。

（2）建立回路的 KVL 方程式。回路电流的方向就是回路的绕行方向，因此自电阻压降恒为正值，公共支路上互电阻压降的正、负由相邻回路电流的方向来决定：当相邻回路电流方向流经互电阻时，若与本回路电流方向一致，则该部分压降取正，若相反，则该部分压降取负。方程式右边电压升的正、负取值方法与支路电流法相同。

（3）求解联立方程式，得出假想的各回路电流。

（4）在电路图上标出客观存在的各支路电流的参考方向，按回路电流与支路电流方向一致时取正、相反时取负的原则进行代数和运算，求出客观存在的各支路电流。

例2.2　已知图 2.4 所示电路中负载电阻 $R_L = 24\Omega$，$U_{S1} = 130V$，$U_{S2} = 117V$，$R_1 = 1\Omega$，$R_2 = 0.6\Omega$。试用回路电流法求出各支路电流。

解：首先选取左右 2 个网孔作为独立回路，在图 2.4 中标出假想回路电流的参考方向，并把这一参考方向作为回路的绕行方向。

对独立回路建立 KVL 方程式

$$(R_L+R_1)I_a+I_bR_L=U_{S1} \tag{2.4}$$

$$(R_L+R_2)I_b+I_aR_L=U_{S2} \tag{2.5}$$

将数值代入上述方程组

$$25I_a+24I_b=130 \tag{2.6}$$

$$24.6I_b+24I_a=117 \tag{2.7}$$

由式（2.6）得

$$I_a=\frac{130-24I_b}{25} \tag{2.8}$$

图 2.4 例 2.2 电路

式（2.8）代入式（2.7）可求得 $I_b=-5A$（得负值说明其参考方向与实际方向相反），进而得 $I_a=10A$。

根据电路图中标示的参考方向可知

$$I_1=I_a=10\text{ A}$$

$$I_2=I_b=-5\text{ A}$$

$$I=I_1+I_2=5\text{ A}$$

计算结果和例 2.1 相同，但是解题步骤显然减少了。

思考题

1. 说说回路电流与支路电流的不同之处，你能很快找出回路电流与支路电流之间的关系吗？
2. 试阐述回路电流法的适用范围。

2.3 结点电压法

结点电压是指两个结点电位之间的差值。引入结点电压法的目的和引入回路电流法的目的相同，都是为了简化分析和计算电路的步骤。

2.3.1 结点电压法及其分析步骤

1. 结点电压法的概念

回路电流法自动满足 KCL 方程，因此只需列 KVL 方程式即可。当电路的支路数较多、结点数较少时，采用结点电压法较为简单。以图 2.5 所示电路为例，具体说明结点电压法的使用。

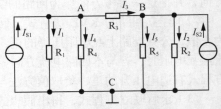

图 2.5 结点电压法电路举例

观察图 2.5 所示电路，其电路结构的特点是支路数较多，回路数也不少，但结点不多。如果以电路中的结点电压作为电路变量，只根据 KCL 写出独立的结点电流方程，显然可大大减少该电路的方程式数目，从而达到简化解题步骤的目的，这种电路分析法称为结点电压法。

首先，选择图 2.5 所示电路 C 点作为电路参考点。由图可知，恒流源 I_{S1}、电阻 R_1、电阻 R_4 的端电压就等于 A 点电位 V_A；恒流源 I_{S2}、电阻 R_2 和电阻 R_5 的端电压就等于 B 点电位 V_B；

电阻 R_3 支路端电压则等于 A 点至 B 点的电位差 $V_A - V_B$。

在图中标示出各支路电流的参考方向，根据欧姆定律可得

$$I_1 = \frac{V_A}{R_1}, \quad I_4 = \frac{V_A}{R_4}, \quad I_2 = \frac{V_B}{R_2}, \quad I_5 = \frac{V_B}{R_5}, \quad I_3 = \frac{V_A - V_B}{R_3}$$

显然，只要求出各结点电位，由上述关系即可求出各支路电流。假设电路中各结点电位已知，对电路中 A、B 两个结点分别列写 KCL 方程式。

对结点 A 列 KCL 方程式　　$\dfrac{V_A}{R_1} + \dfrac{V_A}{R_4} + \dfrac{V_A - V_B}{R_3} = I_{S1}$

对结点 B 列 KCL 方程式　　$\dfrac{V_B}{R_2} + \dfrac{V_B}{R_5} - \dfrac{V_A - V_B}{R_3} = I_{S2}$

对以上二式进行整理后可得

$$\left(\frac{1}{R_1} + \frac{1}{R_3} + \frac{1}{R_4} \right) V_A - \frac{1}{R_3} V_B = I_{S1} \tag{2.9}$$

$$\left(\frac{1}{R_2} + \frac{1}{R_3} + \frac{1}{R_5} \right) V_B - \frac{1}{R_3} V_A = I_{S2} \tag{2.10}$$

式（2.9）和式（2.10）显然是以结点电压为电路变量的结点电流方程式，方程式左边是汇集到结点上的各未知支路电流，右边是已知电流。方程式中左边第 1 项括号内是连接于本结点上所有支路的电导之和，称为自电导，恒为正值；左边第 2 项或后几项的电导为相邻结点与本结点之间公共支路上连接的电导，称为互电导，恒为负值。

显然，方程式左边第 1 项是自电导的结点电流，后几项是互电导在本结点上产生的电流。结点电流方程式的右边是汇集到本结点上的所有已知电流的代数和（仍然约定指向结点的电流取正，背离结点的电流取负）。

联立方程式可求得各结点电位。但电路最终的求解对象是客观存在的支路电流，因此必须根据各支路电流与结点电位之间的关系，求出各支路电流。

2. 结点电压法的分析步骤及应用

（1）选定参考结点。其余各结点与参考结点之间的电压就是待求的结点电压。

（2）建立求解结点电压的 KCL 方程式。一般可先算出各结点的自电导、互电导及汇集到本结点的已知电流代数和，再直接代入结点电流方程式。

（3）对方程式联立求解，得出各结点电压。

（4）选取各支路电流的参考方向，根据欧姆定律或各支路电流与结点电压之间的关系，求解出待求的各支路电流。

例 2.3　应用结点电压法求解图 2.6（a）所示电路中各电阻上的电流。

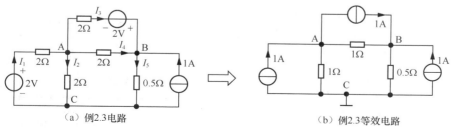

（a）例2.3电路　　　　　　　　　　　　　（b）例2.3等效电路

图 2.6　例 2.3 电路及其等效电路

解： 首先可根据电源模型之间的等效变换，将图 2.3（a）等效为图 2.3（b）形式，再选定 C 点为电路参考点，应用结点电压法分别对 A、B 两点列方程式。

对于 A 点，有

$$\left(\frac{1}{1}+\frac{1}{1}\right)V_A - \frac{1}{1}V_B = 1-1$$

对于 B 点，有

$$\left(\frac{1}{1}+\frac{1}{0.5}\right)V_B - \frac{1}{1}V_A = 1+1$$

对两式进行整理后可得

$$V_A = 0.5V_B \qquad (2.11)$$

$$3V_B - V_A = 2 \qquad (2.12)$$

利用代入消元法可求得

$$\begin{cases} V_A = 0.4\text{V} \\ V_B = 0.8\text{V} \end{cases}$$

再回到图 2.3（a）电路，利用欧姆定律可求得

$$I_2 = \frac{V_A}{R_{AC}} = \frac{0.4}{2} = 0.2(\text{A})$$

$$I_4 = \frac{V_A - V_B}{R_{AB}} = \frac{0.4-0.8}{2} = -0.2(\text{A})$$

$$I_5 = \frac{V_B}{R_{BC}} = \frac{0.8}{0.5} = 1.6(\text{A})$$

根据 KVL 的扩展应用可得

$$I_1 = \frac{2-0.4}{2} = 0.8(\text{A})$$

$$I_3 = \frac{2+0.4-0.8}{2} = 0.8(\text{A})$$

2.3.2 弥尔曼定理

弥尔曼定理是结点电压法的特例，仅适用于只有两个结点的复杂电路。弥尔曼定理的一般表达式为

$$V_1 = \frac{\sum\dfrac{U_S}{R}}{\sum\dfrac{1}{R}} \qquad (2.13)$$

2-4 弥尔曼定理

这里以图 2.7 所示电路为例说明弥尔曼定理。

选定 0 点作为电路参考点，应用式（2.13）对电路列出弥尔曼定理方程式，即

$$V_1 = \frac{\dfrac{U_{S1}}{R_1}+\dfrac{U_{S2}}{R_2}-\dfrac{U_{S3}}{R_3}+\dfrac{U_{S4}}{R_4}}{\dfrac{1}{R_1}+\dfrac{1}{R_2}+\dfrac{1}{R_3}+\dfrac{1}{R_4}+\dfrac{1}{R_5}}$$

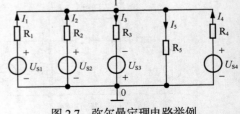

图 2.7 弥尔曼定理电路举例

此方程式是在下述约定下列写的：分子各项中，凡电压源的极性由"－"到"＋"的方向指向结点 1 时取正，反之取负；分母中的各项电导恒为正值。

显然，只要结点电位 V_1 求出，各支路电流应用欧姆定律或 KVL 的扩展应用即可求得。图 2.7 电路中有

$$V_1 = U_{S1} - I_1 R_1，可得 I_1 = (U_{S1} - V_1)/R_1$$

$$V_1 = U_{S2} - I_2 R_2，可得 I_2 = (U_{S2} - V_1)/R_2$$

$$V_1 = -U_{S3} + I_3 R_3，可得 I_3 = (V_1 + U_{S3})/R_3$$

$$V_1 = U_{S4} - I_4 R_4，可得 I_4 = (U_{S4} - V_1)/R_4$$

$$I_5 = V_1/R_5$$

思考题

1. 用结点电压法求解图 2.5 所示电路，与用回路电流法求解此电路相比较，能得出什么结论？
2. 说说结点电压法的适用范围。应用结点电压法求解电路时，能否不选择电路参考点？
3. 比较回路电流法和结点电压法，它们有什么相通的地方？

 *2.4　叠加定理

叠加定理适用于独立源、受控源、无源器件和变压器组成的线性网络。

1. 叠加定理的内容

叠加定理指出：在多个独立源共同作用的线性电路中，任一支路的电流或电压，都可以看作由各个独立源单独作用时在该支路中产生的电流或电压的叠加。

叠加定理体现了线性电路的基本特性——叠加性，是电路分析中非常重要的一个定理。

2-5　叠加定理

例 2.4　应用叠加原理求出图 2.8（a）所示电路中 5Ω 电阻的电压 U 和电流 I，并求出它消耗的功率 P。

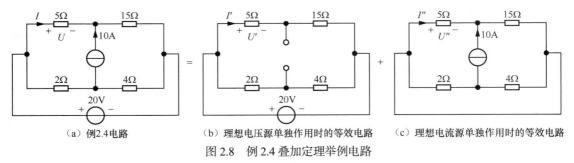

（a）例2.4电路　　　（b）理想电压源单独作用时的等效电路　　　（c）理想电流源单独作用时的等效电路

图 2.8　例 2.4 叠加定理举例电路

解：根据叠加定理，原电路图 2.8（a）可看作由理想电压源单独作用时的图 2.8（b）所示电路和由理想电流源单独作用时的图 2.8（c）所示电路的叠加。

首先计算 20V 理想电压源单独作用时 5Ω 电阻的电压 U' 和电流 I'。

$$U' = 20 \times \frac{5}{5+15} = 5(\text{V})$$

$$I' = \frac{5}{5} = 1(\text{A})$$

再计算 10A 理想电流源单独作用下 5Ω 电阻的电流 I'' 和电压 U''。

$$I'' = -10 \times \frac{15}{5+15} = -7.5\,(\text{A})$$

$$U'' = -7.5 \times 5 = -37.5\,(\text{V})$$

将电压 U 和电流 I 的 2 个结果分别叠加可得

$$U = U' + U'' = 5 + (-37.5) = -32.5(\text{V})$$

$$I = I' + I'' = 1 + (-7.5) = -6.5(\text{A})$$

计算结果 U、I 为负值，说明电路图中假设的电压、电流的参考方向与它们的实际方向相反。由此可得出 5Ω 电阻上消耗的功率

$$P = UI = 32.5 \times 6.5 = 211.25(\text{W})$$

假如功率也应用叠加定理分别求解后叠加，则

$$P' = U'I' = 5 \times 1 = 5(\text{W})$$

$$P'' = U''I'' = 37.5 \times 7.5 = 281.25(\text{W})$$

$$P = P' + P'' = 5 + 281.25 = 286.25(\text{W})$$

显然，应用叠加原理求解功率的结果是不正确的。原因是电路功率和电路激励之间的关系是二次函数的非线性关系，不符合叠加定理的线性分析思想。

2．应用叠加定理的注意事项

（1）叠加定理只适用于线性电路，对非线性电路不适用。在线性电路中，叠加定理也只能用来计算电流或电压，因为线性电路中的电压和电流响应与电路激励之间的关系是一次函数的线性关系；而功率与电路激励之间的关系是二次函数的非线性关系，因此不能用叠加定理进行分析和计算。

（2）叠加时一般要注意使各电流、各电压分量的参考方向与客观存在的原电路中电流、电压的参考方向保持一致。若选取不一致，叠加时就要注意各电流、电压的正、负号（与原电流、电压的参考方向一致的电流、电压分量取正值，相反时取负值）。

（3）当某个独立源单独作用时，不作用的电压源应作短路处理，不作用的电流源应作开路处理。

（4）叠加时，还要注意电路中所有电阻及受控源的连接方式都不能任意改动。

例2.5 应用叠加定理对图 2.9（a）所示电路进行求解。

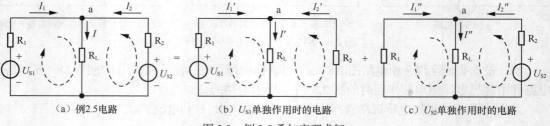

(a) 例2.5电路　　　　　(b) U_{S1} 单独作用时的电路　　　　　(c) U_{S2} 单独作用时的电路

图 2.9　例 2.5 叠加定理求解

解：当 U_{S1} 单独作用时，U_{S2} 视为短路，电路如图 2.9（b）所示，其中

$$I_1' = \frac{U_{S1}}{R_1 + R_L // R_2} = \frac{130}{1 + 24 // 0.6} = 82(A)$$

$$I_2' = -I_1' \frac{24}{0.6 + 24} = -80(A)$$

$$I' = I_1' + I_2' = 82 + (-80) = 2(A)$$

当 U_{S2} 单独作用时，U_{S1} 视为短路，电路如图 2.9（c）所示，其中

$$I_2'' = \frac{U_{S2}}{R_2 + R_L // R_1} = \frac{117}{0.6 + 24 // 1} = 75(A)$$

$$I_1'' = -I_2'' \frac{24}{1 + 24} = -72(A)$$

$$I'' = I_2'' + I_1'' = 75 + (-72) = 3(A)$$

根据各电路电流的参考方向，将结果叠加可得

$$I_1 = I_1' + I_1'' = 82 + (-72) = 10(A)$$

$$I_2 = I_2' + I_2'' = -80 + 75 = -5(A)$$

$$I = I' + I'' = 2 + 3 = 5(A)$$

课堂实践：叠加定理的验证

一、验证电路

叠加定理的验证电路如图 2.10 所示。

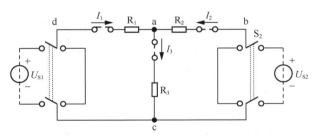

图 2.10　叠加定理的验证电路

二、验证步骤

（1）调节验证电路中的两个直流电源，分别让 U_{S1}=12V 和 U_{S2}=6V。

（2）当 U_{S1} 单独作用时，U_{S2} 短接，但保留其支路电阻 R$_2$。

（3）测量 U_{S1} 单独作用下各支路电流 I_1'、I_2' 和 I_3'，支路端电压 U_{ab}'，并将其记录在自制的表格中。

（4）使 U_{S1} 短接，保留其支路电阻 R$_1$。测量 U_{S2} 单独作用下各支路电流 I_1''、I_2'' 和 I_3''，支路端电压 U_{ab}''，并将其记录在自制的表格中。

（5）测量两个电源共同作用下的各支路电流 I_1、I_2 和 I_3，结点电压 U_{ab}，并将其记录在自制的表格中。

（6）验证叠加定理的正确性。

三、总结归纳

验证叠加定理实验中，当一个电源单独作用时，其余独立源按零值处理，如果其余电源中有电压源和电流源，则该如何将它们置于零值？

思考题

1. 说说叠加定理的适用范围，它是否仅适用于直流电路而不适用于交流电路的分析和计算？
2. 电流和电压可以应用叠加定理进行分析和计算，功率为什么不行？

*2.5 戴维南定理

2-6 戴维南定理

任何仅具有两个引出端钮的电路均可称为二端网络。若二端网络内部含有电源，则称为有源二端网络，如图2.11（b）所示；若二端网络内部不包含电源，则称为无源二端网络，如图2.11（c）所示。

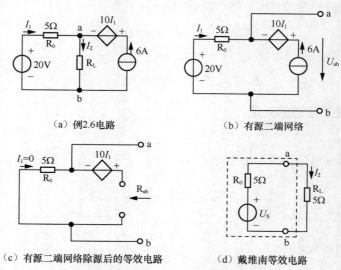

（a）例2.6电路　　　　　　　　　　　（b）有源二端网络

（c）有源二端网络除源后的等效电路　　　（d）戴维南等效电路

图 2.11　例 2.6 戴维南等效电路

1. 戴维南定理的内容及应用

戴维南定理指出：任何一个线性有源二端网络，对外电路而言，均可以用一个理想电压源与一个电阻元件相串联的有源支路（也称为戴维南等效电路）进行等效代替。等效代替的条件如下：有源支路的理想电压源 U_S 等于原有源二端网络的开路电压 U_{ab}；有源支路的电阻元件 R_0 的值等于原有源二端网络除源后的入端电阻 R_{ab} 的阻值。

例2.6　应用戴维南定理求解图2.11（a）所示电路中电阻上通过的电流 I_2。

解：根据戴维南定理，首先把待求支路从原电路中分离，原电路就成为如图2.11（b）所示的有源二端网络，对其求解开路电压 U_{ab}，使之等于戴维南等效电路的 U_S。

由图2.11（b）可看出，$I_1=-6A$，因此

$$U_S = U_{ab} = -(-6) \times 5 + 20 = 50(V)$$

再对有源二端网络进行除源，即把 20V 电压源用短接线代替，6A 电流源作开路处理。即

可得到如图 2.11（c）所示的无源二端网络（因为控制量 $I_1=0$，所以受控电压源也等于零）。

显然有

$$R_0 = R_{ab} = 5\Omega$$

这样就得到了如图 2.11（d）虚线框内所示的戴维南等效电路。此时，将待求支路从原来的断开处接上，利用欧姆定律即可求出其电流 I_2，即

$$I_2 = \frac{U_S}{R_0 + R_L} = \frac{50}{5+5} = 5(\text{A})$$

在例 2.6 所示电路中，有源二端网络内部含有受控源，需理解的是，这里的"源"仅指独立源，而其中的受控源是受 I_1 支路电流控制的量，在 I_1 未求出时它应视为无源元件；当 I_1 确定且不为零值时，受控源才能视为有源元件。

2. 戴维南定理的解题步骤

（1）将待求支路与有源二端网络分离，对断开的两个端钮分别标以记号（如 a 和 b）。

（2）对有源二端网络求解其开路电压 U_{OC}。

（3）对有源二端网络进行除源处理，其中电压源用短接线代替，电流源断开，并对无源二端网络求解其入端电阻 $R_入$。

（4）使开路电压 U_{OC} 等于戴维南等效电路的电压源 U_S，入端电阻 $R_入$ 等于戴维南等效电路的内阻 R_0，在戴维南等效电路两端断开处重新把待求支路接上，根据欧姆定律求出待求电流或电压。

课堂实践：戴维南定理的验证

一、验证电路

戴维南定理的验证电路如图 2.12 所示。

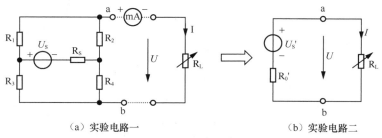

（a）实验电路一　　　　　　　　　　　（b）实验电路二

图 2.12　戴维南定理的验证电路

二、验证步骤

（1）按照图 2.12（a）连接实验电路。

（2）让电路从 a、b 处断开，测出开路电压 U_{OC}，再把电压源 U_S 短接，从 a、b 处测出无源二端网络的入端电阻 R_0，并将其记录在自制表格中。

（3）把电流表串联到电路中，负载电阻 R_L 短接，测出短路电流值 I_{OS}，即 $R_0 = \dfrac{U_{OC}}{I_{OS}}$。此值与步骤②中所测 R_0 进行比较，并记录在自制表格中。

（4）将负载电阻 R_L 接入电路中，测出路端电压 U 和电流 I，并将其记录在自制表格中。

（5）按照图 2.12（b）连接实验电路，选择电压源的数值等于 U_{OC}，内阻的数值等于 R_0'，

负载电阻与图 2.12（a）相同，重新测量路端电压 U 和电流 I，并将其记录在自制表格中，和图 2.12（a）所示电路所测得的 U 和 I 相比较。

思考题

1. 在求戴维南定理等效网络时，测量短路电流的条件是什么？能不能直接将负载短路？
2. 戴维南定理适用于哪些电路的分析和计算？其是否对所有的电路都适用？
3. 在电路分析时，独立源与受控源的处理上有哪些相同及不同之处？
4. 如何求解戴维南等效电路的电压源 U_S 及内阻 R_0？该定理的物理实质是什么？

小结

1. 支路电流法是以客观存在的支路电流为电路变量，直接应用 KCL 和 KVL 对复杂电路进行求解的方法。对于含有 n 个结点、m 条支路的复杂网络，应用支路电流法可列出 $n-1$ 个独立的 KCL 方程式，以及 $m-n+1$ 个独立的 KVL 方程式。支路电流法的优点是直观，物理意义明确；缺点是方程数目多，计算量大。

2. 回路电流法是以假想的回路电流为电路变量，应用 KVL 对电路进行求解的方法。回路电流自动满足 KCL，因此和支路电流法相比，其减少了 KCL 方程式的数目。回路电流法对于多支路、少网孔的电路而言，无疑是一种减少电路方程式数目的电路分析方法。

3. 结点电压法是以电路中的结点电压为电路变量，应用 KCL 对电路进行求解的方法。结点电压就是指电路中某点到参考点的电位，因此应用此方法解题时，必须在电路中确立参考电位点。结点电压法对于结点数较少、支路数较多的复杂电路，无疑是一种减少电路方程式数目的电路分析方法。

4. 叠加定理体现了线性网络重要的基本性质——叠加性，是分析线性复杂网络的理论基础。应用叠加定理分析电路时应注意：叠加定理只适用于线性电路，非线性电路一般不适用；某独立电源单独作用时，其余独立源置零：置零电压源需短路，置零电流源应开路，电源的其他部分结构参数应保持不变；叠加定理只适用于任一支路的电压或电流，当任一支路的功率或能量是电压或电流的二次函数时，不能直接用叠加定理来计算；受控源为非独立电源，应保留不变；待求响应的叠加是代数和，应注意它们的参考方向。

5. 戴维南定理：对任一线性有源二端网络，就其两个输出端而言，总可以用一个独立电压源和一个电阻的串联组合来等效，其中，独立电压源的电压等于该有源二端网络的开路电压，串联的电阻等于该有源二端网络除源后的入端等效电阻。戴维南定理是用电路的"等效"概念总结出的一个分析复杂网络的基本定理。

能力检测题

一、填空题

1. 凡是用电阻的串并联和欧姆定律可以求解的电路统称为_____电路，用上述方法不能直接求解的电路称为_____电路。

2. 以客观存在的支路电流为未知量，直接应用_____定律和_____定律求解电路的方法，称为_____法。

3. 当复杂电路的支路数较多、回路数较少时，应用_____电流法可以适当减少方程式数目。这种解题方法中，是以假想的_____电流为未知量，直接应用_____定律求解电路的。

4. 在多个电源共同作用的_____电路中，各支路的响应均可看作在各个独立源单独作用下，该支路上所产生响应的_____，称为叠加定理。

5. 戴维南等效电路是指一个电阻和一个电压源的串联组合。其中，"等效"二字的含义是指原有源二端网络在"等效"前后对_____以外的部分作用效果相同。戴维南等效电路中的电阻数值上等于原有源二端网络_____后的_____电阻，戴维南等效电路中的电压源在数值上等于原有源二端网络的_____电压。

6. 为了减少方程式数目，在电路分析方法中引入了_____电流法、_____电压法；电路分析方法中的_____定理只适用于对线性电路的分析。

7. 应用戴维南定理分析电路时，求开路电压时应注意，对受控源的处理应与_____的分析方法相同；求入端电阻时应注意，受控电压源为零值时按_____处理，受控电流源为零值时按_____处理。

二、判断题

1. 叠加定理只适用于直流电路的分析。　　　　　　　　　　　　（　　）
2. 支路电流法和回路电流法都是为了减少方程式数目而引入的电路分析法。（　　）
3. 回路电流法是只应用 KVL 对电路求解的方法。　　　　　　　（　　）
4. 结点电压法是只应用 KVL 对电路求解的方法。　　　　　　　（　　）
5. 弥尔曼定理可适用于任意结点电路的求解。　　　　　　　　　（　　）
6. 应用结点电压法求解电路时，参考点可要可不要。　　　　　　（　　）
7. 回路电流法只要求出回路电流，即可解出电路最终求解的量。　（　　）
8. 回路电流是为了减少方程式数目而人为假想的绕回路流动的电流。（　　）
9. 应用结点电压法求解电路，自动满足 KVL。　　　　　　　　（　　）
10. 实际应用中的任何一个两孔插座对外都可视为一个有源二端网络。（　　）

三、单项选择题

1. 叠加定理只适用于（　　）。
　　A. 交流电路　　　B. 直流电路　　　C. 线性电路　　　D. 非线性电路
2. 自动满足 KCL 的电路求解法是（　　）。
　　A. 支路电流法　　B. 回路电流法　　C. 结点电压法　　D. 叠加定理
3. 自动满足 KVL 的电路求解法是（　　）。
　　A. 支路电流法　　B. 回路电流法　　C. 结点电压法　　D. 叠加定理
4. 必须设立电路参考点后才能求解电路的方法是（　　）。
　　A. 支路电流法　　B. 回路电流法　　C. 结点电压法　　D. 叠加定理
5. 只适用于线性电路求解的方法是（　　）。
　　A. 弥尔曼定理　　B. 戴维南定理　　C. 回路电流法　　D. 叠加定理
6. 只适用于多支路、结点数只有两个的电路的求解方法是（　　）。
　　A. 弥尔曼定理　　B. 戴维南定理　　C. 回路电流法　　D. 叠加定理

四、简答题

1. 试述回路电流法求解电路的步骤。回路电流是否为电路的最终待求响应？
2. 一个不平衡电桥电路进行求解时，只用电阻的串并联和欧姆定律能够求解吗？
3. 试述有源二端网络开路电压的求解步骤。如何把一个有源二端网络化为一个无源二端网络？在此过程中，有源二端网络内部的电压源和电流源应如何处理？

4. 工程实际中，用高内阻电压表测得某直流电源的开路电压为 225V，用足够量程的电流表测得该直流电源的短路电流为 50A，问这一直流电源的戴维南等效电路是怎样的？

五、分析计算题

1. 试对图 2.13 所示电路分别用支路电流法和回路电流法列出其相应方程式。

2. 用戴维南定理求解图 2.14 所示电路中的电流 I。

3. 先将图 2.15 所示电路化简，再求出通过电阻 R_3 的电流 I_3。

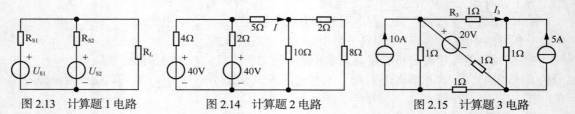

图 2.13　计算题 1 电路　　　　图 2.14　计算题 2 电路　　　　图 2.15　计算题 3 电路

4. 用结点电压法求解图 2.16 所示电路中 50kΩ 电阻中的电流 I。

5. 用叠加定理求解图 2.17 所示电路中的电流 I。

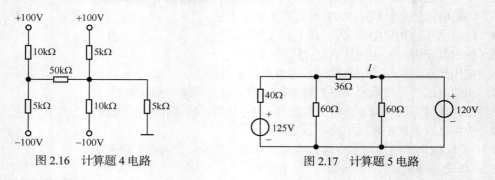

图 2.16　计算题 4 电路　　　　　　图 2.17　计算题 5 电路

六、素质拓展题

叠加定理告诉我们可以把复杂电路转化为用欧姆定律和串并联知识解答的简单电路，把复杂问题简单化。这种化繁为简的思路同样适合在工作和生活中，简单问题做到极致也能达到很高的境界。请在实际工作、生活中查找一些多个电源电路，并尝试进行分析。

第3章 正弦交流电路基础

知识 导图

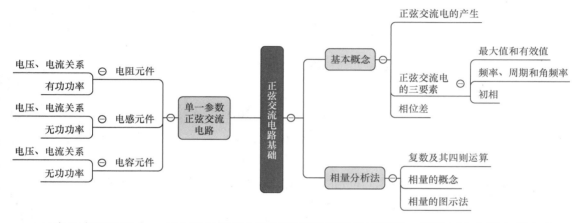

日常生产和生活中，电动机在交流电驱动下带动转子机械运转，照明灯由交流电能点亮，电视机、计算机及各种办公设备也都广泛采用正弦交流电作为电源。无论从电能生产的角度还是从用户使用的角度来说，正弦交流电都是最方便的能源，因而得到广泛的应用。

交流输配电系统盛行不衰，因此学习交流电的一些基本知识显得格外重要。交流电的大小和方向不断随时间变化，从而给分析和计算正弦交流电路带来了一些新问题，通过本章的学习，可以建立一些新概念和分析交流电路的新方法，应对和解决交流电路中存在的新问题。

知识目标

了解正弦交流电的产生；深入理解正弦交流电的诸多基本概念，重点理解正弦交流电的三要素和正弦交流电有效值的概念；熟悉和掌握正弦交流电的解析式表示法和波形图表示法，牢固掌握正弦量的相量分析法；理解相量图分析电路的辅助作用；深刻理解和牢固掌握单一电阻元件、单一电感元件和单一电容元件电路的电压、电流关系及其功率情况。

能力目标

具有对交流电路中的电压和电流运用相量图进行定性表示的能力；具有正确使用交流电压表、交流电流表、单相功率表的能力以及测量交流电路参数的能力。

3.1　正弦交流电路的基本概念

大小和方向均随时间按正弦规律变化的交变电能称为正弦交流电，它是日常生活和科技领域中最常见、应用最广泛的一种电的形式。

3.1.1　正弦交流电的产生

3-1　正弦交流电的产生

迈克尔·法拉第在 1831 年证实了磁能生电的现象，从此揭示了电和磁之间的联系，奠定了交流发电机的理论基础，开创了普遍利用交流电的新时代。

电磁感应现象奠定了交流发电机的理论基础。现代发电厂的交流发电机都是基于电磁感应原理工作的。图 3.1 所示为三相交流发电机结构原理图。原动机（汽轮机或水轮机等）带动发电机的磁极转动，与嵌装在定子铁心槽中固定不动的发电机绕组（AX、BY、CZ 分别为三组线圈）相切割，导体与磁场切割的结果，在定子绕组中产生感应电动势，与外电路接通后即可供出交流电。

三相交流发电机感应的三相电压用解析式可表达为

$$u_A = U_m \sin \omega t$$
$$u_B = U_m \sin(\omega t - 120°)$$
$$u_C = U_m \sin(\omega t - 240°)$$
$$= U_m \sin(\omega t + 120°)$$

解析式中的 U_m 称为三相感应电压的最大值，ω 称为三相感应电压随时间变化的角频率，而 sin 后面括号内的电角度称为三相感应电压的相位。

显然，三相交流发电机的三相感应电压最大值相等、角频率相同，相位上互差 120°。人们把具有上述特征的三相交流电称为对称三相交流电。

三相交流发电机之所以能够产生对称三相交流电，是由其结构原理决定的。

发电机的 AX、BY、CZ 三相绕组匝数相等，结构相同，在空间互差 120° 对称嵌装，当三相绕组与同一原动机带动的磁极磁场相切割时，根据电磁感应原理可知，各相绕组中产生的感应电压除了到达最大值的时间由其所在位置决定外，其余都是相同的。这样的对称三相交流电也可用图 3.2 所示的波形图来表示。

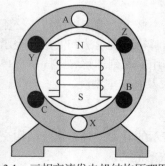

图 3.1　三相交流发电机结构原理图

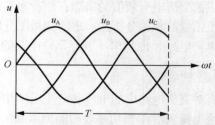

图 3.2　对称三相交流电的波形图

由波形图可看出，任一时刻，对称三相交流电的瞬时值之和均恒等于零，即 $u_A+u_B+u_C=0$。

三相交流电在相位上的先后次序称为相序，相序反映了三相交流电达到最大值（或零值）的先后顺序。三相发电机绕组的首端分别用 A、B、C 表示，X、Y、Z 是它们的尾端，工程实际中常采用 A→B→C 的顺序作为三相交流电的正序，而把 C→B→A 的顺序称为负序。三相交流发电机的母线引出端通常用黄、绿、红三色标示 A、B、C 三相。

3.1.2　正弦量的三要素

发电机产生的三相正弦交流电是对称的，对其中一相进行分析即可。

3-2　正弦量的三要素

1. 正弦交流电的频率、周期和角频率

（1）频率

单位时间内，正弦交流电重复变化的循环数称为频率。频率用 "f" 表示，单位是赫兹（Hz），简称 "赫"。例如，我国电力工业的交流电频率规定为 50Hz，简称工频；少数发达国家采用的工频为 60Hz。无线电工程中常用兆赫来计量。例如，无线电广播的中波段频率为 535～1650kHz，电视广播的频率是几十兆赫到几百兆赫。频率的高低反映了正弦交流电随时间变化的快慢程度。显然，频率越高，交流电随时间变化得越快。

（2）周期

交流电每重复变化一个循环所需要的时间称为周期，如图 3.3 中的 T 所示。周期用 "T" 表示，单位是秒（s）。

显然，周期和频率互为倒数，即

$$f = \frac{1}{T} \quad \text{或} \quad T = \frac{1}{f}$$

由上式可知，周期越短，频率越高。可见，周期的大小同样可以反映正弦量随时间变化的快慢程度。

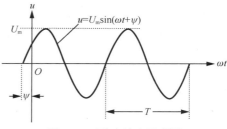

图 3.3　正弦交流电示意图

（3）角频率

正弦函数总是与一定的电角度相对应，所以正弦交流电变化的快慢程度除了用周期和频率描述外，还可以用角频率 "ω" 表示。角频率 ω 表示正弦量每秒经历的弧度数，其单位为弧度/秒（rad/s），通常弧度可以略去不写，其单位用 1/秒（1/s）表示。由于正弦量每变化一周所经历的电角弧度是 2π，因此角频率与频率、周期在数量上具有的关系为

$$\omega = 2\pi f = \frac{2\pi}{T} \tag{3.1}$$

周期、频率和角频率分别从不同的角度反映了同一个问题：正弦量随时间变化的快慢程度。式（3.1）表示了三者之间的数量关系。实际应用中，频率的概念用得最多。

2. 正弦交流电的瞬时值、最大值和有效值

（1）瞬时值

交流电每时每刻均随时间变化，它对应任一时刻的数值称为瞬时值。瞬时值是随时间变化的量，因此要用英文小写斜体字母表示为 "u、i"。图 3.3 所示正弦交流电压的瞬时值可用正弦函数式（解析式）来表示，即

$$u=U_\mathrm{m}\sin(\omega t+\psi) \tag{3.2}$$

（2）最大值

交流电随时间按正弦规律变化振荡的过程中，出现的正、负两个振荡最高点称为正弦量的振幅，其中的正向振幅称为正弦量的最大值，一般用大写斜体字母加下标 m 表示为"U_m、I_m"。注意：在式（3.2）所示的正弦交流电的一般表达式中，其中的最大值恒为正值。

正弦量是等幅振荡、正负交替变化的周期函数。对于正弦量的数学描述，可以用正弦（sin）函数，也可以用余弦（cos）函数，式（3.2）采用的是正弦函数，本书中均采用正弦函数。

（3）有效值

正弦交流电的瞬时值是变量，无法确切地反映正弦量的做功能力，用最大值表示正弦量的做功能力显然夸大了其作用，因为正弦交流电在一个周期内只有两个时刻的瞬时值等于最大值，其余时间的数值都比最大值小。为了确切地表征正弦量的做功能力以及便于计算和测量正弦量的大小，电路理论中引入了有效值的概念。

有效值是根据电流的热效应定义的。不论是周期性变化的交流电流还是恒定不变的直流电流，只要它们的热效应相等，就可认为它们的电流值（或做功能力）相等。

如图 3.4 所示，让正弦交流电流 i 和直流电流 I 分别通过相同的电阻 R，如果在相同的时间 t 内，两种电流在相同的电阻上产生的热量相等（即做功能力相同），则把图 3.4（b）中的直流电流 I 定义为图 3.4（a）中交流电流 i 的有效值。显然，与正弦量热效应相等的直流电的数值称为正弦量的有效值。

（a）交流电路图　　（b）直流电路图

图 3.4　电路图

正弦交流电的有效值是用热效应相同的直流电的数值定义的，因此正弦交流电的有效值通常用与直流电相同的大写斜体字母"U、I"表示。

注意：虽然正弦交流电的有效值和直流电的表示方法相同，但它们所表达的概念是不同的。

实验结果和数学分析都可以证明，正弦交流电的最大值和有效值之间存在如下数量关系：

$$U_\mathrm{m}=\sqrt{2}U\approx1.414U$$

$$U=\frac{U_\mathrm{m}}{\sqrt{2}}\approx0.707U_\mathrm{m} \tag{3.3}$$

或者

$$I_\mathrm{m}=\sqrt{2}I \ , \quad I=\frac{I_\mathrm{m}}{\sqrt{2}}$$

在电路理论中，通常所说的交流电数值不做特殊说明时，一般指交流电的有效值。在测量交流电路的电压、电流时，仪表指示的数值通常也都是交流电的有效值。各种交流电气设备铭牌上的额定电压和额定电流一般指交流电的有效值。

正弦交流电的瞬时值表达式可以精确地描述正弦量随时间变化的情况。正弦交流电的最大值表征了正弦交流电振荡的正向最高点，有效值则确切地反映了正弦交流电的做功能力。显然，最大值和有效值可从不同的角度表征正弦交流电的"大小"。

3. 正弦交流电的相位、初相

（1）相位

正弦交流电随时间变化的核心部分是解析式中的相位（$\omega t+\psi$），它反映了正弦交流电随时间变化的进程。显然，相位是一个随时间变化的电角度，当相位随时间连续变化时，正弦量的瞬时值随之连续变化。

（2）初相

$t=0$ 时对应的相位 ψ 称为正弦交流电的初相角，简称初相。初相确定了正弦交流电计时开始时的状态。为保证正弦交流电解析式表示上的统一性，通常规定初相不得超过±180°。

在上述规定下，初相为正角时，正弦量对应的初始值（对应坐标原点的数值）一定是正值；初相为负角时，正弦量对应的初始值则为负值。在图 3.5 所示的波形图上，正值初相角位于坐标原点左边零点（指波形由负值变为正值所经历的 0 点）与原点之间，如图 3.5 中 i_1 的初相 ψ_1；负值初相位于坐标原点右边零点与原点之间，如图 3.5 中 i_2 的初相 ψ_2。

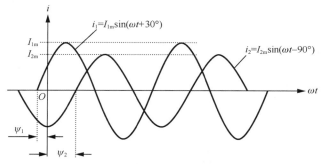

图 3.5　正弦交流电的初相与相位差

3.1.3　相位差

为了比较两个同频率正弦量在变化过程中的相位关系及它们的先后顺序，引入了相位差的概念，相位差用 φ 表示。如图 3.5 所示，其中有两个正弦交流电流，它们的解析式分别为

$$i_1 = I_{1m} \sin(\omega t + \psi_1)$$

$$i_2 = I_{2m} \sin(\omega t + \psi_2)$$

两个电流的相位之差为

$$
\begin{aligned}
\varphi &= (\omega t + \psi_1) - (\omega t + \psi_2) \\
&= \omega t + \psi_1 - \omega t - \psi_2 \\
&= \psi_1 - \psi_2
\end{aligned}
\tag{3.4}
$$

可见，两个同频率正弦量的相位差实际上等于它们的初相之差，与时间 t 无关。相位差是比较两个同频率正弦量关系的重要参数之一。

若已知 $\psi_1 = 30°$，$\psi_2 = -90°$，则电流 i_1 与 i_2 在任意瞬时的相位之差为

$$\varphi = (\omega t + 30°) - (\omega t - 90°) = 30° - (-90°) = 120°$$

为了相位差 φ 的唯一性，规定相位差不得超过±180°。

当两个同频率正弦量之间的相位差为零时，说明它们的相位相同，称它们在相位上具有同相关系。同相关系的电压、电流可构成有功功率。当两个同频率正弦量之间的相位差为 90° 时，称它们在相位上具有正交关系。正交关系的电压和电流可构成无功功率（后面详细讲述）。若两个同频率正弦量之间的相位差是 180°，则称它们之间的相位关系为镜像对称，或称它们相位反相。除此之外，两个同频率正弦量之间还具有超前、滞后的相位关系。

注意：只有同频率的正弦量之间才存在相位差的概念，不同频率的正弦量之间讨论相位差无意义。

例 3.1 已知工频电压有效值 $U = 220\text{V}$，初相 $\psi_u = 60°$；工频电流有效值 $I = 22\text{A}$，初相 $\psi_i = -30°$。求其瞬时值表达式，试画出其波形图，并计算它们的相位差。

解： 工频电角频率 $\omega = 314\text{rad/s}$。

电压的解析式为

$$u = 220\sqrt{2} \sin\left(314t + \frac{\pi}{3}\right)(\text{V})$$

电流的解析式为

$$i = 22\sqrt{2} \sin\left(314t - \frac{\pi}{6}\right)(\text{A})$$

电压与电流的波形图如图 3.6 所示。

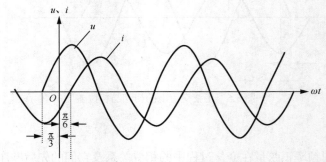

图 3.6 例 3.1 中电压与电流的波形图

电压与电流的相位差为 $\varphi = \psi_u - \psi_i = \dfrac{\pi}{3} - \left(-\dfrac{\pi}{6}\right) = \dfrac{\pi}{2}$，即电压超前电流 90°。

可见，一个正弦量的最大值（或有效值）、角频率（或频率、周期）及初相一旦确定，这个正弦量的解析式和波形图的表示就是唯一的、确定的。

最大值（或有效值）、角频率（或频率、周期）和初相称为正弦量的三要素。其中，最大值（或有效值）反映了正弦量的大小及做功能力；角频率（或频率、周期）反映了正弦量随时间变化的快慢程度；初相确定了正弦量起始时的位置和状态。

思考题

1. 何谓正弦量的三要素？三要素各反映了正弦量的哪些方面？

2. 某正弦电流的最大值为 100mA，频率为 2 000Hz，这个电流达到零值后经过多长时间可达 50mA？

3. 正弦交流电压 $u_1 = U_{1\text{m}}\sin(\omega t + 60°)\text{V}$，$u_2 = U_{2\text{m}}\sin(2\omega t + 45°)\text{V}$。比较哪个超前，哪个滞后。

4. 正弦交流电压 $u(t) = 100\sin(100\pi t + 90°)\text{V}$，试分别计算它在 0.002 5s、0.01s、0.018s 时的值。

5. 一个正弦交流电压的初相为 30°，在 $t = \dfrac{T}{2}$ 时的值为 −268V，试求它的有效值。

3.2 正弦交流电的相量分析法

相量分析法是线性电路正弦稳态分析的一种简便而又有效的方法。

对任意一个线性正弦稳态电路而言，其中所有的正弦量都是同频率的，所以在正弦稳态电路的分析中，频率这一要素可以不考虑，这样正弦量的三要素降为两要素。相量分析法中就利用了这一点，用相量表示正弦量的振幅（或有效值）和初相。

3-3 相量分析法
基础

3.2.1 复数及其表示方法

应用相量分析法时经常要用到复数，为此对复数及其四则运算加以复习巩固。

1. 复数的概念及常用表示方法

数学中，把一个既有实数又有虚数的复合数称为复数。复数在复平面上是一个点，如图 3.7 中的复数 A。

复数 A 在复平面实轴上的投影是 a_1，代表了复数的实数；在虚轴的投影是 a_2，表征了复数的虚数；带箭头的有向线段 a 是复数 A 的模值，数值上等于实数和虚数平方和的开方；模与正向实轴之间的夹角 ψ 是复数 A 的辐角。

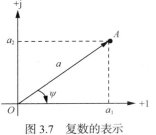

图 3.7 复数的表示

3-4 复数及其表
示方法

一个复数有多种表示方法，这里主要介绍电学中常用的代数形式和极坐标形式。

（1）复数的代数形式

$$A = a_1 + ja_2 \qquad (3.5)$$

式中，a_1 是复数 A 的实部，以+1 为单位；a_2 是复数 A 的虚部，以+j 为单位。

复数的模与它的实部与虚部数值之间的关系为

$$a = \sqrt{a_1{}^2 + a_2{}^2}$$

复数的辐角与它的实部及虚部数值之间也具有一定的关系，即

$$\psi = \arctan \frac{a_2}{a_1}$$

（2）复数的极坐标形式

极坐标形式是电学中常用的正弦量的表示方法。复数 A 用极坐标形式表示为

$$A = a \angle \psi \qquad (3.6)$$

由实部、虚部和模构成的直角三角形又可得到

$$a_1 = a \cos \psi \qquad 和 \qquad a_2 = a \sin \psi$$

所以，极坐标形式表示的复数 A 和代数形式表示的复数 A 之间的换算关系式为

$$A = a e^{j\psi} = a \cos \psi + ja \sin \psi = a_1 + ja_2 \qquad (3.7)$$

3.2.2 复数运算法则

两个复数相加减时，以代数形式表示，计算比较简便；两个复数相乘除时，用极坐标形式表示较为方便。

例 3.2 有复数 $A=-3+j4$ 和复数 $B=6-j8$，求 $A+B$、$A-B$、$A\times B$ 和 $A\div B$。

解：$A+B = -3+j4+(6-j8) = -3+6+j(4-8) = 3-j4$

$A-B = -3+j4-(6-j8) = -3-6+j(4+8) = -9+j12$

$A = -3+j4 = 5\underline{/126.9°}$，$B = 6-j8 = 10\underline{/-53.1°}$

$A\times B = 5\underline{/126.9°}\times 10\underline{/-53.1°} = 5\times 10\underline{/126.9°+(-53.1°)} = 50\underline{/73.8°}$

$\dfrac{A}{B} = \dfrac{5\underline{/126.9°}}{10\underline{/-53.1°}} = \dfrac{5}{10}\underline{/126.9°-(-53.1°)} = 0.5\underline{/180°} = -0.5$

可见，两个复数相加减时应遵循的运算法则是

$$A \pm B = (a_1 \pm b_1)+j(a_2 \pm b_2) \tag{3.8}$$

两个复数相乘除时应遵循的运算法则是

$$A\times B = a\times b\underline{/\psi_a + \psi_b}$$

$$A\div B = \frac{a}{b}\ \underline{/\psi_a - \psi_b} \tag{3.9}$$

3.2.3 相量与相量图

1. 相量

在相量分析法中，把表示正弦量的复数称为相量，即相量特指与正弦量相对应的复数形式的电压和电流。

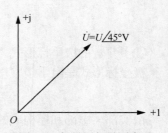

3-5 相量和
相量图

正弦量用复数表示时，其有效值（或最大值）对应复数的模，初相对应复数的幅角。例如，对于正弦量 $u = U_m\sin(\omega t + 45°)\mathrm{V}$，用复数表示时，最大值相量表示为 $\dot{U}_m = U_m\underline{/45°}\mathrm{V}$；有效值相量表示为 $\dot{U} = U\underline{/45°}\mathrm{V}$。

在正弦稳态电路的计算中，相量可根据需要以代数形式或极坐标形式进行表示。

2. 相量图

相量分析法中，为了把抽象的东西形象化，往往还需将相量以带箭头的线段进行表示。

例如，相量 $\dot{U} = U\underline{/45°}\mathrm{V}$ 可用相量图表示为图 3.8。

用带箭头的线段可以把一个或几个相量画在同一个复平面中，但其必须是同一电路的、同频率的正弦量，或者说，只有同频率的正弦量才能画在同一相量图中。

相量图中，正弦量的大小用有向线段的长度来表示，正弦量的相位则用有向线段与正向实轴之间的夹角表示。因此，从相量图中可直观地看出同一电路中的各正弦量的相对大小以及它们超前、滞后的关系，对分析电路十分有益。

图 3.8 相量用相量图表示

例 3.3 在两支路并联的正弦交流电路中，已知支路电流分别为 $i_1 = 8\sin(\omega_0 t + 60°)\mathrm{A}$，

$i_2 = 6\sin(\omega_0 t - 30°)A$，画出电流相量图，试求总电流 i。

解：将各支路电流用最大值相量的代数形式来表示，即

$$\dot{I}_{1m} = 8\underline{/60°} = 8\cos 60° + j8\sin 60° = 4 + j6.93(A)$$

$$\dot{I}_{2m} = 6\underline{/-30°} = 6\cos(-30°) + j6\sin(-30°) = 5.2 - j3(A)$$

两个最大值相量利用复数的加法运算法则可得

$$\dot{I}_m = \dot{I}_{1m} + \dot{I}_{2m} = 4 + 5.2 + j(6.93 - 3) = 9.2 + j3.93 = 10\underline{/23.1°}(A)$$

根据相量与正弦量之间的对应关系，可写出总电流的瞬时值表达式为

$$i = 10\sin(\omega_0 t + 23.1°)A$$

画出电流相量图，如图 3.9 所示。

注意：画相量图时，通常可把复平面省略。

例 3.4 已知串联的工频正弦交流电路中，电压 $u_{AB} = 120\sqrt{2}\sin(314t + 36.9°)V$，

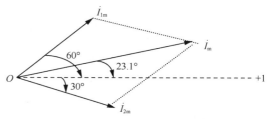

图 3.9 例 3.3 电流相量图

$u_{BC} = 160\sqrt{2}\sin(314t + 53.1°)V$，求总电压 u_{AC}，并画出电压相量图。

解：① 根据相量与正弦量之间的对应关系，把两个电压有效值表示为有效值相量，有

$$\dot{U}_{AB} = 120\underline{/36.9°}$$
$$= 120\cos 36.9° + j120\sin 36.9°$$
$$= 96 + j72(V)$$

$$\dot{U}_{BC} = 160\underline{/53.1°}$$
$$= 160\cos 53.1° + j160\sin 53.1°$$
$$= 96 + j128(V)$$

② 把两个电压有效值相量用带箭头的线段表示在复平面上，利用平行四边形法则对两个相量进行求和，画出相应相量图，如图 3.10 所示。

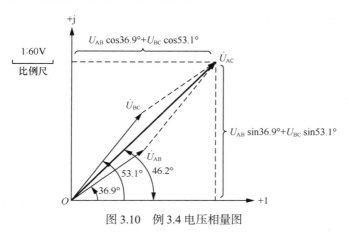

图 3.10 例 3.4 电压相量图

由相量图分析可知，总电压有效值在实轴上的投影等于两个电压有效值在实轴上的投影的代数和；总电压有效值在虚轴上的投影等于两个电压有效值在虚轴上的投影的代数和，根据直角三角形的勾股定理，总电压有效值即等于它在实轴和虚轴上投影的平方和的开方，即 u_{AC} 的有效值为

$$U_{AC} = \sqrt{(120\cos 36.9° + 160\cos 53.1°)^2 + (120\sin 36.9° + 160\sin 53.1°)^2}$$
$$= \sqrt{192^2 + 200^2} \approx 277 \ (\text{V})$$

③ 总电压有效值相量与正向实轴之间的夹角为

$$\varphi = \arctan \frac{120\sin 36.9° + 160\sin 53.1°}{120\cos 36.9° + 160\cos 53.1°} = \arctan \frac{200}{192} \approx 46.2°$$

④ 根据正弦量与相量之间的对应关系，写出总电压解析式，即

$$u_{AC} = 277\sqrt{2}\sin(314t + 46.2°)(\text{V})$$

在相量分析法中，正弦量的大小用线段长度来表示，正弦量的相位则用线段与正向实轴之间的夹角表示。因此，从相量图中可直观地看出同一电路中的各正弦量的相对大小以及它们超前、滞后的关系，对分析电路十分有益。

注意：求解的是正弦量，而正弦量和相量之间只有对应关系，没有相等关系，即相量不等于正弦量。因此，对于用相量分析法求出的相量，最后一定要根据相量与正弦量之间的一一对应关系写出正弦量的解析式。

思考题

1. 已知复数 $A = 4+\text{j}5$，$B = 6-\text{j}2$，试求 $A+B$、$A-B$、$A×B$ 和 $A÷B$。

2. 已知复数 $A = 17\underline{/24°}$ 和 $B = 6\underline{/-65°}$，试求 $A+B$、$A-B$、$A×B$ 和 $A÷B$。

3. 判断下列公式的正误。

（1）$u = 3 + \text{j}4\text{V}$ （2）$I = 5\sin(314t + 30°)\text{A}$ （3）$\dot{U} = 220\underline{/36.9°}\text{V}$

4. "正弦量可以用相量来表示，因此 $u = 220\sqrt{2}\sin(314t - 30°) = 220\underline{/-30°}\text{V}$" 对吗？

3.3 相量形式的电路定律

相量分析法中，各正弦电压和正弦电流都是用相量表示的。因此，反映电路中电压、电流约束关系的三大基本定律也要表示为相应的相量形式。

3-6 相量形式的
电路定律

1. 相量形式的欧姆定律

相量形式的欧姆定律可表示为

$$\dot{I} = \frac{\dot{U}}{Z} = \dot{U} Y \qquad (3.10)$$

式中，Z 和 Y 都是用复数形式表示的，其中，Z 称为复阻抗，Y 称为复导纳。复阻抗的模对应正弦稳态电路对电流阻碍作用的阻抗 z，复阻抗的幅角对应正弦稳态电路中电压和电流的相位差 φ。复导纳与复阻抗互为倒数关系。

2. 相量形式的基尔霍夫定律

相量形式的 KCL 表示为

$$\sum \dot{I} = 0 \qquad\qquad (3.11)$$

相量形式的 KVL 表示为

$$\sum \dot{U} = 0 \qquad\qquad (3.12)$$

注意：在相量形式的结点电流定律和回路电压定律中，表示正弦稳态电路中任一结点上电流相量的代数和恒等于零和任一闭合回路中各段电压相量的代数和恒等于零，切不可将其误认为有效值或最大值的代数和。

思考题

1. 已知正弦交流电路的相量模型中，端口电压相量为 $\dot{U} = 220\underline{/36.9°}\text{V}$，端口电流相量为 $\dot{I} = 20\underline{/10°}\text{A}$，求电路的复阻抗。

2. 已知正弦稳态电路的相量模型中，两个并联支路的总电流相量为 $\dot{I} = 6\underline{/53.1°}\text{A}$，其中一个支路的电流相量 $\dot{I}_1 = 3\underline{/36.9°}\text{A}$，求另外一个支路的电流相量 $\dot{I}_2$。

3.4　单一参数的正弦交流电路

日常生产、生活中的用电器，其电特性往往多元而复杂，当对这些电特性全部进行考虑时，分析实际电路的工作将相当烦琐。为了简化实际电路的分析步骤，工程实际中通常采用的方法如下：一定条件下，当用电器某一电特性为影响电路的主要因素时，其余电特性常常可以忽略，即构成单一参数的正弦交流电路模型。

3.4.1　电阻元件

电路中导线和负载上产生的热损耗通常归结于电阻；用电器上吸收的电能转换为其他形式的能量，当其转换过程不可逆时，也归结于电阻。因此，电学中的电阻元件意义更加广泛，是实际电路中耗能因素的抽象和表征，电阻元件的参数用 R 表示。实际应用中的白炽灯、电炉、电烙铁、各种实体电阻等，虽然它们的材料和结构形式各不相同，但从电气性能上看，都与电阻元件的电特性很接近。因此，可直接用电阻元件作为它们的电路模型。电阻元件的电路模型和相量模型如图 3.11 所示。

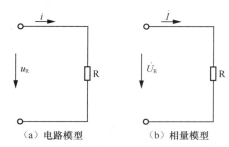

3-7　电阻元件

（a）电路模型　　　（b）相量模型

图 3.11　电阻元件的电路模型和相量模型

1. 电压、电流关系

图 3.11（a）是电阻元件在正弦交流电路中的电路模型。设加在电阻元件两端的电压为

$$u_R = U_{Rm}\sin\omega t$$

关联参考方向下，任一瞬间通过电阻元件上的电流与其端电压成正比，即

$$i = \frac{u_R}{R} = \frac{U_{Rm}}{R}\sin\omega t = I_m\sin\omega t$$

上式说明电阻元件上的瞬时电压和瞬时电流遵循欧姆定律的即时对应关系，且电阻元件上电压最大值与电流最大值之间的数量关系为

$$I_m = \frac{U_{Rm}}{R}$$

在等式两端同除以 $\sqrt{2}$，即可得到电压与电流有效值之间的数量关系式为

$$I = \frac{U_R}{R} \quad\quad\quad (3.13)$$

式（3.12）与直流电路中欧姆定律的形式完全一样。但值得注意的是，这里的 U 和 I 指的是正弦稳态电路中的电压、电流有效值，不能和直流电压、直流电流的概念相混淆。

从电压、电流的瞬时值表达式上还可看出：电阻元件上电压和电流在相位上同相。

同相关系表明电阻元件电路中的电压、电流波形同时为零、同时达到最大值，如果用相量模型表示单一电阻参数电路，则可用图3.11（b）表示。

相量模型中，电路中各量均要用复数形式表示，即电压、电流要用相量表示，电路元件须用复阻抗或复导纳表示。虽然图3.11（b）中的电阻 R 看起来和图3.11（a）中的电阻 R 似乎没有区别，但实际上相量模型中的 R 应视为一个只有实部没有虚部的复数。这样，电阻元件上电压和电流之间的相量关系可表示为

$$\dot{I} = \frac{\dot{U}_R}{R} \quad\quad\quad (3.14)$$

显然，式（3.14）不仅反映了电阻元件上电压和电流的数量关系，还反映了它们的相位关系，此式也是单一电阻元件上相量形式的欧姆定律。

电阻元件上电压和电流的上述关系还可用图3.12所示的相量图定性表示。

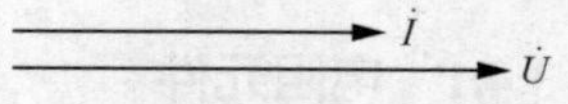

图 3.12　电阻元件上的相量图

2. 功率情况

（1）瞬时功率

由于任意时刻正弦交流电路中的电压和电流是随时间变化的，所以在不同时刻电阻元件上吸收的功率各不相同。任意时刻的功率称为瞬时功率，用小写英文字母"p"表示，即

$$\begin{aligned}
p = ui &= U_m\sin\omega t\, I_m\sin\omega t \\
&= U_m I_m\sin^2\omega t \\
&= U\sqrt{2}I\sqrt{2}\frac{1-\cos 2\omega t}{2} \\
&= UI - UI\cos 2\omega t
\end{aligned}$$

其中，UI 是瞬时功率的恒定分量，$-UI\cos 2\omega t$ 是瞬时功率的交变分量，电阻元件上的功率情况如图3.13所示，瞬时功率 p 随时间变化。显然，电阻元件上的瞬时功率总是大于或等于零。

瞬时功率为正值，说明元件吸收电能。从能量的观点来看，**电阻元件是电路中的耗能元件**。

（2）平均功率（有功功率）

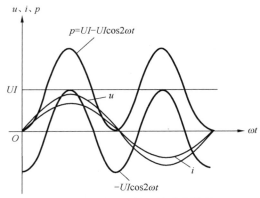

图 3.13　电阻元件上的功率情况

瞬时功率总随时间变动，因此无法确切地量度电阻元件上的能量转换规模。为此，电路理论中引入了平均功率的概念。平均功率用大写斜体英文字母"P"表示。瞬时功率中的交变分量在一个周期内的平均值总是等于 0 的，因此平均功率数量上等于瞬时功率的恒定分量，即

$$P = UI = I^2R = \frac{U_2}{R} \tag{3.15}$$

通常交流电气设备铭牌上所标示的额定功率指的就是平均功率。

平均功率又称为**有功功率**。所谓有功，实际上指的是能量转换过程中不可逆的那一部分功率，不可逆意味着消耗，这就是人们把电阻元件称为耗能元件的原因。

例 3.5　试求"220V、100W"和"220V、40W"两个灯泡的灯丝电阻各为多少？

解：由式（3.15）可得 100W 灯泡的灯丝电阻为

$$R_{100} = \frac{U^2}{P} = \frac{220^2}{100} = 484(\Omega)$$

40W 灯泡的灯丝电阻为

$$R_{40} = \frac{U^2}{P} = \frac{220^2}{40} = 1\,210(\Omega)$$

此例告诉我们一个常识：在相同电压的作用下，负载功率的大小与其阻值成反比。实际应用中，照明负载都是并联连接的，因此出厂时设计的额定电压相同。额定功率大的电灯灯丝电阻小，因此电压一定时通过的电流大，耗能多，灯亮；额定功率小的电灯灯丝电阻相应较大，因此电压一定时通过的电流就小，耗能也少，灯的亮度就差些。

注意：大电阻和大负载不是一个概念。大负载是指向电路吸取的电流和功率大；而大电阻则是指电路中阻碍电流通过的因素大。

★3.4.2　电感元件

电机、变压器等电气设备，其核心部件均包含用漆包线绕制而成的线圈，线圈通电时总要发热，因此具有电阻的成分，线圈通电后还要在线圈周围建立磁场，它又具有电感的成分。当一个线圈的发热电阻很小且可忽略不计时，这个线圈就可用一个理想的电感元件作为其电路模型，如图 3.14（a）所示。

3-8　电感元件

1. 电压、电流关系

设电感元件的电路模型中的电流为

$$i = I_m \sin \omega t$$

关联参考方向下，根据电感元件上的伏安关系可得

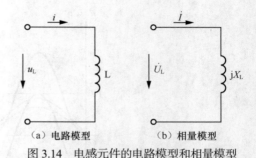

（a）电路模型　（b）相量模型

图3.14　电感元件的电路模型和相量模型

$$
\begin{aligned}
u_L &= L \frac{\mathrm{d}i}{\mathrm{d}t} = L \frac{\mathrm{d}(I_m \sin \omega t)}{\mathrm{d}t} \\
&= I_m \omega L \cos \omega t \\
&= U_{Lm} \sin(\omega t + 90°)
\end{aligned}
$$

由上式可得电感元件上电压最大值与电流最大值的数量关系为

$$U_{Lm} = I_m \omega L = I_m 2\pi f L \tag{3.16}$$

观察电流、电压的瞬时值表达式可看出：电感元件上的电压、电流存在着相位正交关系，并且电压超前电流90°。

电压超前电流的相位关系可从物理现象上理解：只要线圈中通过交变的电流，必然会在线圈中引起电磁感应现象，即在线圈两端产生自感电压u_L，根据楞次定律，u_L对通过线圈的电流起阻碍作用，阻碍作用不等于阻止，阻碍的结果只是推迟了线圈中电流通过的时间，反映在相位上就是电流滞后电压90°。

式（3.16）两端同除以$\sqrt{2}$，可得到电感元件上的电压、电流有效值的数量关系式：

$$I = \frac{U_L}{2\pi f L} = \frac{U_L}{\omega L} = \frac{U_L}{X_L} \tag{3.17}$$

式（3.17）称为电感元件上的欧姆定律关系式，它表明了电感元件上电压有效值和电流有效值之间的数量关系。而

$$X_L = \omega L = 2\pi f L \tag{3.18}$$

式中，X_L称为电感元件的电抗，简称感抗。感抗反映了电感元件对正弦交流电流的阻碍作用。感抗X_L的单位和电阻一样，也是欧姆（Ω）。

注意：电感元件对正弦交流电流的作用不同于电阻元件。电阻元件阻碍正弦交流电流的同时伴随着能量的消耗，而电感元件的感抗只是推迟了正弦交流电路通过元件的时间，并不耗能。

另外，电阻元件的参数R的大小与电路频率无关；而感抗X_L的大小由式（3.18）可知，当线圈的参数L一定时，感抗与频率成正比。稳恒直流电情况下，频率$f=0$，则感抗也为零，因此直流下电感元件相当于短路；高频情况下，电感元件往往对电路呈现极大的感抗，人们形象地把用于高频电路中的滤波线圈称为扼流圈。

用相量表达式描述电感元件上的电压和电流关系，即

$$\dot{U}_L = j\dot{I} X_L = j\dot{I} \omega L \tag{3.19}$$

式中，复数感抗等于jX_L，等于电压相量和电流相量的比值，是一个只有正值虚部而没有实部的复数。

电感元件上的电压、电流关系还可用图3.15所示的相量图定性描述。

2．功率情况

（1）瞬时功率

任何元件上的瞬时功率都等于电压瞬时值与电流瞬时值的乘积，即

$$p = u_L i = U_{Lm} \sin(\omega t + 90°) I_m \sin \omega t$$
$$= U_{Lm} I_m \cos \omega t \sin \omega t$$
$$= U_L \sqrt{2} I \sqrt{2} \frac{\sin 2\omega t}{2}$$
$$= U_L I \sin 2\omega t$$

显然，电感元件上的瞬时功率以 2 倍于电压、电流的频率关系按正弦规律交替变化，如图 3.16 所示。

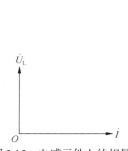

图 3.15　电感元件上的相量图

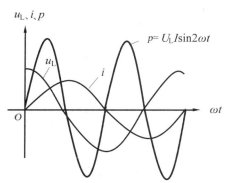

图 3.16　电感元件的功率情况

由图 3.16 所示的波形图可知，在正弦交流电的第 1 个、第 3 个四分之一周期，电压、电流方向关联，元件在这两段时间内向电路吸取电能，并将吸取的电能转换成磁场能储存在元件周围，瞬时功率 p 为正值；在第 2 个、第 4 个四分之一周期，电压、电流方向非关联，元件向外供出能量，即把在第 1 个、第 3 个四分之一周期内储存于元件周围的磁场能量释放出来送还给电路，此期间瞬时功率 p 为负值。在整整一个周期内，瞬时功率交变两次，且正功率等于负功率，因此一个周期内的平均功率 P 等于零，$P=0$ 说明电感元件上只有能量转换没有能量消耗。

从能量的角度来看：单一参数的电感元件在电路中不断地进行能量转换，或将吸收的电能转换为磁场能，或把磁场能以电能的形式送还给电路，整个能量转换的过程可逆，但在能量转换的过程中没有能量消耗。因此，**电感元件是储能元件**。

（2）无功功率

为衡量电感元件上能量转换的规模，引入了无功功率的概念：**只转换不消耗的能量转换规模称为无功功率**。电感元件上的无功功率用 "Q_L" 表示：

$$Q_L = U_L I = I^2 X_L = \frac{U_L^2}{X_L} \tag{3.20}$$

无功功率虽然也等于电压、电流有效值的乘积，但为区别于有功功率，无功功率的单位定义为乏（var）。

无功功率不能从字面上理解为无用之功，感性设备如果没有无功功率，就不能够正常工作。电感元件储存的磁场能量最大值为 $\frac{1}{2} L I_m^2$。

课堂实践：三表法测量线圈参数

工程实际中，电感线圈的发热电阻往往不能忽略，因此，在直流电路中，电感线圈视为一个电阻元件，阻值等于线圈的铜耗电阻值 R；而在正弦交流电路中，实际电感线圈的铜耗电阻值 R 和感抗均不能忽略。

一、测量线圈参数的原理图

测量线圈取一个空心线圈。由上所述，实际上空心线圈并不是理想的电感元件，其铜耗电阻和线圈的电感量可直接用 R 和 L 的串联组合表示，测量电路的电源取自市电 220V，根据空心电感线圈的额定电压值，用单相调压器获得。线圈参数的电路原理图如图 3.17 所示。

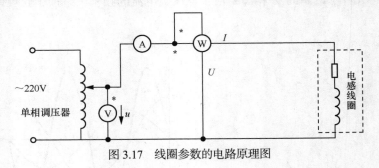

图 3.17   线圈参数的电路原理图

二、测量原理

（1）通过并联在单相调压器输出端的交流电压表的读数值，可调节出实验电路所需的电压 U，用交流电流表测出通过电感线圈的电流 I，由功率表测出空心线圈上吸取的有功功率 P。

（2）读出功率表和电流表的读数后，由 $P = I^2 R$ 可计算出线圈的铜耗电阻。

（3）空心线圈的感抗 $X_L = \sqrt{\left(\dfrac{U}{I}\right)^2 - R^2}$，工频下 f=50Hz，可计算出空心线圈的电感 $L = \dfrac{X_L}{2\pi f}$。

三、测量步骤

（1）观察图 3.17 所示功率表的连接，注意功率表的电流线圈应串联在测量电路中；功率表的电压线圈应并联在测量电路中，并保持两个线圈的发电机端前置。

（2）按电路图进行连接，注意电压表需并联在单相调压器的输出端，电流表应串联在功率表的电流线圈前面，功率表的电流线圈与空心线圈相串联。连接完毕后应先请指导教师检查，无误后再接通电源进行调压。

（3）注意正确使用调压器：接通电源前调压器手轮应放在"零"位，电压接通后，徐徐转动手轮调节实验电压，注意观察电压表，使输出电压调节至空心电感线圈的额定电压后停止。

（4）观察在线圈额定电压下功率表和电流表的数值并记录。

（5）按实验数据根据测量原理计算出线圈的 R、L 两个参数的值。

用直流电源测线圈发热电阻时，选择直流稳压电源的电压值为 15V（或 30V），将电感线圈连接在电源两端上，由于直流下电感线圈的感抗等于零，所以直流电压与直流电流的比值即为线圈的发热电阻值。将此值与交流测试时算出来的发热电阻值相比较。

四、实践环节思考题

（1）测量电路中，为什么电压表和功率表电压线圈都要采用前接法（即带 ★ 的接在火线端）的连接方式？

（2）为何空心电感线圈的直流电阻值和交流电阻值很接近?

3.4.3　电容元件

对于工程实际中的电容器，大多由于漏电及介质损耗很小，其电磁特性与理想电容元件很接近，因此，一般可用理想电容元件直接作为其电路模型。

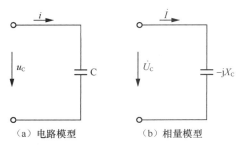

3-9　电容元件

1.　电压、电流关系

在图 3.18（a）所示电路模型中，设电压为

$$u_C = U_{Cm} \sin \omega t$$

关联参考方向时，根据电容元件上的伏安关系可得

$$\begin{aligned} i &= C\frac{\mathrm{d}u_C}{\mathrm{d}t} = C\frac{\mathrm{d}(U_{Cm}\sin\omega t)}{\mathrm{d}t} \\ &= U_{Cm}\omega C\cos\omega t \\ &= I_m \sin(\omega t + 90°) \end{aligned}$$

由上式可推出电容元件极间电压最大值与电流最大值的数量关系为

（a）电路模型　　　　（b）相量模型

图 3.18　电容元件的电路模型和相量模型

$$I_m = U_{Cm}\omega C$$

等式两端同除以 $\sqrt{2}$，即可得到电容元件上电压、电流有效值之间的数量关系:

$$I = U_C\omega C = \frac{U_C}{X_C} \tag{3.21}$$

其中:

$$X_C = \frac{U_C}{I} = \frac{1}{\omega C} = \frac{1}{2\pi f C} \tag{3.22}$$

式中，X_C 称为电容元件的电抗，简称容抗。容抗和感抗类似，反映了电容元件对正弦交流电流的阻碍作用，单位也是欧姆（Ω）。

实际电容器的容抗值只有在频率一定时才是常量，即电容元件对频率具有一定的敏感性，或者说电容具有一定的选频能力。例如，在电容元件接近于稳恒直流电情况下，频率 $f=0$，所以容抗 X_C 趋近无穷大，说明**直流下电容元件相当于开路**；高频情况下，容抗极小，电容元件又可视为短路。显然，在频率极低或极高时，容抗的差别很大。通常人们说电容器具有"隔直通交"作用，实际上就是指的频率对容抗的影响。

比较电容元件上的电压和电流关系式可得，电容元件上的电压、电流之间存在着相位正交关系，且电流超前电压 90°。这种相位关系同样可从物理现象上理解:电容支路上首先要有移动的电荷存在，才能形成电容极间电压的变化。这种先后顺序的因果效应反映在相位上就是电流超前电压 90°。

在图 3.18（b）所示的相量模型中，电压、电流用相量表示，电路参数用复数表示，即

$$\dot{I} = \mathrm{j}\dot{U}_C\omega C = \frac{\dot{U}_C}{-\mathrm{j}X_C} \tag{3.23}$$

式中，复数阻抗等于电压相量和电流相量的比值，与复数感抗相似，它是一个只有虚部而没有实部的复数，只是其虚部数值为负。

上述电容元件上的电压、电流关系还可用图 3.19 所示的相量图进行定性描述。

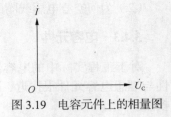

图 3.19　电容元件上的相量图

2. 功率情况

（1）瞬时功率

电容元件上的瞬时功率 p 等于电压瞬时值与电流瞬时值的乘积，即

$$p = u_C i = U_{Cm} \sin \omega t I_m \sin(\omega t + 90°)$$
$$= U_{Cm} I_m \sin \omega t \cos \omega t$$
$$= U_C \sqrt{2} I \sqrt{2} \frac{\sin 2\omega t}{2}$$
$$= U_C I \sin 2\omega t$$

显然，电容元件上的瞬时功率 p 表达式的形式和电感元件类似，也是以 2 倍于电压、电流的频率按正弦规律交替变化的量。

由图 3.20 所示的波形图可看出，在正弦交流电流变化的第 1 个、第 3 个四分之一周期，电压、电流方向关联，说明电容元件从电源吸取电能，显然，在这两个四分之一周期内，电容元件在充电并建立极间电场，因此瞬时功率为正值；在第 2 个、第 4 个四分之一周期，电压、电流方向非关联，说明电容元件在放电，将储存在极板上的电荷释放出来送还给电源，因此瞬时功率为负值。电压、电流变化一周，瞬时功率交替变化两次，但整个周期内瞬时功率的平均功率值等于零。

电容元件的平均功率 $P=0$，说明电容元件不耗能。

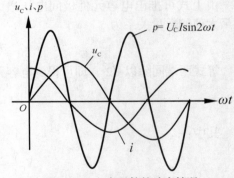

图 3.20　电容元件的功率情况

（2）无功功率

电容元件虽然不耗能，但它与电源之间的能量转换是客观存在的。为了衡量电容元件与电路之间能量转换的规模，同样可引入无功功率"Q_C"，电容元件上的无功功率在数值上等于其瞬时功率的最大值，即

$$Q_C = U_C I = I^2 X_C = \frac{U_C^{\,2}}{X_C} \qquad\qquad (3.24)$$

Q_C 和 Q_L 的单位一样，即乏（var）或千乏（kvar）。

电感元件和电容元件相串联时，电流相同，两个元件上的电压反相；当它们并联时，电压相同，两个元件支路电流反相。反相意味着电容充电时，电感恰好释放磁场能量；电容放电时，电感恰好储存磁场能量。因此，电感元件和电容元件具有对偶关系。对偶元件之间的能量可以直接转换而不需要电源提供，不够的部分再由电源提供，即对偶元件的功率可以相互补偿。

注意： 在计算无功功率时，电感元件上的无功功率 Q_L 通常取正值，电容元件上的无功功

率 Q_C 一般取负值，这也是对偶元件决定的。

例3.6　已知某电容器的电容量 $C=159\mu F$，损耗电阻可忽略不计，把它接在电压为 120V 的工频交流电源上。

① 求容抗 X_C、电流 I 及无功功率 Q_C。

② 若频率增大为 1 000Hz，求容抗 X_C'、电流 I' 及无功功率 Q_C'。

解：①由式（3.22）可得

$$X_C = \frac{1}{2\pi f C} = \frac{10^6}{6.28 \times 50 \times 159} \approx 20(\Omega)$$

电容元件上的电流为

$$I = \frac{U_C}{X_C} = \frac{120}{20} = 6(A)$$

无功功率为

$$Q_C = U_C I = 120 \times 6 = 720(\text{var})$$

② 频率增大，容抗减小，1000Hz 下电容元件对电路呈现的容抗为

$$X_C' = \frac{1}{2\pi f' C} = \frac{10^6}{6.28 \times 1\,000 \times 159} \approx 1(\Omega)$$

容抗减小、电压不变时，电流增大，此时通过电容元件上的电流为

$$I' = \frac{U_C}{X_C'} = \frac{120}{1} = 120(A)$$

无功功率为

$$Q_C' = \frac{U_C^{\,2}}{X_C'} = \frac{120^2}{1} = 14\,400(\text{var})$$

此例表明，电容支路上频率增高、容抗减小时，电路中的电流与无功功率增大。

思考题

1. 电阻元件在交流电路中电压与电流的相位差为多少？判断下列表达式的正误。

（1）$i = \dfrac{U}{R}$　　（2）$I = \dfrac{U}{R}$　　（3）$i = \dfrac{U_m}{R}$　　（4）$i = \dfrac{u}{R}$

2. 纯电感元件在交流电路中电压与电流的相位差为多少？感抗与频率有何关系？判断下列表达式的正误。

（1）$i = \dfrac{u}{X_L}$　　（2）$I = \dfrac{U}{\omega L}$　　（3）$i = \dfrac{u}{\omega L}$　　（4）$I = \dfrac{U_m}{\omega L}$

3. 纯电容元件在交流电路中电压与电流的相位差为多少？容抗与频率有何关系？判断下列表达式的正误。

（1）$i = \dfrac{u}{X_C}$　　（2）$I = \dfrac{U}{\omega C}$　　（3）$i = \dfrac{u}{\omega C}$　　（4）$I = U_m \omega C$

4. 电容器的主要工作方式是什么？如何理解电容元件的"通交隔直"作用？

5. 电感元件、电容元件的正弦交流电路中，无功功率是无用之功吗？如何正确理解？

6. 为什么把电阻元件称为即时元件？为什么把电感和电容元件称为动态元件？根据什么把电阻元件称为耗能元件？电感和电容元件称为储能元件？

小结

1. 正弦交流电路中，电压、电流的最大值（或有效值）、频率（或周期、角频率）、初相称为正弦量的三要素。最大值（或有效值）反映了正弦量的大小及做功能力，频率（或周期、角频率）表示了正弦量随时间变化的快慢程度，初相则确定了正弦量起始时的位置。正弦量的三要素只要确定，其瞬时值表达式和波形图就是唯一的和确定的。

2. 两个同频率正弦量的相位差等于它们的初相之差，两个同频率正弦量之间的相位关系可分别用超前、滞后、同相、反相、正交等术语来描述，不同频率的正弦量之间无相位差的概念。

3. 正弦量的有效值是其最大值的$1/\sqrt{2}$。工程上所说的电气设备的额定电压、额定电流均指有效值，交流电表的面板也是按有效值标刻度的。

4. 电学中常用的复数表示方法有 2 种，即代数形式和极坐标形式。复数的加减运算一般应用代数形式较为方便，复数的乘除运算一般应用极坐标形式较为方便。

5. 用相量表示同频率正弦量的大小（即有效值）和初相后，正弦量的运算可以转化为相量的运算，即复数的运算，使正弦稳态电路的分析计算简单化。同一电路的同频率正弦量可以表示在同一个相量图中，相量图可以清晰地定性观察到各相量之间的大小和相位关系。

6. 电路定律的相量形式为$\dot{I} = \dfrac{\dot{U}}{Z}$，$\sum \dot{I} = 0$，$\sum \dot{U} = 0$。相量式中的各量均为复数形式。

7. 正弦交流电路中，电阻元件上的电压、电流有效值在数值上满足欧姆定律，在相位上同相。电阻元件在正弦交流电路中是一个耗能元件。电阻元件耗能的多少可以通过有功功率（即平均功率）来描述，有功功率的大小等于电压和电流有效值的乘积，单位为瓦特（W）。有功功率说明了电路中能量转换不可逆的性质。

8. 正弦交流电路中，电感元件上的电压、电流有效值满足相当于欧姆定律的数量关系，这种关系式中的感抗X_L说明了电感元件通低频、阻高频的频率特性；相位上，电感元件的电压总是超前电流 90°。电感元件是一个储能元件，在电路中不消耗有功功率，它和电源之间进行能量转换的本领由无功功率衡量，无功功率反映了正弦交流电路中只转换能量而不消耗能量的性质。

9. 正弦交流电路中，电容元件上电压和电流的有效值关系满足欧姆定律的数量关系，其中的容抗X_C说明了电容元件通高频、阻低频的频率特性；电容元件上的电压、电流在相位上总是电流超前电压 90°。电容元件也是一个储能元件，电容在电路中不消耗有功功率，只和电源之间进行能量转换。

10. 耗能元件能量转换的多少是用有功功率P进行衡量的；储能元件与电源之间能量转换的规模是用无功功率表征的。为了区分二者，有功功率的单位是瓦特（W），无功功率的单位为乏（var）。

能力检测题

一、填空题

1. 反映正弦交流电大小和做功能力的量是正弦量的_____，反映正弦量随时间变化快慢程度的量是正弦量的_____，确定正弦量起始位置的是正弦量的_____。上述三者称为正弦交流电的_____。

2. 已知 $i = 7.07\sin(314t - 30°)\text{A}$，则该正弦电流的最大值是_____A，有效值是_____A，角频率是_____rad/s，频率是_____Hz，周期是_____s。

3. 正弦量的_____值等于与其_____相同的直流电的数值。实际应用的电表交流指示值和实验中的交流测量值，都是指交流电的_____值。工程上所说的交流电压、交流电流的数值，通常是指交流电的_____值，此值与正弦交流电最大值之间的数量关系是_____。

4. 两个_____正弦量之间的相位之差称为它们的相位差。

5. 相量特指与正弦量相对应的_____，其中有效值相量的模对应正弦量的_____，有效值相量的幅角对应正弦量的_____。

6. 相量分析法中，电阻元件的复阻抗 $Z =$ _____，电感元件的复阻抗 $Z =$ _____，电容元件的复阻抗 $Z =$ _____。

7. 电阻元件上的电压、电流相位关系是_____；电感元件上的电压、电流相位关系是_____超前_____90°；电容元件上的电压、电流相位关系是_____超前_____90°。

8. _____的电压和电流构成有功功率 P，其单位是_____；相位_____的电压和电流构成无功功率 Q，单位是_____。其中，_____功率反映了电路中能量转换不可逆的那一部分功率，_____功率则反映了电路中能量只转换不消耗的那一部分功率。

9. 正弦交流电路中，单一电阻元件阻碍交流电流的因素是_____，与频率_____；单一电感元件阻碍交流电流的因素是_____，其大小与频率成_____；单一电容元件阻碍交流电流的因素是_____，其大小与频率成_____。

二、判断题

1. 正弦量的三要素是指它的最大值、角频率和相位。（　　）
2. $u_1 = 220\sqrt{2}\sin 314t\text{V}$ 超前 $u_2 = 311\sin(628t - 45°)\text{V}$　45°。（　　）
3. 电阻和电抗都是阻碍交流电的因素，与电路的频率高低无关。（　　）
4. 实际电感线圈上的电压、电流之间存在着正交的相位关系，只产生无功功率。（　　）
5. 由电压、电流瞬时值关系式来看，电阻元件和电感元件都属于动态元件。（　　）
6. 无功功率的概念可以理解为这部分功率在电路中不起任何作用。（　　）
7. 耐压值为 180V 的电容器可以放心地用在 220V 的正弦交流电路中。（　　）
8. 单一电感元件、电容元件的正弦交流电路中，消耗的有功功率为零。（　　）
9. 由元件本身的频率特性可知，实际线圈具有通高频、阻低频的作用。（　　）
10. 电容元件的主要工作方式是充电或放电，如果不充放电，则电容不工作。（　　）

三、单项选择题

1. 正弦交流电路中，只消耗有功功率、不消耗无功功率的元件是（　　）。

　　A. 电阻元件　　　B. 电感元件　　　C. 电容元件　　　D. 无法判断

2. 已知工频电压有效值和初始值均为 380V，则该电压的瞬时值表达式为（　　）。

　　A. $u = 380\sin 314t\text{ V}$　　　　　　B. $u = 537\sin(314t + 45°)\text{ V}$

　　C. $u = 380\sin(314t + 90°)\text{ V}$　　　D. 不存在

3. 一个电热器接在 10V 的直流电源上时产生的功率为 P。若把它改接在正弦交流电源上，使其产生的功率为 $P/2$，则正弦交流电源电压的最大值为（　　）。

　　A. 7.07V　　　　B. 5V　　　　C. 14V　　　　D. 10V

4. 已知 $i_1 = 10\sin(314t + 90°)$ A，$i_2 = 10\sin(628t + 30°)$A，则（　　）。

    A. i_1 超前 i_2 60°   B. i_1 滞后 i_2 60°   C. 无法判断   D. 两个电流相位相同

5. 电容元件的正弦交流电路中，电压有效值不变，当频率增大时，电路中的电流将（　　）。

    A. 增大   B. 减小   C. 不变   D. 无法判断

6. 对于实验室中的交流电压表和电流表，其读数值均为正弦交流电的（　　）。

    A. 最大值   B. 有效值   C. 平均值   D. 瞬时值

7. 幅角处在复平面上第二象限的复阻抗是（　　）。

    A. $Z = 3+j4$ B. $Z = 3-j4$ C. $Z = -3+j4$ D. $Z = -3-j4$

四、简答题

1. 电阻和电抗有何异同？它们的单位相同吗？

2. 何谓相量？"正弦量可以表示为相量，因此相量等于正弦量。"这种说法对吗？为什么？

3. 无功功率和有功功率有什么区别？能否从字面上把无功功率理解为无用之功？为什么？

4. 交流电路中，哪个元件称为即时元件？哪些元件称为动态元件？为什么？

5. 正弦量的初相有什么规定？两个同频率正弦量之间的相位差有什么规定？为什么？

五、分析计算题

1. 某电阻元件的参数为 8Ω，接在 $u = 220\sqrt{2}\sin314t$ V 的交流电源上。试求通过电阻元件的电流 i，如用电流表测量该电路中的电流，则其读数为多少？电路消耗的功率是多少？若电源的频率增大为原来的两倍，电压有效值不变，其读数和电路消耗的功率又为多少？

2. 某线圈的电感量为 0.1H，电阻可忽略不计，接在 $u = 220\sqrt{2}\sin314t$ V 的交流电源上。试求电路中的电流和无功功率；若电源频率为 100Hz，电压有效值不变，则电流和无功功率又为多少？写出电流的瞬时值表达式。

3. 在图 3.21 所示电路中，各电容的电容量均相等，直流电源的数值和工频交流电源电压有效值相同，问哪一个电流表的读数最大？哪个为零？为什么？

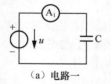 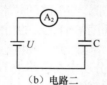 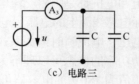

    （a）电路一   （b）电路二   （c）电路三

图 3.21　计算题 3 电路

4. C=140μF 的电容器接在电压为 220V、频率为 50Hz 的交流电路中。

（1）绘出电路图。

（2）求电流 I 的有效值。

（3）求 X_C 的值。

六、素质拓展题

加快实施创新驱动发展战略。坚持面向世界科技前沿、面向经济主战场、面向国家重大需求、面向人民生命健康，加快实现高水平科技自立自强。2006 年 8 月 28 日，上海 11 路公交线路开始投入超级电容车运行，我国也是首个将自主研发的超级电容公交车投入量产的国家。请搜集超级电容的信息，思考以下问题：

（1）超级电容与传统电容器的区别？

（2）超级电容有哪些应用？

（3）如何选用超级电容？

第4章 正弦稳态电路的分析

知识 导图

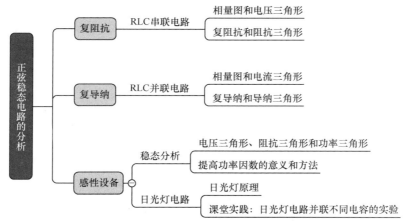

正弦稳态电路的分析具有十分广泛的实际应用价值和重要的理论意义，因此在电路理论中占有极其重要的地位。本章先引入复阻抗和复导纳的概念，再通过感性设备实例介绍正弦稳态分析中的几个三角形及提高功率因数的意义和方法。

知识 目标

理解相量分析法中的复阻抗、复导纳的概念，掌握电压三角形和电流三角形的意义；掌握单相设备的正弦稳态分析法，理解几个三角形在正弦稳态分析中的作用，掌握提高功率因数的意义及方法；理解正弦稳态电路中的有功功率、无功功率、视在功率三者概念的不同，掌握它们的单位。

能力目标

具有对日光灯电路进行检测的能力，具有提高感性线路功率因数的能力。

4.1 单相正弦稳态电路的分析

运用相量并引入阻抗及导纳后，正弦稳态电路可以仿照直流电路进行计算。但直流电路中的一些公式和方法需作对应量的变换才行。

4-1 串联电路的
稳态分析

4.1.1 串联电路的稳态分析和复阻抗

1. 串联电路的稳态分析

RLC 串联的正弦交流电路图如图 4.1（a）所示，其对应的相量模型如图 4.1（b）所示。

首先根据串联电路中各元件通过的电流相同这一特点，以电流为参考相量（参考相量在相量图中表示时应在水平位置）。将单一元件上电压、电流的关系式转换成复数形式后可得

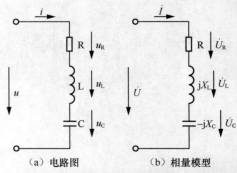

（a）电路图　　（b）相量模型

图 4.1　RLC 串联的正弦交流电路图与相量模型

$$\dot{U}_R = \dot{I}R$$

$$\dot{U}_L = j\dot{I}X_L$$

$$\dot{U}_C = -j\dot{I}X_C$$

电路的总电压相量为

$$\begin{aligned}
\dot{U} &= \dot{U}_R + \dot{U}_L + \dot{U}_C \\
&= \dot{I}R + j\dot{I}X_L + (-j\dot{I}X_C) \\
&= \dot{I}[R + j(X_L - X_C)] \\
&= \dot{I}Z
\end{aligned}$$

式中，复阻抗为

$$\begin{aligned}
Z &= R + j(X_L - X_L) \\
&= \sqrt{R^2 + (X_L - X_C)^2} \ \Big/ \arctan\frac{X_L - X_C}{R} \\
&= |Z| \ \Big/ \varphi
\end{aligned}$$

2. 复阻抗

复阻抗的模 $|Z| = \sqrt{R^2 + (X_L - X_C)^2}$ 等于 RLC 串联电路中的电阻和电抗对正弦交流电流呈现的总的阻碍作用；复阻抗的辐角 φ 在数值上等于 RLC 串联电路端电压与电流的相位差角。

RLC 串联电路的相量图如图 4.2 所示，由相量图推导出的阻抗三角形如图 4.3 所示。

4-2 复阻抗和阻抗三角形

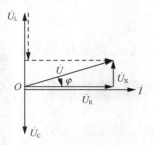

图 4.2　RLC 串联电路的相量图

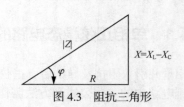

图 4.3　阻抗三角形

由图 4.2 可看出：$\dot{U}$、$\dot{U}_R$ 和 $\dot{U}_X(\dot{U}_X = \dot{U}_L + \dot{U}_C)$ 构成了一个电压三角形，这个三角形不但反映了各电压相量之间的相位关系，各电压模值的大小还反映出了各电压相量之间的数量关系。因此，电压三角形实际上是由电压相量构成的三角形，是相量图。把电压三角形中各条边同除以电流相量，可得到图 4.3 所示的一个阻抗三角形：其两个直角边分别对应正弦稳态电路中的电阻 R 和电抗 $X = (X_L - X_C)$，斜边对应正弦稳态电路中的总阻抗 $|Z|$。三者之间的数量关系为

$$|Z| = \sqrt{R^2 + (X_L - X_C)^2} = \sqrt{R^2 + \left(\omega L - \frac{1}{\omega C}\right)^2} \tag{4.1}$$

图 4.3 所示的阻抗三角形是以感性电路为前提画出的，但实际上随着 ω、L、C 取值的不同，RLC 串联电路分别有以下 3 种情况。

（1）当 $\omega L > \dfrac{1}{\omega C}$ 时，电路电抗 $X > 0$，电路总电压超前电流一个 φ 角，电路呈感性，阻抗三角形为正立三角形，如图 4.3 所示。

（2）当 $\omega L < \dfrac{1}{\omega C}$ 时，电路电抗 $X < 0$，电路总电压滞后电流一个 φ 角，电路呈容性，阻抗三角形为倒立三角形。

（3）当 $\omega L = \dfrac{1}{\omega C}$ 时，电路电抗 $X = 0$，电路总电压与电流同相，电路呈纯阻性，阻抗三角形的斜边等于邻边。

第 3 种情况显然是 RLC 串联电路的一种特殊情况，当含有 L 和 C 的电路中出现电压、电流同相位的现象时，电路发生串联谐振，有关串联谐振的详细内容将在第 5 章中介绍。

由上述讨论可知，电抗 X 的正负是由 ω、L、C 来决定的，其中感抗和容抗的作用显然是相互抵消的。如何理解这一点呢？

L 和 C 都是储能元件，但在一个电路中并不是同时吸收或释放能量的，根据它们的电压、电流关系可知，在一个串联电路中，各元件上通过的电流相等，电感元件上的电压超前电流 $90°$，电容元件上的电压滞后电流 $90°$，即电感电压和电容电压反相。相位反相说明 L 和 C 互相对偶，对偶元件之间的能量可以相互补偿，即当电感吸收能量时，电容必定向外释放能量；而当电感释放能量时，电容必定在向电路吸收能量。两个元件之间相互补偿，当达到完全补偿时，正弦交流电路中的电抗电压为零，电路总电压与电流同相；如果不是完全补偿，则多余的能量性质即为复阻抗 Z 的性质。

例 4.1 RLC 串联电路的相量模型如图 4.4（a）所示，已知电路参数 $R = 15\Omega$，$L = 12\text{mH}$，$C = 40\mu\text{F}$，端电压 $u = 20\sqrt{2}\sin(2\,500t)\ \text{V}$，试求电路中的电流 i 和各元件的电压相量，画出相量图。

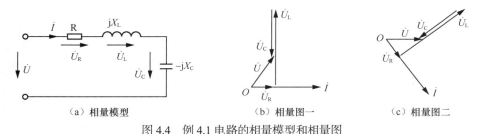

（a）相量模型　　　　（b）相量图一　　　　（c）相量图二

图 4.4　例 4.1 电路的相量模型和相量图

解：先计算串联电路的复阻抗，即

$$Z = R + j\left(\omega L - \frac{1}{\omega C}\right) = 15 + j\left(2\,500 \times 0.012 - \frac{10^6}{2\,500 \times 40}\right)$$

$$= 15 + j(30 - 10) = 15 + j20$$

$$= 25\underline{/53.1°}(\Omega)$$

利用相量形式的欧姆定律求电路中通过的电流，即

$$\dot{I} = \frac{\dot{U}}{Z} = \frac{20\underline{/0°}}{25\underline{/53.1°}} = 0.8\underline{/-53.1°}(A)$$

根据正弦量与相量的对应关系写出正弦交流电流 i，即

$$i = 0.8\sqrt{2}\sin(2\,500t - 53.1°)(A)$$

各元件的电压相量为

$$\dot{U}_R = R\dot{I} = 15 \times 0.8\underline{/-53.1°} = 12\underline{/-53.1°}(V)$$

$$\dot{U}_L = j\omega L\dot{I} = j30 \times 0.8\underline{/-53.1°} = 24\underline{/36.9°}(V)$$

$$\dot{U}_C = -j\frac{1}{\omega C}\dot{I} = -j10 \times 0.8\underline{/-53.1°} = 8\underline{/-143.1°}(V)$$

相量图如图 4.4（b）所示。该电路为串联电路，因此以电流相量 $\dot{I}$ 为参考相量，根据电压方程 $\dot{U} = \dot{U}_R + \dot{U}_L + \dot{U}_C$ 画出各电压相量，画法如下。

先在复平面上画出电流相量 $\dot{I}$，再从原点 O 起，按平移求和法则，逐一画出各电压相量。例如，先画出与电流相量 $\dot{I}$ 同相的电阻电压相量 $\dot{U}_R$，再从 $\dot{U}_R$ 的末端画出超前电流相量 $\dot{I}$ 90° 的电感电压相量 $\dot{U}_L$，然后从 $\dot{U}_L$ 末端画出滞后电流相量 $\dot{I}$ 90° 的电容电压相量 $\dot{U}_C$，最后从原点 O 至最后一个电压相量 $\dot{U}_C$ 的末端画出端口电压相量 $\dot{U}$，得相量图 4.4（b），将整个相量图顺时针旋转 53.1°，就可以得到与运算结果一致的相量图，如图 4.4（c）所示。一般情况下，图 4.4（c）可以省略，因为图 4.4（b）所示的相量图已经表明了各相量之间的大小和相位关系。

4.1.2　并联电路的稳态分析和复导纳

1. 并联电路的稳态分析

RLC 并联的正弦交流电路图如图 4.5（a）所示，其对应的相量模型如图 4.5（b）所示。对相量模型进行分析的步骤如下。

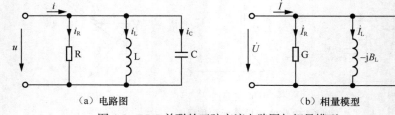

（a）电路图　　　　　　　　　（b）相量模型

图 4.5　RLC 并联的正弦交流电路图与相量模型

4-3　并联电路的稳态分析

根据并联电路中各元件端电压相等这一特点，选取电压相量为参考相量。将单一元件上电压、电流的关系式转换成复数形式后可得

$$\dot{I}_R = \dot{U}G \qquad \dot{I}_L = -\dot{U}jB_L \qquad \dot{I}_C = \dot{U}jB_C$$

其中，$G = \dfrac{1}{R}$，称为电导；$-jB_L = \dfrac{1}{jX_L} = -j\dfrac{1}{\omega L}$，称为复感纳；$jB_C = \dfrac{1}{-jX_C} = j\omega C$，称为复容纳。对电路结点列复数形式的 KCL 方程式，可得电路中的总电流相量

$$\dot{I} = \dot{I}_R + \dot{I}_L + \dot{I}_C$$
$$= \dot{U}G + (-j\dot{U}B_L) + j\dot{U}B_C$$
$$= \dot{U}[G + j(B_C - B_L)] = \dot{I}Y$$

式中，复导纳为

$$Y = G + j(B_C - B_L)$$
$$= \sqrt{G^2 + (B_C - B_L)^2}\ \bigg/\!\arctan\frac{B_C - B_L}{G}$$
$$= |Y|\ \angle\varphi'$$

2. 复导纳

复导纳的模 $|Y| = \sqrt{G^2 + (B_C - B_L)^2}$ 对应 RLC 并联电路中对正弦交流电流所呈现的总电导与电纳（电纳 $B = B_C - B_L$）的作用，称为导纳；复导纳的辐角 φ' 在数值上对应 RLC 并联电路的端口电流超前路端电压的相位差角。

RLC 并联电路的相量图如图 4.6 所示。由图 4.6 可看出：$\dot{I}$、$\dot{I}_R$ 和 $\dot{I}_X(\dot{I}_X = \dot{I}_C + \dot{I}_L)$ 构成了一个电流三角形，这个三角形不但反映了各电流相量之间的相位关系，各电流模值的大小还反映出了各电流相量之间的数量关系，因此，电流三角形也是一个相量图。

使电流三角形的各条边同除以电压相量 $\dot{U}$，可得到一个导纳三角形，如图 4.7 所示。

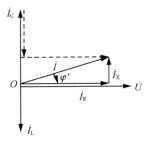

图 4.6　RLC 并联电路的相量图

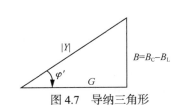

图 4.7　导纳三角形

导纳三角形的斜边是复导纳的模 $|Y|$，数值上等于 RLC 并联电路的导纳，导纳三角形的邻边等于复导纳的实部，即电路中的电导 G，导纳三角形的对边是复导纳的虚部，数值上等于 RLC 并联电路的电纳，三者之间的数量关系为

$$|Y| = \sqrt{G^2 + (B_C - B_L)^2} = \sqrt{G^2 + \left(\omega C - \frac{1}{\omega L}\right)^2} \qquad (4.2)$$

图 4.7 所示的导纳三角形是以容性电路为前提画出的，但实际上随着 ω、L、C 取值的不同，RLC 并联电路分为以下 3 种情况。

（1）当 $\omega C > \dfrac{1}{\omega L}$ 时，电路电纳 $B > 0$，电路总电流超前电压一个 φ' 角，电路呈容性，导纳三角形为正立三角形，如图 4.7 所示。

（2）当 $\omega C < \dfrac{1}{\omega L}$ 时，电路电纳 $B < 0$，电路总电流滞后电压一个 φ' 角，电路呈感性，导纳三角形为倒立三角形。

（3）当 $\omega C = \dfrac{1}{\omega L}$ 时，电路电纳 $B = 0$，总电流与端电压同相，电路呈纯电阻性，导纳三角形的斜边等于邻边。

含有 L 和 C 的电路中出现电压、电流同相位的现象，是 RLC 并联电路的一种特殊情况，称为并联谐振，有关其详细内容也将在第 5 章中进一步介绍。

由上述讨论可知，电纳 B 的正负也是由 ω、L、C 来决定的，其中感纳为负、容纳为正，二者之间的作用是相互抵消的。

例 4.2 如图 4.8（a）所示，已知电压表 V、V_1、V_2 的读数分别为 220V、300V 和 400V，复阻抗 $Z_2 = -\mathrm{j}100\Omega$，试求 Z_1，并画出其相量图进行辅助分析。

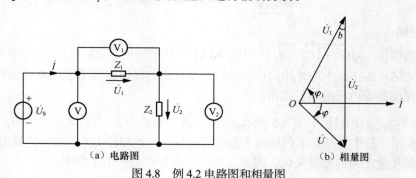

（a）电路图　　　　　　　　　　　　（b）相量图

图 4.8　例 4.2 电路图和相量图

解： 该电路的两个阻抗相串联，可设电流为参考相量，根据已知量，应用欧姆定律可得

$$\dot{I} = \frac{U_2}{|Z_2|} \angle 0° = \frac{400}{100} \angle 0° = 4 \angle 0° (\text{A})$$

根据电流相量和复阻抗 Z_2，可得 U_2 相量，即

$$\dot{U}_2 = \dot{I} Z_2 = 4 \angle 0° \times (-\mathrm{j}100) = -\mathrm{j}400 (\text{V})$$

根据 3 个电压表的测量值，画出以电流为参考相量的相量图，如图 4.8（b）所示。其画法如下：先把已知的 U_2 相量固定在竖直向下的位置，根据相量平移法则，U_1 相量的箭头应和 U_2 相量的箭尾相接，而总电压相量应从 U_1 相量的箭尾出发，接至 U_2 相量的箭头，构成一个完整的封闭电压三角形。电压三角形中各条边的长度应参照 3 个电压表的读数画出，其中 U_2 相量线段最长，U 相量线段最短。电压三角形画出后，再把参考相量电流画在水平位置。

根据相量图分析如下。

对已知 3 条边数值的电压三角形，可利用余弦定理求出 U_1 相量与 U_2 相量之间的夹角（锐角）b，即

$$b = \arccos \frac{400^2 + 300^2 - 220^2}{2 \times 400 \times 300} \approx 32.9°$$

根据直角三角形的 3 个角共为 $180°$ ，其中直角为 $90°$ ，可直接算出

$$\varphi_1 = |90° - 32.9°| = 57.1°$$

所以 $\dot{U}_1 = 300\underline{/57.1°}\text{V}$ ，应用相量形式的欧姆定律可求得

$$Z_1 = \frac{\dot{U}_1}{\dot{I}} = \frac{300\underline{/57.1°}}{4\underline{/0°}} = 75\underline{/57.1°} \approx 40.74 + \text{j}62.97(\Omega)$$

由此例可知，利用相量图进行电路分析往往可达到事半功倍的效果。

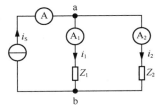

图 4.9　例 4.3 电路

例4.3　电路如图 4.9 所示，已知 $Z_1 = 10 + \text{j}25\,\Omega$, $Z_2 = -\text{j}25\,\Omega$, $i_s = 2\sqrt{2}\sin 314t$ A，求支路电流 i_1 和 i_2 、电流表的读数及恒流源两端的电压 u_{ab}。

解：两个阻抗为并联连接，根据分流公式可得

$$\dot{I}_1 = \dot{I}_s \frac{Z_2}{Z_1 + Z_2} = 2\underline{/0°} \times \frac{-\text{j}25}{10 + \text{j}25 - \text{j}25}$$

$$= \frac{50\underline{/-90°}}{10} = -\text{j}5(\text{A})$$

$$\dot{I}_2 = \dot{I}_s \frac{Z_1}{Z_1 + Z_2} = 2\underline{/0°} \times \frac{10 + \text{j}25}{10 + \text{j}25 - \text{j}25}$$

$$\approx 2\underline{/0°} \times \frac{26.9\underline{/68.2°}}{10} = 5.38\underline{/68.2°}(\text{A})$$

根据相量与正弦量之间的对应关系可写出

$$i_1 = 5\sqrt{2}\sin(314t - 90°)\text{A}$$

$$i_2 = 5.38\sqrt{2}\sin(314t + 68.2°)\text{A}$$

恒流源两端的电压为

$$\dot{U}_{ab} = \dot{I}_2 Z_2 = 5.38\underline{/68.2°} \times (-\text{j}25)$$

$$\approx 134.5\underline{/-21.8°}(\text{V})$$

根据正弦量与相量的对应关系可得

$$u_{ab} = 134.5\sqrt{2}\sin(314t - 21.8°)\text{ V}$$

例4.4　电路如图 4.10（a）所示，已知 $R = 2\text{k}\Omega$, $C = 0.01\mu\text{F}$ ，输入信号电压的有效值为 1V，频率为 5kHz。试求输出电压 U_2 及它与输入电压的相位差，绘出电路的相量图。

解：先计算电路复阻抗

$$Z = R - \text{j}\frac{1}{\omega C}$$

$$= 2\,000 - \text{j}\frac{10^8}{31\,400 \times 1}$$

$$\approx 3\,761\underline{/57.9°}(\Omega)$$

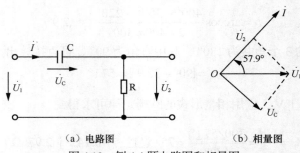

（a）电路图　　　　　　　（b）相量图

图 4.10　例 4.4 题电路图和相量图

根据欧姆定律求出电路中的电流为

$$I = \frac{U_1}{|Z|} = \frac{1}{3\ 761} \approx 0.266(\text{mA})$$

输出电压为

$$U_2 = IR = 0.266 \times 10^{-3} \times 2 \times 10^3 = 0.532(\text{V})$$

由复阻抗的解可知，电路中电压 u_1 滞后电流 i 的角度等于阻抗角 57.9°，而 u_2 与电流同相，因此，输出电压 u_2 在相位上超前输入电压 u_1 57.9°。该电路的相量图如图 4.10（b）所示。

此例中由于输出电压相对于输入电压发生了相位的偏移，因此也称为 RC 移相电路。在 RC 移相电路中，若要输入电压超前输出电压，则输出电压应从电容两端引出；若要输出电压超前输入电压，则输出电压需从电阻两端引出。这种单级移相电路的相移范围不会超过 90°，如果要实现 180° 的相移，必须采用三级以上的 RC 电路。

例 4.5　图 4.11（a）中正弦交流电压有效值 $U_S = 380\text{V}$，$f = 50\text{Hz}$，电容可调，当 $C = 80.59\mu\text{F}$ 时，交流电流表 A 的读数最小，其值为 2.59A，试求图中交流电流表 A_1 的读数。

解：方法一

当电容值 C 变化时，$\dot{I}_1$ 始终不变，可先定性画出电路的相量图。相量图中，首先令电压源 $\dot{U}_S = 380\underline{/0°}\text{V}$ 为参考相量，则 $\dot{I}_1 = \dfrac{\dot{U}_S}{R + j\omega L}$ 为感性电流，相位上应滞后电压 $\dot{U}_S$，电容支路的电流 $\dot{I}_C = j\omega C\dot{U}_S$，超前电压源 90°。各电流相量构成的相量图如图 4.11（b）所示。

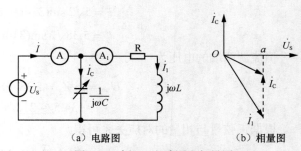

（a）电路图　　　　　　　（b）相量图

图 4.11　例 4.5 电路图和相量图

当 C 值变化时，$\dot{I}_C$ 始终与 $\dot{U}_S$ 正交，故 $\dot{I}_C$ 的末端将沿图 4.11（b）所示虚线变化，而到达 a 点时，$\dot{I}$ 最小且与电压源同相。此时，$I_C = \omega C U_S = 9.66\text{A}$，$I = 2.59\text{A}$，用相量图辅助分析，可解得交流电流表 A_1 的读数为

$$\sqrt{(9.66)^2 + (2.59)^2} \approx 10(\text{A})$$

方法二

当 I 最小时，电路的输入导纳 Y 最小，即输入阻抗 Z 最大，有

$$Y = j\omega C + \frac{R}{|Z_1|^2} - j\frac{\omega L}{|Z_1|^2}$$

式中，$|Z_1| = \sqrt{R^2 + (\omega L)^2}$。当电容 C 值变化时，只改变 Y 的虚部，而导纳最小意味着虚部为零，$\dot{U}_s$ 与 $\dot{I}$ 同相。

若 $\dot{U}_s = 380\underline{/0°}\text{V}$，则 $\dot{I} = 2.59\underline{/0°}\text{A}$，而 $\dot{I}_C = j\omega C\dot{U}_s = j9.66\text{A}$，设 $\dot{I}_1 = I_1\underline{/\varphi_1}$，根据结点电流方程 $\dot{I} = \dot{I}_C + \dot{I}_1$ 有 $2.59\underline{/0°} = j9.66\underline{/0°} + I_1\underline{/\varphi_1}$。

可得　　　　　　　　$I_1\sin\varphi_1 = -9.66, \quad I_1\cos\varphi_1 = 2.59$

解得　　　　　　　　$\varphi_1 = \arctan\frac{-9.66}{2.59} = -75°$

$$I_1 = 2.59 / \cos\varphi_1 \approx 10(\text{A})$$

故交流电流表 A_1 的读数为 10A。

根据以上数据，还可以求出参数 R、L，即

$$Z_1 = \frac{\dot{U}_s}{\dot{I}_1} = 38\underline{/75°}(\Omega)$$

故而得

$$R = Z_1\cos\varphi_1 = 9.84(\Omega)$$

$$L = \frac{Z_1\sin\varphi_1}{\omega} = \frac{36.71}{314} \approx 116.9(\text{mH})$$

思考题

1. 指出下列各式的错误并改正。

（1）$u = 220\sqrt{2}\sin\left(\omega t + \frac{\pi}{4}\right) = 220\sqrt{2}e^{j45°}\text{A}$

（2）$\dot{I} = 10\underline{/36.9°} = 10\sqrt{2}\sin(\omega t - 36.9°)\text{A}$

（3）$U = 380\underline{/60°}\text{V}$

2. 把下列正弦量表示为有效值相量。

（1）$i = 10\sin(\omega t - 45°)\text{ A}$

（2）$u = -220\sqrt{2}\sin(\omega t + 90°)\text{ V}$

（3）$u = 220\sqrt{2}\cos(\omega t - 30°)\text{ V}$

3. 试说明为什么复数形式的感抗为正值虚数，而复数形式的容抗为负值虚数。

4. 一个 110V、60W 的白炽灯接到 50Hz、220V 正弦交流电源上，可以用一个电阻，或一个电感，或一个电容和它串联。试分别求所需的 R、L、C 的值。如果将其改接到 220V 直流电源上，则这 3 种情况的后果分别如何？

5. 判断下列结论的正确性。

（1）RLC 串联电路：$Z = R + \mathrm{j}\left(\omega L \dfrac{1}{\omega C}\right)$，$u(t) = |Z|\angle\varphi \times \sqrt{2}I\sin(\omega t + \psi_\mathrm{i})$

（2）RLC 并联电路：$Y = G + (B_\mathrm{C} - B_\mathrm{L})$，$Y = \dfrac{1}{R} + \mathrm{j}\left(\dfrac{1}{X_\mathrm{L}} - \dfrac{1}{X_\mathrm{C}}\right)$

4.2 单相交流电路的典型设备

日常办公设备和生活中的用电器大多连接单相交流电源，所谓单相交流电源，实际上就是取自发电厂的三相四线制供电体系中的一根火线和中线之间的电压。

4.2.1 感性设备的稳态分析

凡是带有线圈的电气设备都属于感性设备，如电动机、变压器、电风扇、日光灯镇流器等。毫不夸张地说，感性电气设备在用电器总数中的占有率起码在 80% 以上。因此，对感性设备的稳态分析作为专门讨论的对象十分必要。

1. 感性电路及其分析计算

单相电动机显然是一个典型的感性设备。电动机的主体是一个铁心线圈，工作在工频 50Hz 工况下。当交流电流通过电动机线圈时，必定产生热效应和磁效应。电流的热效应是使线圈发热，线圈发热这部分效应可用一个电阻元件 R 表示在电路中，电流的磁效应则表现在线圈周围磁场的自感作用，可用一个电感元件 L 表示在电路中。根据这两种效应对电路的影响情况，可绘制出图 4.12 所示的单相电动机的等效电路。

前面讲到，串联电路各元件中通过的电流相同，且电阻元件上的电压与电流同相，电感元件上的电压总是超前电流 90°，因此，电路中的总电压（电源电压）将超前电流一个电角。对电路中的电压、电流可以定性地画出它们的相量图，如图 4.13 所示。

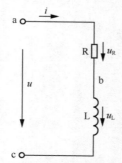

图 4.12　单相电动机等效电路

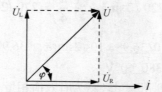

图 4.13　RL 串联电路相量图

为了便于分析问题，可从相量图中抽出一个电压三角形，如图 4.14（a）所示。

电压三角形各条边是带箭头的，因此是相量图，相量图中各个线段的长度反映了对应相量的数值大小，线段的箭头方向则反映了它们之间的相位关系。如果使电压三角形的各条边同除以电流相量 $\dot{I}$，则可得到图 4.14（b）所示的阻抗三角形；将电压三角形的各条边同乘以电流相量 $\dot{I}$，还可得到图 4.14（c）所示的功率三角形。3 个三角形为相似三角形，分别表明了 RL 串联电路中各正弦量、各参量及各功率之间的相位关系或数量关系。

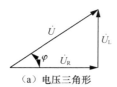
（a）电压三角形

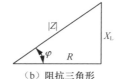
（b）阻抗三角形

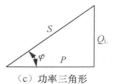
（c）功率三角形

图 4.14　RL 串联电路的几个三角形

观察另外两个三角形，图 4.14（b）所示的阻抗三角形和图 4.14（c）所示的功率三角形的各条边都不带箭头，因此这两个三角形不是相量图，仅仅反映了各参数之间的数量关系。

这 3 个三角形都是直角三角形，根据直角三角形的勾股定理，可得出各电压、阻抗及功率之间的数量关系为

$$U = \sqrt{U_R^2 + U_L^2} \tag{4.3}$$

$$|Z| = \sqrt{R^2 + X_L^2} \tag{4.4}$$

$$S = \sqrt{P^2 + Q_L^2} \tag{4.5}$$

功率三角形中，P 反映了单相电动机电路中能量转换不可逆的那一部分功率——向电路吸取的有功功率；Q_L 则反映了电路中只交换不消耗的那一部分功率——建立磁场向电路吸取的无功功率；功率三角形的斜边 S 称为视在功率，视在功率反映了电动机电路向电源吸取的总功率，也称为电动机电路的总容量。视在功率 S、有功功率 P 和无功功率 Q_L 之间的关系为

4-4　正弦电路的
功率

$$\begin{cases} S = UI \\ P = UI\cos\varphi \\ Q_L = UI\sin\varphi \end{cases} \tag{4.6}$$

注意各功率单位上的区别：有功功率 P 的单位是瓦（W），无功功率 Q_L 的单位是乏（var），视在功率 S 的单位是伏安（V·A）。

2. 复功率

单相正弦稳态电路中的有功功率、无功功率和视在功率三者之间的关系可以通过"复功率"来表述。

复功率是用复数形式表示的正弦交流电路中的总功率，用 $\overline{S}$ 表示，复功率具有视在功率的量纲。若二端网络的端口电压相量为 $\dot{U}$，电流相量 $\dot{I}$ 的共轭复数为 $\overset{*}{\dot{I}}$，则可定义复功率为

$$\begin{aligned} \overline{S} = \dot{U}\,\overset{*}{\dot{I}} &= UI\underline{/\psi_u - \psi_i} = UI\underline{/\varphi} \\ &= UI\cos\varphi + jUI\sin\varphi \\ &= P + jQ_L \end{aligned} \tag{4.7}$$

式（4.7）表明：复功率是一个辅助计算功率的复数，它的模对应正弦交流电路中的视在功率 S，它的辐角对应于正弦交流电路中总电压与电流之间的相位差角；复功率的实部是有功功率，虚部是无功功率。复功率将正弦交流稳态电路中的 3 个功率统一在一个公式中，只要计算出电路中的电压相量和电流相量及其相位差角，各种功率就可以很方便地计算出来。

对于电阻元件的单一正弦交流电路，$\varphi = 0$，接收的复功率为

$$\overline{S} = UI\angle 0° = UI = I_R^2 R = U_R^2 G$$

即电阻元件只接收有功功率 P，无功功率 Q 为零。

对于单一电感元件的正弦交流电路，$\varphi = 90°$，接收的复功率为

$$\overline{S} = UI\angle 90° = jUI = jI^2 X_L$$

对于单一电容元件的正弦交流电路，$\varphi = -90°$，接收的复功率为

$$\overline{S} = UI\angle -90° = -jUI = j(-I^2 X_C)$$

显然，电压、电流具有正交相位关系的储能元件不消耗有功功率，只接收无功功率 Q。

复功率还可以写成另一种形式，即

$$\overline{S} = \dot{U}\dot{I}^* = \dot{I}Z\dot{I}^* = I^2 Z \tag{4.8}$$

式（4.8）表明：在正弦交流电路中，只要端电压确定，其复功率的数值仅取决于负载的大小和性质。可以证明，整个电路中的复功率守恒，而有功功率和无功功率也分别守恒，即总的有功功率等于各部分有功功率之和，总的无功功率等于各部分无功功率的代数和。

需要注意和理解的是，正弦交流电路中的视在功率不守恒，即各视在功率之间不存在和或者代数和的关系。

例 4.6 如图 4.15 所示，把一个线圈接到 $f = 50\text{Hz}$ 的正弦交流电源上，分别用电压表、电流表、功率表测得电压 $U = 50\text{V}$、电流 $I = 1\text{A}$、功率 $P = 30\text{W}$，试求 R、L 的值，并求线圈吸收的复功率。

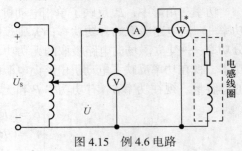

图 4.15 例 4.6 电路

解： 根据 3 个电表的读数，可先求线圈阻抗

$$Z = |Z| \angle \varphi = R + jX$$

$$|Z| = \frac{U}{I} = 50\Omega$$

功率表的读数为线圈吸收的有功功率，则

$$P = UI\cos\varphi = 30(\text{W})$$

$$\varphi = \arccos\left(\frac{30}{UI}\right) \approx 53.13°$$

解得

$$Z = 50\angle 53.13° = (30 + j40)(\Omega)$$

$$R = 30\Omega, \quad L = \frac{40}{\omega} = \frac{40}{2\pi f} = 127(\text{mH})$$

还可以用另外一种方法，即

$$P = I^2 R = 30\text{W}, \quad R = \frac{P}{I^2} = \frac{30}{1^2} = 30(\Omega)$$

由于 $|Z| = \sqrt{R^2 + (\omega L)^2}$，故可得

$$X_L = \omega L = \sqrt{50^2 - 30^2} = 40(\Omega)$$

复功率可根据电压相量和电流相量来计算。令 $\dot{U}=50\underline{/0°}\text{V}$，则 $\dot{I}=1\underline{/53.13°}\text{A}$，有

$$\overline{S}=\dot{U}\dot{I}^{*}=50\underline{/0°}\times1\underline{/53.13°}=50\underline{/53.13°}=(30+\text{j}40)(\text{V}\cdot\text{A})$$

或者

$$\overline{S}=I^{2}Z=1^{2}\times(30+\text{j}40)(\text{V}\cdot\text{A})$$

阻抗三角形中的阻抗角 φ、功率三角形中的功率角 φ 在数值上均等于电压三角形中的夹角 φ——电压超前电流的相位差角。由阻抗三角形可知，φ 的大小是由电路中元件的参数决定的。

例 4.7　将电阻为 6Ω、电感为 25.5mH 的线圈接在 120V 的工频电源上。求：①线圈的感抗、阻抗及通过线圈的电流；②线圈上的有功功率、无功功率和视在功率。

解：①线圈的感抗为

$$X_{\text{L}}=2\pi fL=6.28\times50\times25.5\times10^{-3}\approx8(\Omega)$$

线圈的阻抗为

$$Z=\sqrt{R^{2}+X_{\text{L}}^{2}}=\sqrt{6^{2}+8^{2}}=10(\Omega)$$

通过线圈的电流为

$$I=\frac{U}{Z}=\frac{120}{10}=12(\text{A})$$

② 线圈中的有功功率为

$$P=I^{2}R=12^{2}\times6=864(\text{W})$$

线圈中的无功功率为

$$Q_{\text{L}}=I^{2}X_{\text{L}}=12^{2}\times8=1\,152(\text{var})$$

线圈中的视在功率为

$$S=UI=120\times12=1\,440(\text{V}\cdot\text{A})$$

由功率三角形可得

$$\cos\varphi=\frac{P}{S}$$

该公式表明：$\cos\varphi$ 值越大，电路中的有功功率占电源总容量的比例越大，电源的利用率越高；$\cos\varphi$ 值越小，电路中的有功功率占电源总功率的比例越小，电源的利用率越低。

4.2.2　提高功率因数的意义和方法

实际生产和生活中，如电机、变压器等用电器的主体都是铁心线圈，均属于感性设备。感性设备建立磁场时需要向电源吸取一定的无功功率，由此造成线路功率因数较低的现象。

1. 功率因数对供配电系统的影响

例 4.8　已知单相发电机输出端电压为 220V，额定视在功率为 $220\text{kV}\cdot\text{A}$，向电压为 220V、功率因数为 0.6、总功率为 44kW 的工厂供电，其能给几个这样的工厂供电？若把工厂的功率因数提高到 1，又能给几个这样的工厂供电？

4-5　功率因数的提高

解： 发电机的额定电流为

$$I_N = \frac{S_N}{U_N} = \frac{220\,000}{220} = 1\,000(A)$$

当工厂的功率因数为 0.6 时，一个工厂向电源取用的电流为

$$I = \frac{P}{U\cos\varphi} = \frac{44\,000}{220 \times 0.6} \approx 333(A)$$

这种情况下发电机可供给用电的工厂数为

$$\frac{I_N}{I} = \frac{1\,000}{333} \approx 3\,(个)$$

若把工厂的功率因数提高到 1，则一个工厂取用的电流变为

$$I' = \frac{P}{U\cos\varphi'} = \frac{44\,000}{220 \times 1} = 200(A)$$

此时能供给用电的工厂数增加至

$$\frac{I_N}{I'} = \frac{1\,000}{200} = 5\,(个)$$

此例说明，用户的功率因数由 0.6 提高到 1 时，可使同一台发电机供给用电的工厂数由 3 个增加至 5 个。显然，**提高功率因数使供电设备的利用率得以提高**。

输电线上的电压等级和输电线上的功率常常是一定的，由 $P = UI\cos\varphi$ 可知，功率因数越小，线路上的电流就会越大；功率因数越高，线路上的电流就会越小。发电厂和用户之间总是具有一定的距离，当输电线电阻 R_X 一定时，为了输送同样的功率，输电线上的损耗 $\Delta P = I^2 R_X$ 将随输电线路的电流增大而大大增加，从而造成负载端电压相应下降。因此，线路上的功率因数低是很不经济的。

例 4.9 某水电站以 22 万伏的高压向功率因数为 0.6 的工厂输送 240MW 的电力，若输电线路的总电阻为 10Ω，试计算当功率因数提高到 0.9 时，输电线上一年可以节约多少电能？

解： 当功率因数为 0.6 时，输电线上的电流为

$$I_1 = \frac{P}{U\cos\varphi_1} = \frac{240 \times 10^6}{22 \times 10^4 \times 0.6} \approx 1\,818(A)$$

输电线上的损耗为

$$\Delta P_1 = I_1^2 R = 1\,818^2 \times 10 \approx 33(MW)$$

当功率因数为 0.9 时，输电线上的电流为

$$I_2 = \frac{P}{U\cos\varphi_2} = \frac{240 \times 10^6}{22 \times 10^4 \times 0.9} \approx 1\,212(A)$$

输电线上的损耗为

$$\Delta P_2 = I_2^2 R = 1\,212^2 \times 10 \approx 14.7(MW)$$

一年有 $365 \times 24 = 8\,760(h)$，所以一年时间内输电线上节约的电能为

$$W = (\Delta P_1 - \Delta P_2) \times 8\,760$$
$$= (33 - 14.7) \times 10^3 \times 8\,760$$
$$\approx 1.6(\text{亿千瓦时})$$

此例告诉我们：**提高功率因数可以减少输电线上的功率损耗**。

功率因数是电力技术经济中的一个重要指标。线路功率因数过低不仅会造成电力能源的浪费，还会增加线路上的功率损耗。为了更好地发展国民经济，电力系统要设法提高线路上的功率因数。

提高线路的功率因数，不但对供电部门有利，还对用电单位大有好处。用电单位提高功率因数，可以减少电费支出，提高设备利用率，减少用电装置的电能损失。

2. 提高功率因数的方法

提高功率因数一般有自然补偿和人工补偿两种调整方法。

自然补偿法主要从合理使用电气设备、改善运行方式、提高检修质量等方面着手。例如，正确合理地选择异步电动机的型号、规格和容量，限制电动机及电焊设备的空载和尽量避免轻载，调整轻负荷变压器，提高检修电气设备的质量等。最常用的感应电动机在空载时的功率因数为 0.2～0.3，而满载时的功率因数可为 0.8～0.85，所以电源实际输出的功率往往小于电源设备所具有的潜力（视在功率）。

功率因数不但是保证电网安全、经济运行的一项主要指标，而且是工厂电气设备使用状况和利用程度的具有代表性的重要指标。仅靠供电部门提高功率因数的办法已经不能满足工厂对功率因数的要求，因此工厂自身也需装设补偿设备，对功率因数进行人工补偿。

采用人工补偿法调整时，一般是在感性线路两端并联适当容量的电容器。但对于功率因数很低的特大容量感性线路，采用并联电容器补偿的方法也显得不太经济，实用中通常采用同步电动机过激磁来提高这类电路的功率因数。因为空载运行的过激磁同步电动机将产生一个较大的超前于电网电压的容性无功电流，这个容性无功电流恰好能补偿感性线路上所需的感性无功电流，从而提高了电路的功率因数。

例 4.10　已知某工厂的一台设备总功率为 100kW，接于工频电压 220V 的电源上，设备本身的功率因数等于 0.6。现在要把线路的功率因数提高为 0.9，则需要在设备线路的两端并联多大容量的电容器？

解：根据图 4.16 所示电路的相量模型，画出图 4.17 所示的相量图进行分析。由相量模型可知，设备中通过的电流为 $\dot{I}_1$，电容支路中通过的电流为 $\dot{I}_C$，电路中的总电流为 $\dot{I}$。由于两条支路是并联关系，所以电路相量图中应以路端电压 $\dot{U}$ 作为参考相量。

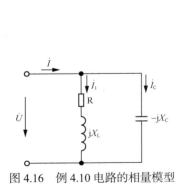

图 4.16　例 4.10 电路的相量模型

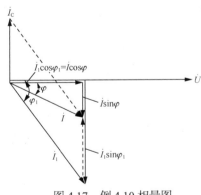

图 4.17　例 4.10 相量图

感性设备中通过的电流总是滞后于电压的，设其电流 $\dot{I}_1$ 滞后端电压 $\dot{U}$ 的角度为 φ_1，电容支路的电流 $\dot{I}_C$ 超前电压 $\dot{U}$ 90°，总电流 $\dot{I}$ 等于两条支路电流的相量和。其中

$$I_C = U\omega C = I_1 \sin\varphi_1 - I \sin\varphi$$

并联电容器前后，负载上的有功功率是不变的，即

$$P = UI_1 \cos\varphi_1 = UI \cos\varphi$$

感性设备支路电流、总电流分别为

$$I_1 = \frac{P}{U\cos\varphi_1}$$

$$I = \frac{P}{U\cos\varphi}$$

并联电容器以前的功率因数角 φ_1 和并联电容器以后的功率因数角 φ 分别为

$$\varphi_1 = \arccos 0.6 \approx 53.1°$$

$$\varphi = \arccos 0.9 \approx 25.8°$$

所以

$$
\begin{aligned}
C &= \frac{P}{U^2\omega}(\tan\varphi_1 - \tan\varphi)\\
&= \frac{100\times10^3}{220^2\times314}\times(\tan 53.1° - \tan 25.8°)\\
&\approx 6.58\times10^{-3}\times(1.332 - 0.483)\\
&\approx 5\,586\,(\mu F)
\end{aligned}
$$

对于功率因数的问题，可归纳如下两点。

① 提高功率因数的意义：提高电力系统线路的功率因数，可提高电源设备的利用率和减少线路上的功率损耗，有利于国民经济的发展。

② 提高功率的方法：包括自然补偿法和人工补偿法。自然补偿法是避免感性设备的空载和尽量减少其轻载，人工补偿法则是在感性线路两端并联适当的电容。

4-6 日光灯工作原理

*4.2.3 日光灯电路

日光灯电路由日光灯灯管、镇流器、启辉器 3 部分及连接导线和单相电源共同组成。

1. 日光灯灯管

日光灯灯管是日光灯的主体，外形为一根细长的玻璃管，如图 4.18 所示。

在日光灯的玻璃管内壁均匀涂上一层荧光粉，在灯管的两端分别安装一个灯头，灯头内部装

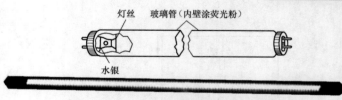

灯丝　玻璃管（内壁涂荧光粉）

水银

图 4.18　日光灯灯管结构原理图与实物图

有灯丝，灯丝用钨丝烧成螺旋状，表面涂有三元电子粉（碳酸钨、碳酸钡和碳酸锶），以利于发

射电子。为了便于启动和抑制电子粉的蒸发，灯管抽真空后，在管内充入一定量的水银蒸气和稀薄的惰性气体。其中水银量很少，一只 40W 的日光灯管仅放入百分之几克水银，灯管工作时，管内水银蒸气的压强仅 1Pa 左右，因此又常把日光灯称作低压水银荧光灯。

日光灯工作属于气体放电形式，因此，仅在其两端加 220V 的市电是不能够使其点亮的，需要有某种设备在日光灯点亮时能够感应一个高压，让这个高压和市电一起同时加在灯管两端，它们所形成的强电场使灯丝溢出的电子形成高速电子流而使灯管导通；当日光灯点亮后，灯管所需电压急剧下降，从而造成管内电流的上升，如果对这个上升的电流不加限制，最终会烧坏灯管。所以，需要配备镇流元件，用以限制和稳定日光灯管内通过的电流。镇流器就是用来完成上述任务的。

2. 镇流器

（1）镇流器在日光灯电路中所起的作用

① 日光灯启动时，镇流器产生瞬时高压，使日光灯点亮。

② 日光灯正常工作时，镇流器由于对交流电所呈现的自感作用，在电路中可对日光灯管分压限流。

镇流器是一个带有铁心的电感线圈，其实物图如图 4.19 所示。

图 4.19　镇流器实物图

（2）日光灯电路对镇流器的要求

① 应能为日光灯的点亮提供所需要的高压。

② 应能够限制和稳定日光灯的工作电流。

③ 在交流市电过零时，也能使日光灯正常工作。

④ 在日光灯点亮后的正常工作期间，应能控制日光灯的能量，使灯电极被适当预热，并确保灯丝电极保持正常工作温度。

⑤ 镇流器的体积要小、工作寿命长且功耗低。

（3）镇流器的发展和应用

长期以来，家庭和办公照明使用的日光灯电路中，镇流器大多是电感式镇流器，这种镇流器可基本满足上述要求。但是电感式镇流器的主体是铁心线圈，因此其电感量的大小与线圈的匝数、铁心的尺寸均有关，若要增大电感量，电感式镇流器的体积就会较大，从而使镇流器自身质量增加，相对功耗增大。此外，相对于工频 50Hz 的交流市电，电流一个周期出现两次过零，造成日光灯在工作过程中产生 100Hz 的频闪效应。频闪效应易造成人们的眼部疲劳，特别是对未成年人而言，频闪效应是造成他们视力下降的一个重要原因。为此，电感式镇流器近年来投入市场的数量越来越少，大有被淘汰的趋势。

为了解决电感式镇流器体积大、耗能多及频闪问题，近些年来，世界各国都在研制高性能的电子镇流器。电子镇流器采用高频开关电子变换电路的方法来实现镇流，因此电子镇流器具有节能、无频闪、起点可靠、功率因数高、稳定输入功率和输出光通量、噪声低、可调光和灯管使用寿命更长等一系列优点。自 20 世纪 70 年代以来，高频交流电子镇流器一经问世，虽然远没有达到人们的期望值，但立刻就受到了广大用户的欢迎。例如，市场上出现的所谓"护眼灯"，实际上就是采用一个变频器把 50Hz 的市电变换成接近自然光频率的高频交流电，以改善和消除频闪效应。可以断言，不久的将来，高频电子镇流器必然取代电感式镇流器。

3. 启辉器

启辉器俗称跳泡，在日光灯点亮时起自动开关作用。启辉器的内部结构及实物如图 4.20 所示。

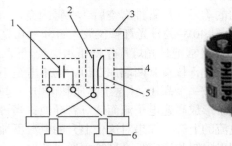

图 4.20 启辉器的内部结构及实物

1—电容器；2—静触极；3—外壳；4—玻璃泡；5—动触极；6—插头

启辉器在外壳 3 内装着一个充有氩氖混合惰性气体的玻璃泡 4（也称辉光管），泡内有一个由固定电极（静触极）2 和一个动触极 5 组成的自动开关。动触极用双金属片制成倒 U 形，受热后动触极膨胀，与静触极接通；冷却后自动收缩复位，与静触极脱离。两个触极间并联一只 0.005μF 的电容器 1，其作用是消除火花对电气设备的影响，并与镇流器组成振荡电路，延迟灯丝预热时间，以利于日光灯启辉。其内部结构中的 6 是与电路相连接的插头。

4. 日光灯电路的工作原理

当日光灯电路与电源接通后，220V 的市电电压不能使日光灯点亮，通过镇流器和灯管灯丝全部加在了启辉器的两极，致使启辉器的惰性气体电离，产生辉光放电。辉光放电的热量使倒 U 形双金属片受热膨胀而发生弯曲变形，与固定电极接触，电流通过镇流器、启辉器触极和两端灯丝构成通路。灯丝很快被电流加热，从而使氧化物发射出大量电子。此时，由于启辉器两极闭合，电极之间的电压立刻为零，辉光放电消失，双金属片因温度下降而恢复原状，两个电极脱离而自动复位。在两个电极脱离的瞬间，回路中的电流突然切断而为零，因此在铁心镇流器上产生一个很高的感应电压，此感应电压和 220V 市电电压叠加后作用于日光灯灯管两端，立即使管内惰性气体分子在这个强电场下发生电离而产生高速电子流，高速电子流在运动的过程中不断加速，碰撞管内惰性气体分子，使之迅速电离，惰性气体电离使灯管内温度迅速升高，热量使水银蒸气游离，并猛烈地撞击惰性气体分子而放电，同时辐射出不可见的紫外线，而紫外线激发灯管壁的荧光物质发出可见光，即人们常说的日光。

由于灯管和镇流器是相串联的，在日光灯点亮后正常发光时，交流电仍然不断通过镇流器线圈，交变的电流磁场可使镇流器线圈中产生自感电压。由电磁感应原理可知，镇流器的自感电压阻碍线圈中的电流变化，此时镇流器起降压限流作用，使电流稳定在灯管的额定电流范围内，灯管两端电压也稳定在额定工作电压范围内。因为这个电压低于启辉器的电离电压，所以并联在灯管两端的启辉器也就不再起作用了。

课堂实践：日光灯电路并联不同数值电容的实验

一、实验电路

日光灯实验电路原理图如图 4.21 所示。

二、实验原理

图 4.21 所示的电流插箱是与一只带电流插头的电流表相配合使用的。电流表的电流插头插在电流插箱的任意一个插孔中就可以测量该支路的电流。电流插箱的 3 个插孔中分别有动、静弹簧片，电流插头未插入时，插孔中的动、静弹簧触片是短接的，相当于一根短接线的效果。当电流表的电流插头插入电流插箱的某插孔中时，动、静触片被拨开，此时相当于电流表串联

在插孔所在支路中。实际上,电流表和电流插箱相配合的作用就是实现一表多用的效果。当电流表的电流插头插入到与功率表相连接的电流插箱孔中时,测量的电流是电路总电流有效值;当电流表的电流插头插入到与镇流器相连接的电流插孔中时,电流表的读数是日光灯支路的电流有效值;若电流插头插入到与电容箱相连接的电流插孔中时,电流表的读值应是电容支路的电流有效值。

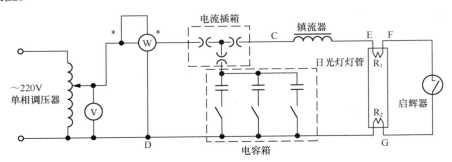

图 4.21　日光灯实验电路原理图

图 4.21 中的电容箱是用来提高日光灯电路功率因数的。

我们知道,电路中的电流表一定要串联在待测支路中,电压表一定要并接在待测支路两端,而功率表的连接值得我们注意。功率表测量的是电路中的有功功率,而有功功率是在同相的电压和电流共同作用下形成的。因此,功率表内部有电压和电流两个线圈。功率表中带"*"标记的端子称为发电机端,如图 4.21 所示,这两个发电机端一定要与相线(俗称火线)端相连,否则会造成功率表指针反偏。日光灯电路中的镇流器和日光灯灯管,其两个对外引出端不分正、负,可任意选择某一端子与相线或中性线(俗称零线)相连。

实验电路原理图中的调压器如图 4.22 所示。

调压器的正确使用方法如下:把调压器的左边红色旋钮与电源相线相连,黑色旋钮与中性线相连;调压器右边的红色旋钮与功率表的发电机"*"端相连,黑色旋钮与电容箱左端黑色旋钮及日光灯灯管的 G 端相连。接通电源前,调压器的手轮应放在"零"位,实验电路连接好并检查无误后接入交流市电,徐徐转动调节手轮,注意观察并接在调压器右端相线、中性线之间的电压表,使输出电压调节至 220V(注意:以电压表的读数值为准,不能以单相调压器面板上的读数为准)。

图 4.22　调压器

三、实验步骤

(1)按照实验电路原理图连接实验线路。注意调压器手柄应放在"零"位。

(2)电容箱的电容全部断开,即只有日光灯灯管与镇流器相串联的感性负载支路与电源接通。此时调节调压器,使日光灯支路端电压从 0 增大至 220V。日光灯点亮后,用毫安表测量日光灯支路的电流 I 和功率表的有功功率 P,并将其记录在自制的表格中。

(3)电源电压保持 220V 不变。依次并联电容箱中的电容,使电容量从 2μF、3μF、4μF 到 5μF 变化,观察和记录每一个电容值下日光灯支路的电流读数值、电容支路的电流读数值及总电流读数值,观察功率表是否发生变化,数值全部记录在自制表格中。(注意日光灯支路的电流和电路总电流的变化情况。)

(4)对所测数据进行技术分析。分别计算出各电容值下的功率因数 $\cos\varphi$,并进行对比,判断电路在各$\cos\varphi$下的性质（感性或容性）。

四、实验思考题

（1）通过实验，说出提高感性负载功率因数的原理和方法。

（2）日光灯电路并联电容后，总电流减小，根据测量数据说明为什么当电容增大到某一数值时，总电流又上升了。

（3）根据所学知识及实验效果，说出日光灯电路中启辉器和镇流器的作用。

思考题

1. RL 串联电路接到 220V 的直流电源上时功率为 1.2kW，接到 220V 的工频电源上时功率为 0.6kW，试求它的 R、L。

2. 下列结论是否正确？

（1）$\overline{S} = I^2 Z^*$

（2）$\overline{S} = U^2 Y^*$

3. 已知无源一端口：

（1）$\dot{U} = 48\underline{/70°}\text{V}$，$\dot{I} = 8\underline{/100°}\text{A}$；

（2）$\dot{U} = 220\underline{/120°}\text{V}$，$\dot{I} = 6\underline{/30°}\text{A}$。

试求：复阻抗、阻抗角、复功率、视在功率、有功功率、无功功率和功率因数。

小结

1. 在 RLC 串联的正弦稳态电路中，阻碍电流的因素是阻抗$|Z|$。阻抗$|Z|$和电路中的电阻、电抗之间的关系是$|Z| = \sqrt{R^2 + (X_L - X_C)^2}$；电压与电流之间的相位差角只取决于电路的参数，即$\varphi = \arctan\dfrac{X_L - X_C}{R}$。

2. 在 RLC 串联的正弦稳态电路中，由相量图可得到一个电压三角形，电压三角形不仅反映了电路中各电压和数量关系，还反映了各电压之间的相位关系；电压三角形各条边同除以电流相量可得到一个阻抗三角形，阻抗三角形仅反映了电路中电阻、电抗和阻抗三者之间的数量关系；电压三角形的各条边同乘以电流相量又可得到一个功率三角形，功率三角形也仅反映了 RLC 串联稳态电路中的有功功率、无功功率和视在功率三者之间的数量关系。

3. 正弦稳态电路中的有功功率反映了电路中能量转换过程中伴随着损耗的那一部分功率；无功功率反映了电路中只转换不消耗的那一部分功率；而视在功率则是这两部分功率的总容量，三者之间的数量关系可在复功率中得到诠释：

$$\overline{S} = P + \mathrm{j}(Q_L - Q_C)$$

其中，实部单位是瓦特（W），虚部单位是乏（var），复功率的单位与视在功率相同，都是伏安（V·A）。

4. 电路的复阻抗和复导纳分别为

$$Z = \frac{\dot{U}}{\dot{I}} = \frac{U}{I}\underline{/\psi_u - \psi_i} = |Z|\underline{/\varphi} = R + \mathrm{j}X$$

$$Y = \frac{\dot{I}}{\dot{U}} = \frac{I}{U} \angle \psi_{\mathrm{i}} - \psi_{\mathrm{u}} = |Y| \angle \varphi' = G + \mathrm{j}B$$

5. 正弦稳态电路中绝大多数负载是感性设备。感性设备因建立磁场需向电源吸取较大的无功功率而导致功率因数较低，由此增加了电源的负担和线路上的功率损耗。

6. 功率因数 $\cos\varphi$ 是电力工程中的一个重要指标，其大小由电路参数和电源频率所决定。若要提高电力系统中感性负载电路的功率因数，则可采取自然补偿法和人工补偿法。自然补偿法就是在工程实际中尽量减少感性设备的轻载和避免空载，人工补偿法是在感性线路两端并联适当的电容来提高功率因数。

能力检测题

一、填空题

1. 正弦稳态电路中，能量转换过程中伴随着消耗的那一部分称为_____功率，能量转换过程中只转换不耗能的那一部分称为_____功率，电源提供给电路中的总功率称为_____功率。

2. 串联稳态电路的分析中，RL 串联电路的复阻抗 $Z=$_____，RC 串联电路的复阻抗 $Z=$_____，RLC 串联电路的复阻抗 $Z=$_____。

3. 复功率的模值对应正弦交流电路的_____功率，其幅角对应正弦交流电路中电压与电流的_____，复功率的实部对应正弦交流电路的_____功率，复功率的虚部对应正弦交流电路的_____功率。

4. _____三角形、_____三角形和_____三角形是相似三角形，其中的_____三角形属于相量图，当 RLC 串联电路处于感性时，其三角形的幅角_____0；当 RLC 串联电路处于容性时，其三角形的幅角_____0；当 RLC 串联电路表现为纯电阻性时，其三角形的幅角_____0。

5. 已知正弦量 $i = 10\sqrt{2} \sin(\omega t - 60°)$ A，则它的有效值相量的模等于_____A，它的有效值相量的幅角等于_____。

二、判断题

1. 直流电路中的各种分析方法均可直接应用于正弦交流电的相量分析法中。　　（　　）

2. RLC 串联电路的复阻抗可用三角形表示其实部、虚部及模三者之间的数量关系。
　　（　　）

3. 电压三角形是相量图，所以它的各条边都是用带箭头的线段来表示的。　　（　　）

4. 当一个电路复功率的幅角等于零时，这个电路一定不消耗有功功率。　　（　　）

5. 一个多参数串联的正弦交流电路，其电路阻抗的大小与电路频率成正比。　　（　　）

6. 工程实际应用中，感性电路多于容性电路。　　（　　）

7. 感性电路的功率因数往往要比容性电路的功率因数高。　　（　　）

8. 因为感性无功功率为正，容性无功功率为负，所以它们之间可以相互补偿。　　（　　）

9. 只要在感性设备中串入适当的电容，即可提高感性电路的功率因数。　　（　　）

10. 线路上的功率因数越低，输电线的功率损耗越大，为了降低损耗，必须提高功率因数。
　　（　　）

三、单项选择题

1. 复功率的实部对应正弦交流电路的（　　　）。

    A. 有功功率　　　　B. 无功功率　　　　C. 视在功率　　　　D. 复功率

2. 关于提高功率因数的几种说法，正确的是（　　　）。

    A. 为了提高电源的利用率和降低线路上的功率损耗，必须提高线路的功率因数

    B. 为了提高电源的利用率和降低线路上的功率损耗，必须提高用电器的功率因数

    C. 为了提高电源的利用率和降低线路上的功率损耗，必须在用电器两端并联适当电容

3. 因为各条边均表示相量，所以必须用带箭头的线段来表示的三角形是（　　　）。

    A. 阻抗三角形　　　　B. 电压三角形　　　　C. 功率三角形

四、简答题

1. RLC 串联电路参数不变，当频率发生变化使电路处感性或处容性时，其电路复阻抗的模和幅角将如何对应变化？

2. 因为参考相量总是画在水平位置，所以要求参考相量的幅角一定要是零。这种说法对吗？为什么？

3. 试述提高功率因数的意义和方法。

五、分析计算题

1. 已知 RL 串联电路的端电压 $u = 220\sqrt{2}\sin(314t + 30°)$ V，通过它的电流 $I = 5$A 且滞后电压 $45°$，用相量分析法求出电路参数 R 和 L。

2. 电阻 $R = 40\Omega$，其和一个 25μF 的电容器相串联后接到 $u = 100\sqrt{2}\sin 500t$ V 的电源上。试求电路中的复电流 $\dot{I}$，画出电路相量图。

3. 已知 RLC 串联电路的参数为 $R = 20\Omega$，$L = 0.1$H，$C = 30\mu$F，当信号频率分别为 50Hz、1 000Hz 时，电路的复阻抗各为多少？两个频率下电路的性质如何？

4. 已知 RLC 串联电路中的电阻 $R = 16\Omega$，感抗 $X_L = 30\Omega$，容抗 $X_C = 18\Omega$，电路端电压为 220V，试求电路中的有功功率 P、无功功率 Q_L、视在功率 S 及功率因数 $\cos\varphi$。

5. 已知图 4.23（a）中电压表 V_1 的读数为 30V，V_2 的读数为 60V；图 4.23（b）中电压表 V_1 的读数为 15V，V_2 的读数为 80V，V_3 的读数为 100V。求图 4.20 中的电压 U_S。

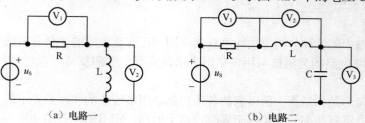

（a）电路一　　　　　　　　　　　　　（b）电路二

图 4.23　计算题 5 电路

六、素质拓展题

在中国电力企业联合会发布的《2022 年三季度全国电力供需形势分析预测报告》中提到，2022 年前三季度全国全社会用电量 6.49 万亿千瓦时。随着新能源技术的发展，水电、风电、光伏、地热等新型能源发电所占比重在不断提高，但是煤电仍是当前我国电力供应的最主要电源。火力发电大量燃煤、燃油，造成环境污染，也成为日益引人关注的问题。在用电设备中，感性负载和容性负载占据了很大的比重，所以电能的利用率一直受到广泛关注。实践没有止境，理论创新也没有止境。请结合实际案例探讨提高功率因数、减少无功功率的措施。

第5章　谐振电路

知识 导图

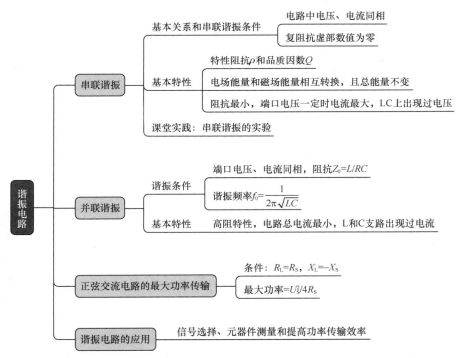

含有 L 和 C 的正弦交流稳态电路中，当电路端口的电压和电流出现同相位时，电路将发生谐振。谐振的实质是电容中的电场能与电感中的磁场能相互转换，此增彼减，完全补偿。利用谐振电路的特性，可以选择所需的信号频率或抑制某些干扰信号，还可以利用电路的谐振特性来测量电抗型元件的参数。

知识 目标

通过分析，掌握 RLC 电路产生谐振的条件，熟悉谐振发生时谐振电路的基本特性和频率特性，掌握谐振电路的谐振频率和阻抗等电路参数的计算，熟悉交流电路中负载获得最大功率的条件。

通过实验加深对谐振电路特性的认识，理解电路参数对串联谐振电路特性的影响，具有测试通用谐振曲线的能力，理解选频特性。

*5.1 串联谐振

谐振现象在工程实际中得到了广泛应用，因此研究谐振现象具有重要的实际意义。

5.1.1 RLC 串联电路的基本关系

在图 5.1 所示的 RLC 串联电路中，当信号源为角频率 ω 的正弦电压 $\dot{U}_S = U\angle 0°$ 时，电路的复阻抗为

$$Z = R + j\left(\omega L - \frac{1}{\omega C}\right) = R + jX = |Z|\angle\varphi \qquad (5.1)$$

式中，$X = \omega L - \dfrac{1}{\omega C}$，$|Z| = \sqrt{R^2 + X^2}$，$\varphi = \arctan\dfrac{X}{R}$。

回路中的电流为

图 5.1 RLC 串联电路

$$\dot{I} = \frac{\dot{U}_S}{Z} = \frac{U_S\angle 0°}{|Z|\angle\varphi} = \frac{U_S}{|Z|}\angle -\varphi = I\angle -\varphi \qquad (5.2)$$

5.1.2 串联谐振的条件

当回路中的电流与信号源电压的相位相同时，有 $\varphi = 0$，此时复阻抗中的电抗 $X=0$，电路发生串联谐振。

一个 RLC 串联电路发生谐振的条件是 $X = X_L - X_C = 0$，即 $\omega_0 L = \dfrac{1}{\omega_0 C}$。

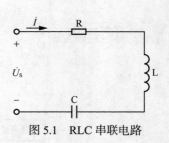

5-1 串联谐振的条件

由串联谐振的条件可得：

$$\omega_0 = \frac{1}{\sqrt{LC}} \quad 或 \quad f_0 = \frac{1}{2\pi\sqrt{LC}} \qquad (5.3)$$

式中，f_0 称为 RLC 电路的固有谐振频率，它只与电路的参数有关，与信号源无关。由此得到使电路发生谐振的方法有以下两种。

① 调整信号源的频率，使之等于电路的固有频率。

② 信号源的频率不变时，可以改变电路中 L 或 C 的大小，使电路的固有频率等于信号源的频率。

5.1.3 串联谐振电路的基本特性

（1）串联谐振时，电路的复阻抗最小，且呈电阻特性。

分析可知，串联谐振时，电抗 $X=0$，$|Z| = \sqrt{R^2 + X^2} = R$，呈纯电阻性，且阻抗最小。

5-2 串联谐振电路的基本特性

当 $f < f_0$ 时，$\omega L < \dfrac{1}{\omega C}$，电路呈电容特性。

当 $f > f_0$ 时，$\omega L > \dfrac{1}{\omega C}$，电路呈电感特性。

（2）串联谐振时，回路中的电流最大，且与外加电压相位相同。

因为谐振时，复阻抗的模最小，在输入不变的情况下，电路中的电流最大；又因为谐振时的复阻抗呈纯电阻性，所以电路中的电流与电压同相。

（3）串联谐振时，电感器的感抗等于电容器的容抗，且等于电路的特性阻抗 ρ，即

$$\begin{cases} \omega_0 L = \dfrac{1}{\omega_0 C} = \rho \\[2mm] \rho = \sqrt{\dfrac{L}{C}} \end{cases} \tag{5.4}$$

特性阻抗是衡量电路特性的一个重要参数。

（4）串联谐振时，电感两端的电压和电容两端的电压大小相等、相位相反，其数值为输入电压的 Q 倍，即

$$\begin{cases} U_{C0} = U_{L0} = I_0 X_L = \dfrac{U_S}{R} X_L = \dfrac{\omega_0 L}{R} U_S = \dfrac{\rho}{R} U_S = Q U_S \\[2mm] Q = \dfrac{\rho}{R} \end{cases} \tag{5.5}$$

式中，$Q = \dfrac{\omega_0 L}{R}$，$Q$ 称为串联谐振回路的品质因数，是谐振电路的一个重要参数。Q 值的大小可为几十甚至几百。电路在谐振状态下，感抗或容抗比电阻要大得多，因此，电抗元件上的电压通常是外加电压的几十倍甚至几百倍，因此，串联谐振又称为电压谐振。

例 5.1　已知 RLC 串联电路中的 $L=0.1\text{mH}$，$C=1000\text{pF}$，$R=10\Omega$，电源电压 $U_S=0.1\text{mV}$，若电路发生谐振，求：电路的谐振频率、特性阻抗、品质因数、电容器两端的电压和回路中的电流。

解：

$$f_0 = \frac{1}{2\pi\sqrt{LC}} = \frac{1}{2\pi\sqrt{0.1\times10^{-3}\times1\,000\times10^{-12}}} = \frac{1}{2\pi\sqrt{10^{-13}}} \approx 500(\text{kHz})$$

$$\rho = \sqrt{\frac{L}{C}} = \sqrt{\frac{0.1\times10^{-3}}{1\,000\times10^{-12}}} \approx 316(\Omega)$$

$$Q = \frac{\rho}{R} = \frac{316}{10} = 31.6$$

$$U_{C0} = Q U_S = 31.6\times0.1 = 3.16(\text{mV})$$

$$I = \frac{U_S}{R} = \frac{0.1\times10^{-3}}{10} = 10(\mu\text{A})$$

5-3 串联谐振回路的能量特性

5.1.4　串联谐振回路的能量特性

设 RLC 串联电路的电源电压为 $u_s = U_{Sm}\sin\omega_0 t$，$\omega_0$ 为电路的固有谐振频率，因电路处于谐振状态，故回路中的电流为

$$i = \frac{u_S}{R} = \frac{U_{Sm}}{R}\sin\omega_0 t = I_m\sin\omega_0 t \tag{5.6}$$

此时电阻上的瞬时功率为

$$p_R = i^2 R = I_m^2 R\sin^2(\omega_0 t) \tag{5.7}$$

电源向电路供给的瞬时功率为

$$p = u_S i = U_{Sm}\sin\omega_0 t \cdot I_m\sin\omega_0 t = I_m^2 R\sin^2(\omega_0 t) = p_R \tag{5.8}$$

上述分析说明：谐振状态下电源供给电路的功率全部消耗在电阻上。

由于电感元件两端的电压与流过它的电流相位相差90°，因此电感元件两端的电压为

$$u_L = \omega_0 L I_m\sin(\omega_0 t + 90°) = \sqrt{\frac{L}{C}}I_m\cos\omega_0 t \tag{5.9}$$

电感中的磁场能量为

$$w_L = \frac{1}{2}Li^2 = \frac{1}{2}LI_m^2\sin^2(\omega_0 t) \tag{5.10}$$

同理，电容元件两端的电压为

$$u_C = \frac{1}{\omega_0 C}I_m\sin(\omega_0 t - 90°) = -\sqrt{\frac{L}{C}}I_m\cos\omega_0 t \tag{5.11}$$

电容中的电场能量为

$$w_C = \frac{1}{2}Cu_C^2 = \frac{1}{2}C\left(-\sqrt{\frac{L}{C}}I_m\cos\omega_0 t\right)^2 = \frac{1}{2}LI_m^2\cos^2(\omega_0 t) \tag{5.12}$$

电场能量与磁场能量的总和为

$$W = w_L + w_C = \frac{1}{2}LI_m^2\sin^2(\omega_0 t) + \frac{1}{2}LI_m^2\cos^2(\omega_0 t)$$
$$= \frac{1}{2}LI_m^2 = \frac{1}{2}CU_m^2 \tag{5.13}$$

式（5.13）说明：在串联谐振时，电感元件两端的电压与电容元件两端的电压大小相等，相位相反。电场能量和磁场能量相互转换，且总的存储能量保持不变。

5.1.5　串联谐振电路的频率特性

一个RLC串联电路，当外加信号源的电压幅度不变而频率发生变化时，串联电路的电抗值将随信号源的频率发生变化，电抗的变化将导致电路中的电流、各元件的电压随之发生变化，这种电路参数随信号源频率变化的关系，称为频率特性。

5-4　串谐电路的频率特性

1.　回路阻抗与频率之间的特性曲线

图5.2所示为阻抗和电抗随频率变化的关系曲线。根据感抗、容抗与频率的关系可知，感抗与频率成正比，可用一条直线来表示；容抗与频率成反比且为负值，因此用一条负的反比曲线来表示；电阻不随频率变化，所以用一条虚直线表示。

在描述回路阻抗与频率的关系时，通常用复阻抗的模表示，复阻抗的模随频率变化的关系为

$$|Z| = \sqrt{R^2 + \left(\omega L - \frac{1}{\omega C}\right)^2}$$

由图 5.2 可看出正弦交流电路的阻抗随频率变化的曲线是一个 U 形，当 $\omega = \omega_0$ 时，$|Z| = R$，电路阻抗最小，且为纯电阻性质。随着 ω 偏离 ω_0，根号内的第二项越来越大，因此阻抗随之增大：在 $0 \sim \omega_0$ 的一段频率范围内，感抗大于容抗，总电抗 $X > 0$，电路呈感性；在过 ω_0 后频率增加的范围内，容抗绝对值大于感抗，总电抗 $X < 0$，电路呈容性。

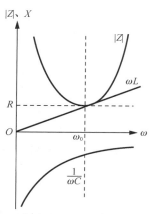

图 5.2　串联谐振电路的频率特性曲线

2. 回路电流与频率的关系曲线

由式（5.2）可知，串联谐振回路中电流的大小为

$$I = \frac{U_S}{|Z|} = \frac{U_S}{\sqrt{R^2 + \left(\omega L - \frac{1}{\omega C}\right)^2}} = \frac{U_S}{R\sqrt{1 + \left[\frac{\omega_0 L}{R}\left(\frac{\omega}{\omega_0} - \frac{\omega_0}{\omega}\right)\right]^2}}$$

当 $\omega = \omega_0$ 时，电路发生谐振，电路中的电流最大，$I = I_0 = \dfrac{U_S}{R}$。为了便于比较不同参数的 RLC 串联电路的特性，通常用 $\dfrac{I}{I_0}$ 表示电流的频率特性。

$$\frac{I}{I_0} = \frac{1}{\sqrt{1 + Q^2\left(\frac{\omega}{\omega_0} - \frac{\omega_0}{\omega}\right)^2}} = \frac{1}{\sqrt{1 + Q^2\left(\frac{f}{f_0} - \frac{f_0}{f}\right)^2}} \qquad （5.14）$$

式（5.14）表示的谐振特性曲线如图 5.3 所示。从谐振特性曲线可以看出，$I - \omega$ 曲线是将 $|Z| - \omega$ 曲线倒过来，最大值出现在 ω_0 处。ω 偏离 ω_0 越远，$|Z|$ 越大，电流 I 也就越小。对于 Q 值不同的谐振电路，在偏离谐振频率相同的数值时，电流 I 的大小会各不相同。Q 值越高的谐振电路，谐振曲线的顶部越尖锐，$\dfrac{I}{I_0}$ 衰减得越快；Q 值越低的谐振电路，谐振曲线的顶部越圆钝，$\dfrac{I}{I_0}$ 衰减得越慢。可见，品质因数 Q 值越大的谐振电

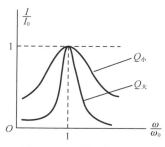

图 5.3　$I - \omega$ 谐振特性曲线

路，其选频能力越强，即对非谐振频率下的电流具有较强的抑制能力。

3. 回路电流相位与频率的关系曲线

若输入电压的初相位为 0，则回路电流的初相等于复阻抗相位的负值，即

$$\varphi_i = -\arctan\frac{\omega L - \frac{1}{\omega C}}{R} = -\arctan\frac{\omega_0 L}{R}\left(\frac{\omega}{\omega_0} - \frac{\omega_0}{\omega}\right) = -\arctan Q\left(\frac{\omega}{\omega_0} - \frac{\omega_0}{\omega}\right) \qquad （5.15）$$

回路电流的相频特性曲线如图 5.4 所示。

4. 通频带

无线电技术中，实际的传输信号都占有一定的频率范围，如电话线路中传输的音频信号的频率传输范围一般为 20Hz～3.4kHz，收音机和电视机中播放的音乐信号的传输频率为 30Hz～20kHz。若要不失真地对信号进行传输，则需保证信号中所有的频率成分都能顺利通过电路。为达这一目的，通常对谐振电路的频率通带（简称通频带）做一定的规定：谐振曲线上，当电流衰减到最大值的 $\frac{1}{\sqrt{2}}$ 时，$\frac{I}{I_0} \geqslant \frac{1}{\sqrt{2}}$ 所对应的频率范围称为谐振电路的通频带，如图 5.5 所示。图 5.5 中对应曲线最高点的电流为串联谐振电路谐振时的最大电流 I_0，I_0 对应的频率点是谐振频率 f_0；当电流沿曲线向左衰减到其最大值的 $\frac{1}{\sqrt{2}}$ 时所对应的频率为 f_1，f_1 称为谐振电路的下限频率；当电流沿曲线向右衰减到其最大值的 $\frac{1}{\sqrt{2}}$ 时所对应的频率为 f_2，f_2 称为谐振电路的上限频率。谐振电路的通频带用 BW 表示，即 BW=f_2-f_1。

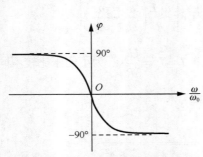

图 5.4　回路电流的相频特性曲线

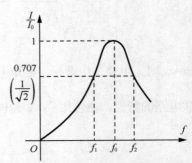

图 5.5　串联谐振电路的通频带

通频带 BW 与品质因数 Q 的关系可以通过式（5.14）求得。首先把公式中的角频率均用频率表示，即令

$$\frac{I}{I_0} = \frac{1}{\sqrt{1 + Q^2 \left(\dfrac{f}{f_0} - \dfrac{f_0}{f} \right)^2}} = \frac{1}{\sqrt{2}}$$

解得

$$f_1 = -\frac{f_0}{2Q} + \sqrt{\left(\frac{f_0}{2Q} \right)^2 + f_0^2}$$

$$f_2 = \frac{f_0}{2Q} + \sqrt{\left(\frac{f_0}{2Q} \right)^2 + f_0^2}$$

通频带的宽度为

$$\mathrm{BW} = f_2 - f_1 = \frac{f_0}{Q} \tag{5.16}$$

由式（5.16）可知，在一定的谐振频率 f_0 下，Q 值越高，通频带越窄，谐振特性曲线顶部越尖锐，电路的选择性就越好；反之，Q 值越低，通频带越宽，谐振特性曲线顶部越圆钝和平

滑，电路的选择性就越差。因此，电路的选择性和通频带之间存在着矛盾。

实用电子技术中，从减小信号传输过程中的失真考虑，往往要求通频带宽一些，此时的电路品质因数 Q 的值必定会低一些；从抑制干扰信号的观点出发，往往要求电路谐振特性曲线的顶部越尖锐越好，即希望电路的 Q 值尽量高。例如，收音机调台电路，为了防止电台串音现象出现，要求具有很好的选择性，此时就需采用品质因数 Q 值较高的串联谐振电路。如何解决上述矛盾呢？实际应用中，二者均要兼顾，要根据具体情况的主要矛盾选择适当的 Q 值和通频带。

例 5.2　RLC 串联调谐回路的电感量为 310μH，欲接收载波频率为 540kHz 的电台信号，问此时的调谐电容为多大？若回路的 $Q=50$，频率为 540kHz 的电台信号在线圈中的感应电压为 1mV，同时进入输入调谐回路的另一电台信号频率为 600kHz，在线圈中的感应电压也为 1mV，求两个信号在回路中产生的电流。

解：（1）欲接收载波频率为 540kHz 的电台信号，就应使输入调谐回路的谐振频率也为 540kHz，由式 $f_0 = \dfrac{1}{2\pi\sqrt{LC}}$ 可推出

$$C = \frac{1}{(2\pi f_0)^2 L} \approx \frac{1}{\left(2\times 3.14\times 540\times 10^3\right)^2 \times 310\times 10^{-6}} \approx 280(\text{pF})$$

（2）因为电路对频率为 540kHz 的信号产生谐振，所以回路的电流 I_0 为

$$I_0 = \frac{U}{R} = \frac{U}{\dfrac{\rho}{Q}} = \frac{QU}{2\pi f_0 L} \approx \frac{50\times 1\times 10^{-3}}{2\times 3.14\times 540\times 10^3 \times 310\times 10^{-6}} \approx 47.5\times 10^{-6}(\text{A}) = 47.5(\mu\text{A})$$

频率为 600kHz 的电压产生的电流为

$$I = I_0 \frac{1}{\sqrt{1+Q^2\left(\dfrac{f}{f_0}-\dfrac{f_0}{f}\right)^2}} = \frac{47.5}{\sqrt{1+50^2\left(\dfrac{600}{540}-\dfrac{540}{600}\right)^2}} \approx 4.48(\mu\text{A})$$

此例说明，当电压值相同、频率不同的两个信号通过串联谐振电路时，电路对信号的选择能力使两个信号在回路中产生的电流相差 10 倍以上，显然，弱小信号会被抑制掉。

课堂实践：串联谐振的实验

一、实验目的

（1）学习用实验方法绘制 RLC 串联电路的谐振特性曲线。

（2）加深理解电路发生谐振的条件、特点，掌握电路品质因数 Q 的物理意义及其测定方法。

二、原理说明

（1）在图 5.6 所示的 RLC 串联电路中，当正弦交流信号源的频率 f 改变时，电路中的感抗、容抗随之而变，电路中的电流也随 f 而变。取电阻 R 上的电压 u_0 作为响应，当输入电压 u_i 的幅值维持不变时，在不同频率的信号激励下，测出 u_0 有效值，然后以 f 为横坐标，以 U_O/U_I 为纵坐标（因 U_I 不变，故也可直接以 U_O 为纵坐标），绘出光滑的曲线，此即为谐振特性曲线，也称幅频特性曲线，如图 5.7 所示。

（2）在 $f=f_0=\dfrac{1}{2\pi\sqrt{LC}}$ 处，即谐振特性曲线尖峰所在的频率点称为谐振频率。此时 $X_L=X_C$，

电路呈纯阻性，电路阻抗的模最小。在输入电压 u_i 为定值时，电路中的电流达到最大值，且与输入电压 u_i 同相位。从理论上讲，此时 $u_i=u_R=u_o$，$u_L=u_C=Qu_i$，式中的 Q 为电路品质因数。

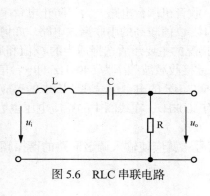

图 5.6 RLC 串联电路

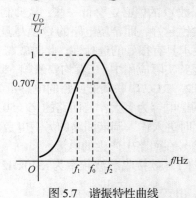

图 5.7 谐振特性曲线

（3）电路品质因数 Q 值有两种测量方法：一种是根据公式 $Q=\dfrac{U_C}{U_o}=\dfrac{U_L}{U_o}$ 测定，U_C 与 U_L 分别为谐振时电容器 C 和电感线圈 L 上的电压；另一种方法是通过测量谐振特性曲线的通频带宽度 $\Delta f=f_2-f_1$，再根据 $Q=\dfrac{f_0}{f_2-f_1}$ 求出 Q 值，式中 f_0 为谐振频率，f_2 和 f_1 是失谐时，即输出电压的幅度下降到最大值的 $1/\sqrt{2}=0.707$ 时的上、下频率点。Q 值越大，曲线越尖锐，通频带越窄，电路的选择性越好。在恒压源供电时，电路的品质因数、选择性与通频带只取决于电路本身的参数，而与信号源无关。

三、实验设备

（1）函数信号发生器。

（2）交流毫伏表（0～600V）。

（3）谐振实验电路板 $R=200\Omega$，$C=0.01\mu F$，$L\approx30mH$。

（4）交流电路实验装置一套。

四、实验内容

（1）按图 5.8 连接测量电路。先选择 $C_1=0.01\mu F$、$R_1=200\Omega$，用交流毫伏表测电压，用双踪示波器监视信号源输出。令信号源输出电压 $U_i=3V$，保持不变。

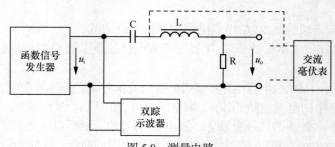

图 5.8 测量电路

（2）找出电路的谐振频率 f_0，其方法是将交流毫伏表接在电阻 R 两端，令信号源的频率由小逐渐变大（注意要维持信号源的输出幅度不变），当 U_o 的读数为最大时，读得频率计上的频率值即为电路的谐振频率 f_0，并测量 U_C 与 U_L 的值（注意及时更换交流毫伏表的量限）。

（3）在谐振点两侧，按频率递增或递减 500Hz 或 1kHz，依次各取 8 个测量点，逐点测出 U_O、U_L、U_C 的值，记入表 5.1。

表 5.1　步骤（3）测量值

f/kHz												
U_O/V												
U_L/V												
U_C/V												

$U_{iPP}=3V$，$C_1=0.01\mu F$，$R_1=200\Omega$，$f_0=$　　，$f_2-f_1=$　　，$Q=$

（4）选择 $C_2=0.01\mu F$，$R_2=1k\Omega$，重复步骤（2）和步骤（3）的测量过程，将实验数据记入表 5.2。

表 5.2　步骤（4）测量值

f/kHz												
U_O/V												
U_L/V												
U_C/V												

$U_{iPP}=3V$，$C_2=0.01\mu F$，$R_2=1k\Omega$，$f_0=$　　，$f_2-f_1=$　　，$Q=$

五、实验注意事项

（1）测试频率点应在靠近谐振频率附近多取几点。在变换频率测试前，应调整信号输出幅度（用双踪示波器监视输出幅度），使其 U_{iPP} 维持在 2.828V。

（2）测量 U_C 和 U_L 数值前，应将交流毫伏表的量限改大，并在测量 U_L 与 U_C 时使交流毫伏表的"+"端接 C 与 L 的公共点，其接地端分别触及 L 和 C 的近地端 N_2 和 N_1。

（3）实验中，信号源的外壳应与交流毫伏表的外壳绝缘（不共地）。如能用浮地式交流毫伏表测量，则效果更佳。

六、复习及思考题

（1）根据实验电路板给出的元件参数值，估算电路的谐振频率。

（2）改变电路的哪些参数可以使电路发生谐振？电路中 R 的数值是否影响谐振频率值？

（3）如何判别电路是否发生了谐振？测试谐振点的方案有哪些？

（4）电路发生串联谐振时，为什么输入电压不能太大？如果信号源给出 3V 的电压，则发生电路谐振，用交流毫伏表测量 U_L 和 U_C 时，应该选择用多大的量限？

（5）要提高 RLC 串联电路的品质因数，电路参数应如何改变？

（6）本实验电路在发生谐振现象时，对应的 U_L 与 U_C 是否相等？如有差异，原因何在？

七、实验报告

（1）根据测量数据，绘出不同 Q 值时的两条谐振特性曲线。

（2）计算出通频带与 Q 值，说明不同 R 值对电路通频带与电路品质因数的影响。

（3）对两种不同的测量 Q 值的方法进行比较，分析误差原因。

思考题

1. RLC 串联电路发生谐振的条件是什么？如何使 RLC 串联电路发生谐振？

2. 串联谐振电路谐振时的基本特性有哪些？

3. 串联谐振电路的品质因数 Q 与电路的频率特性曲线有什么关系？是否影响通频带？

4. 已知 RLC 串联电路的品质因数 $Q=200$，当电路发生谐振时，L 和 C 上的电压值均大于回路的电源电压，这是否与基尔霍夫定律矛盾？

5.2 并联谐振

工程实际中，一个线圈和一个电容器首尾相连构成一个闭环，即可构成一个最简单的并联谐振电路。因为实际线圈的铜耗电阻通常不能忽略，所以实际线圈可用电感 L 和电阻 R 的串联等效为其电路模型；实际电容器的损耗极小，即其漏电阻通常可以忽略不计，因此可用一个理想电容 C 作为其电路模型。这样，并联谐振电路的电路及其等效相量模型如图 5.9 所示。

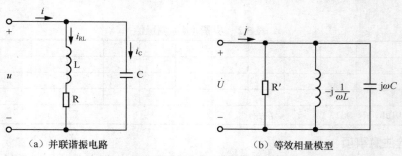

（a）并联谐振电路　　　　　　　　　　（b）等效相量模型

图 5.9　并联谐振电路及其等效相量模型

5.2.1　并联谐振电路的谐振条件

1. 并联谐振电路的等效电路

图 5.9（a）中，实际线圈的铜耗电阻 R 往往很小，谐振时满足 $\omega_0 L \gg R$ 的条件，因此谐振时电路阻抗的计算公式可简化为

5-5 并联谐振电路的谐振条件

$$Z_0 = R' = \frac{1}{|Y_0|} = \frac{R^2 + (\omega_0 L)^2}{R} \approx \frac{(\omega_0 L)^2}{R} = \frac{\frac{1}{LC} \cdot L^2}{R} = \frac{L}{RC} \quad (5.17)$$

图 5.9（b）为实际并联谐振电路等效电路的相量模型。图 5.9（a）中的电阻 R 和图 5.9（b）中 R′ 显然不是同一电阻，两个电阻之间的关系如式（5.17）所示，即

$$R = \frac{L}{R'C} \quad (5.18)$$

并联谐振电路的品质因数 Q 为

$$Q = \frac{\omega_0 L}{R} = \frac{1}{R\omega_0 C} = \omega_0 C R' = \frac{R'}{\omega_0 L} = R'\sqrt{\frac{C}{L}} \quad (5.19)$$

由式（5.19）可知，无论是并联谐振电路还是串联谐振电路，电路的品质因数 Q 的数值都是由线圈的品质所决定的，这一点必须要明确。

2. 并联谐振电路的谐振频率

由图 5.9（b）所示的并联谐振电路的等效相量模型可得并联谐振电路的复导纳，即

$$Y = \frac{1}{R'} + \frac{1}{j\omega L} + j\omega C = G + j\left(\omega C - \frac{1}{\omega L}\right) = G + jB$$

显然，当并联谐振电路的复导纳的虚部为零时发生谐振。令电路中的电纳 $B=0$ 可得

$$\omega_0 C - \frac{\omega_0 L}{r^2 + (\omega_0 L)^2} \approx \omega_0 C - \frac{1}{\omega_0 L} = 0$$

$$\omega_0 = \frac{1}{\sqrt{LC}} \quad \text{或} \quad f_0 = \frac{1}{2\pi\sqrt{LC}} \tag{5.20}$$

此结果表明，同样大小的 L、C 组成串联谐振电路时，和它们组成并联谐振电路时的谐振频率近似相等。所以，一般可用式（5.20）计算并联电路的谐振频率。

5-6 并联谐振电路的基本特性

5.2.2　并联谐振电路的基本特性

（1）电路发生并联谐振时，因为电纳 $B=0$，所以电路中的导纳 $|Y_0| = G$ 最小，且电路呈电阻性；此时电路的阻抗 $|Z_0| = \frac{1}{|Y_0|} = R'$ 达到最大，由式（5.17）可推得此时电路的谐振阻抗为

$$R' = \frac{L}{RC} = Q^2 R \tag{5.21}$$

也就是说，并联谐振时，电路呈高阻特性。当线圈电阻可忽略时，并联谐振电路成为理想并联谐振电路，对理想并联谐振电路而言，谐振时电路阻抗为无穷大。

（2）并联谐振电路谐振时呈高阻特性，因此电路中电源提供的总电流最小，且与电路端电压同相。其通常与高内阻的信号电流源相接。谐振时，电路呈高阻特性，因此电路两端的电压最大，且与信号源电流同相。

（3）并联谐振时，由图 5.6（b）可得各电抗支路上的电流为

$$\dot{I}_C = jB_C\dot{U} = j\omega_0 C\dot{U} = j\omega_0 C\dot{I}R' = jQ\dot{I}$$

同理可得

$$\dot{I}_L = -jB_L\dot{U} = \frac{\dot{U}}{j\omega_0 L} = -j\frac{R'}{\omega_0 L}\dot{I} = -jQ\dot{I}$$

显然，谐振时两个电抗的支路电流大小相等、相位相反，均为电路总电流的 Q 倍。

也就是说，谐振时，电感和电容两条支路的电流在两个电抗元件中来回振荡，能量完全补偿。

5.2.3　信号源内阻对并联谐振电路的影响

在实际的应用电路中，并联谐振电路的激励信号源都有一定内阻，如图 5.10 所示。那么，信号源中的内阻对谐振电路会产生什么影响呢？

在未接信号源时，电路谐振时的阻抗为 R'；当接入信号源后，电路谐振时的阻抗变为 $R'//R_S$，即谐振阻抗减小。而品质因数由 $Q_0 = \frac{R'}{\omega_0 L}$ 变为 $Q = \frac{R'//R_S}{\omega_0 L}$，使并联谐振电路的选择性变差，通频带变宽。

为了尽量减小信号源内阻对并联谐振电路的影响，一般采用部分接入的方式，如图 5.11 所示。

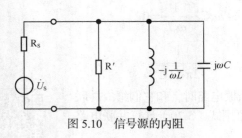

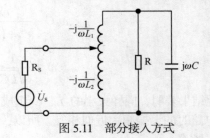

图 5.10   信号源的内阻   图 5.11   部分接入方式

图 5.11 中的 R_S 等效到 R 两端时，其等效电阻为

$$R_S' = \left(\frac{L_1 + L_2}{L_1}\right)^2 R_S = \frac{1}{p_L^2} R_S$$

阻值变大，使信号源内阻对并联谐振电路的影响大大减小。式中，p_L 称为接入系数。当只改变电感中心的抽头位置而不改变总电感量时，电路的谐振频率不变。

例 5.3   图 5.12 所示电路中的电感之间无互感，$R_1 = 10\Omega$，为电感线圈内阻，$L_1 = 5\text{mH}$，$L_2 = 1\text{mH}$，$C = 1\,000\text{pF}$。

求：① 并联电路的固有谐振角频率；

② 电路未接信号源时的品质因数 Q_0；

③ 将一内阻为 $R_S = 100\text{k}\Omega$ 的信号源接入后，电路的品质因数变为多大？

④ 信号源接入前后，并联谐振电路的通频带各为多少？

解：①由式（5.20）得

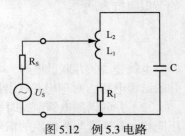

图 5.12   例 5.3 电路

$$\omega_0 L_1 + \omega_0 L_2 - \frac{1}{\omega_0 C} = 0$$

$$\omega_0 = \frac{1}{\sqrt{(L_1 + L_2)C}} = \frac{1}{\sqrt{(5+1)\times 10^{-3}\times 10^3\times 10^{-12}}} \approx 4.08\times 10^5 (\text{rad/s})$$

② 由式（5.19）得

$$Q_0 = \frac{1}{R_1\omega_0 C} = \frac{1}{10\times 4.08\times 10^5\times 10^3\times 10^{-12}} \approx 245$$

③ 将 R_1 等效到电容两端时的电阻为

$$R_1' = \frac{L_1 + L_2}{R_1 C} = \frac{(5+1)\times 10^{-3}}{10\times 10^3\times 10^{-12}} = 6\times 10^5 (\Omega)$$

将 R_S 等效到电容两端时的电阻为

$$R_S' = \left(\frac{L_1 + L_2}{L_1}\right)^2 R_S = \left(\frac{5+1}{5}\right)^2 \times 100 = 144 (\text{k}\Omega)$$

$$R_1' /\!/ R_S' = 600 /\!/ 144 \approx 116.13 (\text{k}\Omega)$$

$$Q_S = \left(R_1' /\!/ R_S'\right)\omega C = 116.13 \times 10^3 \times 4.08 \times 10^5 \times 10^3 \times 10^{-12} \approx 47.3$$

④ 谐振频率为

$$f_0 = \frac{\omega_0}{2\pi} = \frac{4.08 \times 10^5}{2 \times 3.14} \approx 65 (\text{kHz})$$

信号源接入前通频带为

$$\text{BW} = \frac{f_0}{Q} = \frac{65\,000}{245} \approx 265.3 (\text{Hz})$$

信号源接入后通频带为

$$\text{BW}_S = \frac{f_0}{Q_S} = \frac{65\,000}{47.3} \approx 1\,374.2 (\text{Hz})$$

显然，信号源接入电路后，由于信号源内阻的影响，电路通频带得以展宽，但同时品质因数 Q 的值降低。

5.2.4　并联谐振电路的一般分析方法

设并联谐振电路（见图 5.13）各支路的阻抗分别为 $Z_1 = R_1 + jX_1$，$Z_2 = R_2 + jX_2$，则各支路的导纳为

图 5.13　一般并联谐振电路

$$Y_1 = \frac{1}{Z_1} = \frac{R_1}{R_1^2 + X_1^2} - j\frac{X_1}{R_1^2 + X_1^2}$$

$$Y_2 = \frac{1}{Z_2} = \frac{R_2}{R_2^2 + X_2^2} - j\frac{X_2}{R_2^2 + X_2^2}$$

两条支路并联后的总导纳为

$$Y = Y_1 + Y_2 = \frac{R_1}{R_1^2 + X_1^2} + \frac{R_2}{R_2^2 + X_2^2} + j\left(\frac{-X_1}{R_1^2 + X_1^2} + \frac{-X_2}{R_2^2 + X_2^2}\right) = G + jB$$

电路发生并联谐振的条件为 $B=0$。当各支路的 Q 值较高时，有 $|X_1| \gg R_1$，$|X_2| \gg R_2$，因此并联谐振条件可以简化为

$$X_1 + X_2 = 0 \quad \text{或} \quad X_1 = -X_2 \qquad\qquad （5.22）$$

也就是说，并联谐振电路发生谐振时，回路中所有元件电抗值的代数和为零。或者说一条支路的总电抗与另一条支路的总电抗大小相等、符号相反。

在谐振条件下，电纳 $B=0$，各支路的谐振电抗 $|X_{10}| \gg R_1$，$|X_{20}| \gg R_2$，此时并联谐振电路的总阻抗为

$$Z_0 = \frac{1}{Y_0} = \frac{X_{10}^2}{R_1 + R_2} = \frac{X_{20}^2}{R_1 + R_2} \qquad\qquad （5.23）$$

利用式（5.22）和式（5.23）可以解决一般并联谐振电路的计算问题。

思考题

1. 如果信号源的频率大于、小于及等于并联谐振回路的谐振频率，则回路将分别呈现何种性质？

2. 为什么称并联谐振为电流谐振？相同 Q 值的并联谐振电路，在长波段和短波段中，其通频带是否相同？

3. RLC 并联谐振电路的两端并联一个负载电阻 R_L 时，是否会改变电路的 Q 值？

 ## 5.3 正弦交流电路的最大功率传输

在正弦稳态电路中的某些技术领域里，需要负载从信号源获取最大功率，此时电路的参数和负载之间应具备什么关系呢？

在图 5.14 所示的电路中，$\dot{U}_S$ 和 $Z_S=R_S+jX_S$ 为等效电源的电压相量和复数形式的内阻抗，负载阻抗的复数形式为 $Z_L=R_L+jX_L$，此时流过负载的电流为

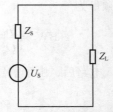

5-7 最大功率传输条件

图 5.14　最大功率传输原理电路

$$\dot{I} = \frac{\dot{U}_S}{Z_S + Z_L} = \frac{\dot{U}_S}{(R_S + R_L) + j(X_S + X_L)}$$

电流的有效值为

$$I = \frac{U_S}{\sqrt{(R_S + R_L)^2 + (X_S + X_L)^2}}$$

负载从电源获取的有功功率为

$$P_L = I^2 R_L = \frac{U_S^2 R_L}{(R_S + R_L)^2 + (X_S + X_L)^2}$$

当 R_L 不变时，若 $X_S+X_L=0$，则 P_L 有极大值，此时

$$P_{Lm} = \frac{U_S^2 R_L}{(R_S + R_L)^2}$$

如果要得到负载获取的最大功率，则可令 $\dfrac{\mathrm{d}P_L}{\mathrm{d}R_L}=0$，有

$$\frac{\mathrm{d}P_L}{\mathrm{d}R_L} = \frac{U_S^2 \left[(R_S + R_L)^2 - R_L \cdot 2(R_S + R_L) \right]}{(R_S + R_L)^4} = 0$$

解之得

$$R_S - R_L = 0$$

所以负载获取最大功率的条件是

$$\begin{cases} X_L = -X_S \\ R_L = R_S \end{cases} \quad 或 \quad Z_L = Z_S^* \ （ Z_S^* \ 为 \ Z_S \ 的共轭复数） \tag{5.24}$$

负载获取的最大功率为

$$P_L = \frac{U_S^2}{4R_S}$$ （5.25）

当负载为纯电阻时，使用同样的方法，可以得到负载获取最大功率的条件为

$$R_L = \sqrt{R_S^2 + X_S^2} = |Z_S|$$

负载获取的最大功率为

$$P_{max} = \frac{U_S |Z_S|}{\left(R_S + |Z_S|\right)^2 + X_S^2}$$

思考题

1. 在电源内阻抗不同的条件下，负载获得最大功率的条件各是什么？
2. 当电源内阻抗为感性阻抗而负载为纯电阻时，怎样才能使负载电阻获得最大的功率？

 ## 5.4 谐振电路的应用

谐振电路的应用主要体现在以下几个方面。

1. 用于信号的选择

信号在传输的过程中，不可避免地会受到一定的干扰，使信号中混入了一些不需要的干扰信号。利用谐振的特性，可以将大部分干扰信号滤除。

在图 5.15 中，设信号频率为 f_0，远离信号频率的干扰频率为 f_1，将串联谐振电路和并联谐振电路的谐振频率都调整为 f_0。当信号传送过来时，因为并联谐振电路对频率 f_0 的信号阻抗大，而串联谐振电路对频率 f_0 的信号阻抗小，所以频率为 f_0 的信号可以顺利地传送到输出端；对于干扰频率 f_1，并联谐振电路对其

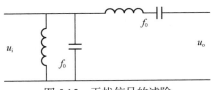

图 5.15　干扰信号的滤除

阻抗小，而串联谐振电路对其阻抗大，所以只有很小的干扰信号被送到输出端，干扰信号被大大削弱了，达到了滤除干扰信号的目的。例如，对于电视机中的全电视信号，在同步分离后送往鉴频器或预视放电路前，要经过滤波，取出需要的信号频率，而将其他无用频率滤除。

2. 用于元件的测量

利用谐振的特性可以测量电抗型元件集的总参数，Q 表就是一个典型的例子，其电路原理图如图 5.16 所示。

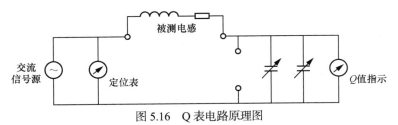

图 5.16　Q 表电路原理图

首先调整信号源的频率和大小，使定位表指示在规定的数值上。接入被测电感，调整电容器的容量大小，使电路发生谐振。因为信号源的频率不再改变，所以电容器的变化量和被测电感之间有一一对应的关系。通过谐振状态时电容器两端的电压和信号源电压的关系，可以测量出电感上 Q 值的大小及电感量的大小。当被测电感上接一个标准电感时，也可以用来测量电容器的电容量。

3. 提高功率的传输效率

利用在谐振状态下电感的磁场能量与电容器的电场能量可实现完全转换这一特点，电源输出的功率全部消耗在负载电阻上，从而实现最大功率的传送。

思考题

1. 说一说谐振电路通常用于哪些场合。
2. 谐振电路能否用于电力系统？为什么？

小结

1. 谐振现象是同时含有电感 L 和电容 C 的正弦交流电路中的一种特殊现象。当电路满足一定条件时，电路的端电压和总电流同相，电路呈现纯电阻性。通过调节电源频率或改变电抗元件的参数可使电路达到谐振。

2. 串联谐振的特点如下：电路的阻抗最小，电流最大，在电感和电容元件两端出现过电压现象。串联谐振发生的条件是 $\omega_0 L = \dfrac{1}{\omega_0 C}$，谐振频率为 $f_0 = \dfrac{1}{2\pi\sqrt{LC}}$。

3. 串联谐振电路的品质因数等于谐振时线圈的感抗和电阻的比值，即 $\dfrac{\omega_0 L}{R}$。品质因数越高，电路的选择性越好，但不能无限制地加大品质因数，否则通频带会变窄，致使接收的信号产生失真。

4. 并联谐振的特点如下：电路呈现高阻抗特性，即 $|Z_0| = \dfrac{L}{RC}$，因此电流最小，在电感和电容支路上出现过电流现象。并联谐振频率与串联谐振的频率相似，即 $f_0 = \dfrac{1}{2\pi\sqrt{LC}}$。

5. 并联谐振电路的品质因数等于并联谐振等效电路中电阻 R 与线圈电抗的比值，即 $Q = \dfrac{R}{\omega_0 L}$。品质因数越高，电路的选择性就越好。如果并联谐振电路与低内阻的信号电压源相连，则由于信号电压源内阻的影响，会使电路的品质因数大大降低。所以，并联谐振电路只适用于高内阻信号。

6. 正弦交流电路中负载获得最大功率的条件是 $X_L = -X_S$，$R_L = R_S$ 或 $Z_L = Z_S^*$。

能力检测题

一、填空题

1. RLC 串联电路出现_____与_____同相的现象时称为电路发生了串联谐振。串联谐振时，电路中的_____最小，且等于电路中的_____，电路中的_____最大，动态元件 L 和 C 两端的电压是路端电压的_____倍，谐振电路的特性阻抗 $\rho =$_____。

2. 电路发生并联谐振时，电路中的_____最大，且呈_____性质，_____最小，且与_____同相位，动态元件 L 和 C 两条支路的电流是输入总电流的_____倍。

3. 谐振电路的品质因数 Q 值越大，电路的_____越好，谐振曲线的顶部越_____，但会使_____变窄，造成接收信号部分频率丢失而产生失真。

4. 并联谐振回路的通频带与回路的品质因数成_____，与谐振频率成_____。

5. 实际的并联谐振电路中，其信号源总是存在内阻的。因此，在电路接入信号源后，电路中的_____就会减小，_____因此减小，但是电路的_____变宽。

二、判断题

1. 串联谐振电路在谐振发生时，电路中的阻抗最大、电流最小。　　　　　（　　　）

2. 信号传输中可利用谐振特性构成各种滤波电路，将大部分干扰信号滤除。　（　　　）

3. 串联谐振发生时，动态元件 L 和 C 两端的电压可达到总电压的 Q 倍。　（　　　）

4. 若正弦交流电路中出现了阻抗最小、电流最大的现象，则电路一定发生了谐振。
　　　　　　　　　　　　　　　　　　　　　　　　　　　　　　　　（　　　）

5. 谐振时的频率只与动态元件的参数有关，与电路中的电阻无关。　　　　（　　　）

6. 谐振电路的品质因数越高，选择性越好，因此谐振电路中的 Q 值越大越好。（　　　）

7. 并联谐振时呈高阻特性，因此电路向电源取用的电流很小，支路电流也很小。
　　　　　　　　　　　　　　　　　　　　　　　　　　　　　　　　（　　　）

8. 并联谐振电路与串联谐振电路的特性截然不同，因此它们的谐振频率差别很大。
　　　　　　　　　　　　　　　　　　　　　　　　　　　　　　　　（　　　）

9. 谐振电路通频带较窄时可造成信号的失真，因此通频带选择越宽越好。　（　　　）

10. 谐振状态下 L 和 C 的能量可实现完全转换，从而使电路实现最大功率的传输。
　　　　　　　　　　　　　　　　　　　　　　　　　　　　　　　　（　　　）

三、单项选择题

1. 谐振电路中，品质因数 Q 对选择性和通频带的影响是（　　　）。

　　A. 品质因数 Q 值越大，电路选择性越好，通频带越宽

　　B. 品质因数 Q 值越大，电路选择性越好，通频带越窄

　　C. 品质因数 Q 值越大，电路选择性越差，通频带越窄

2. 在 RLC 串联谐振电路中，已知 $Q=100$，路端电压 $U_S=30\text{mV}$，则 $U_L=$（　　　）。

　　A. 30mV　　　　　　　B. 30V　　　　　　　C. 3V

3. 电子技术中，并联谐振电路两端并联一个电阻后，回路的通频带将会（　　　）。

　　A. 变窄　　　　　　　B. 展宽　　　　　　　C. 不变

4. 串联谐振电路的特征是（　　　）。

　　A. 电路中总阻抗最小，电流最大，L 和 C 两端的电压为零

　　B. 电路中总阻抗最小，电流最大，L 和 C 两端的电压是总电压的 Q 倍

　　C. 电路中总阻抗最小，电流最大，L 和 C 两端的电压等于总电压

5. 并联谐振电路的特征是（　　　）。

　　A. 电路呈现的阻抗最大，总电流最小，L 和 C 支路的电流为零

　　B. 电路呈现的阻抗最大，总电流最小，L 和 C 支路的电流是总电流的 Q 倍

　　C. 电路呈现的阻抗最小，总电流最大，L 和 C 支路的电流是总电流的 Q 倍

四、简答题

1. 何谓串联谐振电路的电流谐振曲线？说明品质因数 Q 值的大小对谐振曲线的影响。

2. 谐振电路的通频带是如何定义的？它与哪些量有关？

3. 某 RLC 串联电路处于谐振状态，当改变电路参数 R、L 或 C 时，电路的性质是否有改变？为什么？

4. 串联谐振电路和并联谐振电路的品质因数计算式是否相同？电路发生并联谐振时具有什么特征？

五、分析计算题

1. 在 RLC 串联回路中，电源电压为 5mV，试求回路谐振时的频率、谐振时元件 L 和 C 上的电压，以及回路的品质因数。

2. 一个串联谐振电路的特性阻抗为 100Ω，品质因数为 100，谐振时的角频率为 1 000rad/s，试求 R、L 和 C 的值。

3. 一个线圈与电容串联后加 1V 的正弦交流电压，当电容为 100pF 时，电容两端的电压为 100V 且最大，此时信号源的频率为 100kHz，求线圈的品质因数和电感量。

4. 有 L=100μH、R=20Ω 的线圈和一电容 C 并联，调节电容的大小使电路在 720kHz 时发生谐振，问此时电容多大？回路的品质因数为多少？

5. 一个电阻为 12Ω 的电感线圈，品质因数为 125，与电容器相连后构成并联谐振电路，当再并联上一只 100kΩ 的电阻时，电路的品质因数降低为多少？

6. 在 RLC 串联电路中，已知 L=100mH，R=3.4Ω，电路在输入信号频率为 400Hz 时发生谐振，求电容的电容量和回路的品质因数。

7. 一个正弦交流电源的频率为 1 000Hz，U=10V，R_S=20Ω，L_S=10mH，问负载为多大时可以获得最大的功率？最大功率为多少？

8. 一个 R=13.7Ω、L=0.25mH 的电感线圈，与 C=100pF 的电容器分别接成串联和并联谐振电路，求谐振频率和两种谐振情况下电路呈现的阻抗。

第6章 耦合电路和变压器

知识 导图

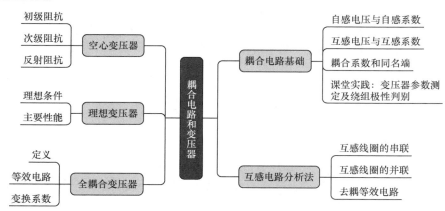

工程实际应用中，常常根据互感在电路中的影响来利用互感传送信号。含有互感的交流电路的分析方法与前面所讲的无互感正弦交流电路的分析方法大相径庭。本章将主要讨论正弦交流电路中的磁耦合现象，含有耦合电感的交流电路中电压、电流的关系，在此基础上分析具有互感的正弦交流电路的分析与计算，介绍空心变压器、理想变压器、全耦合变压器的概念及其电路特点。

知识 目标

了解互感的含义，掌握具有互感的两个线圈中电压与电流的关系；理解同名端的概念，掌握互感线圈串、并联的计算及互感的等效；理解空心变压器、理想变压器和全耦合变压器的概念；熟悉含有理想变压器电路的计算方法，理解全耦合变压器的变比与理想变压器变比的差别；掌握全耦合变压器在电路中的分析处理方法。

能力 目标

通过课堂实践环节进一步掌握互感与自感的区别与联系，学会用实验的方法判断同名端和掌握互感电路的简单计算。

6.1 耦合电感电路基础

通电线圈之间通过彼此的磁场相互影响、相互联系的现象称为磁耦合。具有磁耦合的两个或两个以上的线圈简称耦合电感。

6.1.1 自感电压与自感系数

存在磁耦合关系的两个通电线圈称为耦合线圈或互感线圈，如图 6.1 所示。

由法拉第电磁感应定律可知，当电感线圈中通过的电流发生变化时，必然在该线圈中引起感应电压，因为此感应电压产生的原因是由本线圈中电流的变化引起的，所以称为自感电压。当自感电压与本线圈中变化的电流之间参考方向关联时，两个线圈中的自感电压可写作

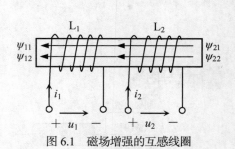

图 6.1　磁场增强的互感线圈

$$u_{L1} = L_1 \frac{\mathrm{d}i_1}{\mathrm{d}t} \quad , \quad u_{L2} = L_2 \frac{\mathrm{d}i_2}{\mathrm{d}t}$$

自感电压的相量表达式为

$$\dot{U}_{L1} = \mathrm{j}\dot{I}_1 X_{L1} \quad , \quad \dot{U}_{L2} = \mathrm{j}\dot{I}_2 X_{L2}$$

自感电压中的 L_1 和 L_2 称为耦合电感的自感系数，其大小表明了耦合电感线圈建立磁场的能力，定义式为

$$L_1 = \frac{\psi_1}{i_1} \quad , \quad L_2 = \frac{\psi_2}{i_2}$$

式中，ψ 称为磁链，$\psi = N\Phi$，即电流在 N 匝线圈中产生的磁通总量，磁链的单位和磁通量 Φ 相同，都是韦伯（Wb）；式中的电流单位取安培（A），自感系数的单位是亨利（H）。

对于线性电感而言，自感系数通常确定不变，因此电流产生磁链的多少取决于通过线圈的电流，自感电压的大小取决于线圈电流的变化率。

6-1 互感现象

6.1.2 互感电压与互感系数

相邻线圈中的电流变化使本线圈中穿过的磁通量发生变化，从而在本线圈中引起的电磁感应现象称为互感，由互感现象而产生的感应电压称为互感电压。

设图 6.1 中的两个互感线圈的匝数分别为 N_1 和 N_2，当线圈 L_1 通以交变的电流 i_1，i_1 产生的交变磁链 ψ_{11} 穿过线圈 L_1 时，在 L_1 中必将引起自感电压 u_{L1}；交变磁链 ψ_{11} 中有相当一部分（ψ_{21}）同时要穿过线圈 L_2，交变的 ψ_{21} 同样会在线圈 L_2 中产生互感电压 u_{M2}。同理，当线圈 L_2 通以交变的电流 i_2，i_2 产生的交变磁链 ψ_{22} 穿过线圈 L_2 时，必将在 L_2 中引起自感电压 u_{L2}；交变磁链 ψ_{22} 中相当一部分（ψ_{12}）还要穿过线圈 L_1，交变的 ψ_{12} 同样会在线圈 L_1 中产生互感电压 u_{M1}。为讨论问题的方便，规定两个线圈的端电压与通过线圈的电流采取关联参考方向，各线圈中的电流和由电流产生的磁链符合右手螺旋定则。

各磁链与电流的关系如下：$\psi_{11}=L_1 i_1$，$\psi_{22}=L_2 i_2$，$\psi_{21}=M_{21} i_1$，$\psi_{12}=M_{12} i_2$。

式中，$M_{21}=M_{12}$，是两个线圈之间的互感系数，简称互感，互感系数的单位与自感系数的单位相同，都是亨利（H）。对两个相互之间具有互感的线圈来讲，它们互感系数的大小是相同的，即

$$M = M_{12} = \frac{\psi_{12}}{i_2} = M_{21} = \frac{\psi_{21}}{i_1} \qquad (6.1)$$

显然，互感系数 M 的大小不但与两个线圈的几何尺寸、线圈的匝数、线圈所处位置媒质的磁导率有关，还与两个互感线圈之间的相互位置有关。

由上述讨论可知，两个具有互感的线圈，当通过它们的电流是交变电流时，两个互感线圈的端电压 u_1 和 u_2 显然都是自感电压和互感电压的叠加。图 6.1 中，两个线圈的端电压为

$$u_1 = L_1 \frac{\mathrm{d}i_1}{\mathrm{d}t} + M \frac{\mathrm{d}i_2}{\mathrm{d}t}$$

$$u_2 = L_2 \frac{\mathrm{d}i_2}{\mathrm{d}t} + M \frac{\mathrm{d}i_1}{\mathrm{d}t}$$

6-2 互感电压
和互感系数

相应的相量形式为

$$\dot{U}_1 = \mathrm{j}\dot{I}_1 X_{L1} + \mathrm{j}\dot{I}_2 X_M$$

$$\dot{U}_2 = \mathrm{j}\dot{I}_2 X_{L2} + \mathrm{j}\dot{I}_1 X_M$$

图 6.1 中的两个互感电压前面之所以在方程式中取"+"号，是因为 i_1、i_2 产生的磁链方向一致，即互感磁链与自感磁链的方向相同，它们的磁场相互加强。

若改变线圈 L_2 中电流 i_2 的方向，如图 6.2 所示，则线圈 L_2 两端的电压也随之发生改变，因为它们之间总是取关联参考方向。

观察图 6.2 可知，两个线圈中电流产生的磁链方向相反，因此互感磁场削弱自感磁场，互感线圈的电压方程为

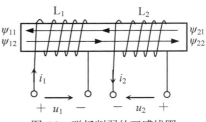

图 6.2　磁场削弱的互感线圈

$$u_1 = L_1 \frac{\mathrm{d}i_1}{\mathrm{d}t} - M \frac{\mathrm{d}i_2}{\mathrm{d}t}$$

$$u_2 = L_2 \frac{\mathrm{d}i_2}{\mathrm{d}t} - M \frac{\mathrm{d}i_1}{\mathrm{d}t}$$

相应的相量形式为

$$\dot{U}_1 = \mathrm{j}\dot{I}_1 X_{L1} - \mathrm{j}\dot{I}_2 X_M$$

$$\dot{U}_2 = \mathrm{j}\dot{I}_2 X_{L2} - \mathrm{j}\dot{I}_1 X_M$$

从上述讨论可知，对于两个具有互感的线圈，通常它们的端电压是由两部分构成的，一部分是自感电压，另一部分是互感电压。实际工程应用中，为了使小电流获得强磁场，总是把两个互感线圈按照磁场增强的原则相连接。

*6.1.3　耦合系数和同名端

1. 耦合系数

所谓"耦合"，是指具有互感的两个线圈之间磁场的联系和影响。当两个互感线圈平行且距离较近时，它们之间的磁场联系紧密，漏磁通较小，互感磁链和自感磁链的数值相近，互感电压较大；当两个线圈距离较远或线圈轴线相互垂直时，它们之间的磁场联系疏松，漏磁通较大，互感电压较小或为零。显然，漏磁通的多少表明了两个互感线圈之间耦合的紧密程度。

6-3　耦合系数和同名端

两个互感线圈耦合的松紧程度在工程实际中用耦合系数 K 表示，即

$$K = \frac{M}{\sqrt{L_1 L_2}} \tag{6.2}$$

通常一个线圈产生的磁通不能全部穿过另一个线圈，但是当漏磁通很小且可忽略不计时，耦合系数 $K=1$，称为全耦合；若两个线圈之间无互感，则 $M=0$，$K=0$。因此，耦合系数 K 的取值是 $0 \leqslant K \leqslant 1$。

2. 同名端

图 6.1、图 6.2 均标明了互感线圈的绕向，因此确定互感电压的符号较为简单。工程实际应用中，线圈通常密封在铁壳内，无法看到其绕向，在电路图中也不会画出线圈绕向，为了解决这一问题，电路中通常采用"同名端"标记来表示绕向一致的线圈端子。

图 6.3（a）中，绕向一致的两个端子用"•"作为同名端标记。

图 6.3（b）中，两个互感线圈看不到绕向，但是由图 6.1 和图 6.2 可知，当两个互感线圈的电流同时由同名端流入（或流出）时，两个互感线圈的磁场彼此增强；如果两个互感线圈的电流流入端子不是同名端，则它们的磁场彼此削弱。假设图 6.3（b）中两个电流的磁场是彼此增强的，则可判断端子 1 和端子 2 是一对同名端，采用"*"作为同名端标记。显然，端子 1′和端子 2′也是一对同名端。

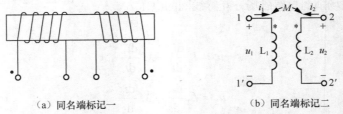

（a）同名端标记一　　　　　　（b）同名端标记二

图 6.3　两个线圈的绕向与同名端的关系

课堂实践：变压器参数测定及绕组极性判别

一、空载实验原理图

利用空载实验可以测出变压器的变压比（简称变化）：$\dfrac{U_1}{U_{20}} = n$。空载实验应在低压侧进行，即低压端接电源，高压端开路。单相变压器空载实验原理图如图 6.4 所示。

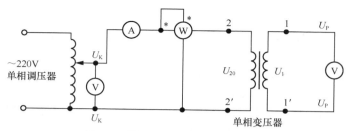

图 6.4　单相变压器空载实验原理图

二、空载实验步骤

（1）按图 6.4 连线，注意单相调压器旋柄处于零位，经检查无误后才能闭合电源开关。

（2）用电压表观察 U_K 读数，调节单相调压器，使 U_K 读数逐渐升高到变压器额定电压的 50%。

（3）读取变压器 U_{20} 和 U_1 的电压值，记录在表 6.1 中，计算出变压器的变比。

（4）继续升高电压至额定值的 1.2 倍，然后逐渐降低电压，把空载电压 U_0（电压表读数）、空载电流 I_0（电流表读数）及空载损耗 P_0（功率表的读数）记录下来，要求在 0.3～1.2 倍额定电压的范围内读取 6 或 7 组数据，并将其记录在表 6.1 中。

表 6.1　空载实验数据

序号	实验数据					计算数据		
	U_0/V	I_0/A	U_{20}/V	U_1/V	P_0/W	U_0^*	I_0^*	$\cos\varphi_0$
1								
2								
3								
4								
5								
6								

表中：$U_0^* = U_0/U_N$，$I_0^* = I_0/I_N$，$\cos\varphi_0 = P_0/U_0I_0$。

注意：① 空载实验在升压过程中要单方向调节，避免磁滞现象带来的影响；
② 不要带电作业，有问题要先切断电源，再进行操作。

三、短路实验原理图

单相变压器短路实验原理图如图 6.5 所示。

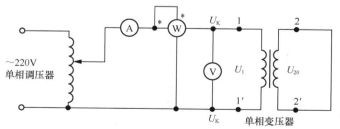

图 6.5　单相变压器短路实验原理图

短路实验一般在高压侧进行，即高压端经调压器接电源，低压端直接短路。

四、短路实验步骤

（1）为避免出现过大的短路电流，在接通电源之前，必须先将调压器调至输出电压为零的位置，才能合上电源开关。

（2）电压从零开始增加，调节过程要非常缓慢，开始时稍加一个较低的小电压，检查各仪表是否正常。

（3）各仪表正常后，逐渐缓慢地增加电压数值，并监视电流表的读数，使短路电流升高至额定值的 1.1 倍，把各表读数记录在表 6.2 中。

（4）缓慢逐次降低电压，直至电流减小至额定值的二分之一。在从 $1.1I_N$ 向 $0.5I_N$ 调节的过程中读取电流表（一次侧电流 I_D）、电压表（一次侧电压 U_D）及功率表的读数（$P_0=P_{Fe}+P_{Cu}$）的 5 或 6 组数据，包括额定电流 I_N 点对应的各电表数值，并将其记录在表 6.2 中。

表 6.2　短路实验数据

序号	实验数据			计算数据
	U_D/V	I_D/A	P_0/W	$\cos\varphi_0$
1				
2				
3				
4				
5				

注意：短路实验应尽快进行，否则绕组过热，绕组电阻增大，会带来测量误差。

五、绕组同极性端判别实验原理图

变压器绕组同极性端判别实验原理图如图 6.6 所示。

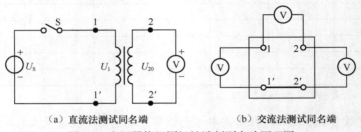

（a）直流法测试同名端　　　　　（b）交流法测试同名端

图 6.6　变压器绕组同极性端判别实验原理图

变压器的同极性端（同名端）是指通过各绕组的磁通发生变化时，在某一瞬间，各绕组上感应电压极性相同的端钮。根据同极性端钮，可以正确连接变压器绕组。

六、绕组同极性端判别实验步骤

1. 直流法测试同名端

（1）按照图 6.6（a）接线。直流电压的数值根据实验变压器的不同而选择合适的值，一般可选择 6V 以下数值。直流电压表先选择 20V 量程，注意其极性。

（2）电路连接无误后，闭合电源开关，在 S 闭合瞬间，一次侧电流由无到有，必然在一次侧绕组中引起感应电压 u_{L1}，根据楞次定律判断 u_{L1} 的方向，其应与一次侧电流方向关联；S 闭合瞬间，交变的一次侧电流产生的交变磁通不但穿过一次侧，而且会由于磁耦合同时穿过二次侧，因此在二次侧也会引起一个互感电压 u_{M2}，u_{M2} 的极性可由接在二次侧的直流电压表的偏转方向而定：当电压表正向偏转时，极性电压表标定的极性一致；如指针反偏，则表示 u_{M2} 的极性与电压表上标定的极性相反。

（3）把测试结果填写在自制的表格中。

2. 交流法测试同名端

（1）按照图 6.6（b）接线。可在一次侧接交流电压源，电压的数值根据实验变压器的不同而选择合适的值。

（2）实验原理图中 $1'$ 和 $2'$ 之间的黑色实线表示将变压器两侧的一对端子进行串联，可串联在两侧任意一对端子上。

（3）连接无误后接通电源。用电压表分别测量绕组的一次侧电压、二次侧电压和总电压。如果测量结果为 $U_{12} = U_{11'} + U_{2'2}$，则导线相连的一对端子为异名端；若测量结果为 $U_{12} = U_{11'} - U_{2'2}$，则导线相连的一对端子为同名端。

（4）把测试结果填写在自制的表格中。

七、实验思考题

（1）变压器进行空载实验时，连接原则有哪些？短路实验时，连接原则有哪些？

（2）用直流法和交流法测得变压器绕组的同名端是否一致？为什么要研究变压器的同极性端？其意义如何？

（3）你能从变压器绕组引出线的粗细区分初级绕组和次级绕组吗？

思考题

1. 自感系数和互感系数的大小各取决于哪些因素？
2. 耦合系数 $K=1$ 和 $K=0$ 各表示两个线圈之间怎样的关系？
3. 两个有互感的线圈，一个线圈两端接直流电压表，当另一个线圈与直流电源相接通的瞬间，电压表指针正偏，试判断同名端。

 6.2 互感电路的分析方法

6.2.1 互感线圈的串联

具有互感的两个线圈在串联连接时有两种情况：一种是互感线圈中间连接的两个线圈端子为一对异名端，如图 6.7（a）所示，这样的连接方法称为顺接串联；另一种是互感线圈中间连接的两个线圈端子为一对同名端，如图 6.7（b）所示，这种接法为反接串联。

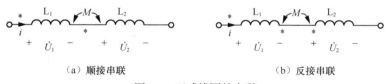

（a）顺接串联　　　　　　　　　　（b）反接串联

图 6.7　互感线圈的串联

设图 6.7（a）中顺接串联的两个互感线圈的电感量分别为 L_1 和 L_2，它们之间的互感系数为 M。由于顺接串联时两个互感线圈的磁场彼此增强，因此，该串联线圈电路的端电压为

$$\dot{U} = \dot{U}_1 + \dot{U}_2 = (j\omega L_1 \dot{I} + j\omega M \dot{I}) + (j\omega L_2 \dot{I} + j\omega M \dot{I})$$

$$= j\omega(L_1 + L_2 + 2M)\dot{I}$$

$$= j\omega L_{顺}\dot{I}$$

即顺接串联时，两个互感线圈的等效电感量为

$$L_{顺}=L_1+L_2+2M \tag{6.3}$$

对于图 6.7（b）中反接串联的两个互感线圈，因为电流从两个线圈的异名端流入，所以自感电压的极性与互感电压的极性相反，它们彼此削弱，此时的电路端电压为

$$\dot{U} = \dot{U}_1 + \dot{U}_2 = (j\omega L_1 \dot{I} - j\omega M \dot{I}) + (j\omega L_2 \dot{I} - j\omega M \dot{I})$$

$$= j\omega(L_1 + L_2 - 2M)\dot{I}$$

$$= j\omega L_{反}\dot{I}$$

即反接串联时，两个互感线圈的等效电感量为

$$L_{反}= L_1+L_2-2M \tag{6.4}$$

由以上分析可知，具有互感的两个线圈在顺接串联时的等效电感 $L_{顺}$ 大于无互感情况下两个线圈的等效电感 $L=L_1+L_2$；反接串联时的等效电感 $L_{反}$ 小于无互感情况下两个线圈的等效电感 $L=L_1+L_2$。这一结论可用来判断两个线圈的同名端。

工程实际中，为了获取小电流下的强磁场，当需要互感线圈串联时，通常采取顺向串联的方法；在去耦电路中，通常采取反向串联的方法。

6.2.2 互感线圈的并联

具有互感的两个线圈相并联时也有两种情况：一种是把两个互感线圈的两对同名端分别接在端口的两个端钮上，称为同侧相并，如图 6.8（a）所示；另一种是分别把同名端接在端口的异侧端钮上，称为异侧相并，如图 6.8（b）所示。

6-5 互感线圈
的并联

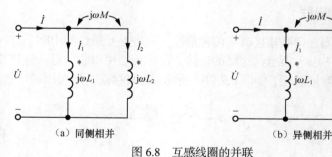

（a）同侧相并　　　　　　　　（b）异侧相并

图 6.8　互感线圈的并联

根据图 6.8（a）所示电路中各量的参考方向，可列出电压、电流方程组

$$\begin{cases} j\omega L_1 \dot{I}_1 + j\omega M \dot{I}_2 = \dot{U} \\ j\omega L_2 \dot{I}_2 + j\omega M \dot{I}_1 = \dot{U} \end{cases}$$

$$\dot{I} = \dot{I}_1 + \dot{I}_2$$

联立求解方程组，可得输入阻抗

$$Z = \frac{\dot{U}}{\dot{I}} = \mathrm{j}\omega \frac{L_1 L_2 - M^2}{L_1 + L_2 - 2M}$$

因此，同侧相并时两个互感线圈的等效电感量为

$$L_{\text{同}} = \frac{L_1 L_2 - M^2}{L_1 + L_2 - 2M} \tag{6.5}$$

同理，可推出图 6.8（b）电路的等效电感为

$$L_{\text{异}} = \frac{L_1 L_2 - M^2}{L_1 + L_2 + 2M} \tag{6.6}$$

工程实际中需要把两个互感线圈相并时，通常采取同侧相并的方法增大线圈电路的电抗，以减小通过线圈的电流。

6-6　互感线圈的
T 型去耦等效法

6.2.3　互感线圈的去耦等效电路

对含有耦合电感的正弦交流电路进行分析时，关键是如何处理互感和互感电压，若能正确解决这一问题，耦合电感电路的分析就与前面所讲的一般正弦交流电路完全相同了。互感电路通过一定的方法消除了互感后的等效电路，称为去耦等效电路。

实际应用中，去耦方法不同，所得的去耦等效电路也各不相同。如两个互感耦合线圈串联或并联时，用它们的串联或并联等效电感代替耦合电感后所得的电路即为去耦电路。

当两个耦合电感线圈只有一个公共端，它们的另一端接其他元件形成一个多端电路时，可以根据耦合关系写出各线圈两端的电压，但为了分析方便，通常利用去耦等效法将其转换为无互感电路。以图 6.9 所示电路为例，说明互感线圈的 T 型**去耦等效法**。

图 6.9（a）所示电路为一个四端口网络，两个互感线圈的一对同名端连在一起，左、右两端口电压分别为

$$u_1 = L_1 \frac{\mathrm{d}i_1}{\mathrm{d}t} + M \frac{\mathrm{d}i_2}{\mathrm{d}t}, \quad u_2 = L_2 \frac{\mathrm{d}i_2}{\mathrm{d}t} + M \frac{\mathrm{d}i_1}{\mathrm{d}t}$$

对上述两式进行变换，可得到如下方程：

$$u_1 = (L_1 - M) \frac{\mathrm{d}i_1}{\mathrm{d}t} + M \frac{\mathrm{d}(i_1 + i_2)}{\mathrm{d}t}, \quad u_2 = (L_2 - M) \frac{\mathrm{d}i_2}{\mathrm{d}t} + M \frac{\mathrm{d}(i_1 + i_2)}{\mathrm{d}t}$$

根据这两个电压方程，可得到图 6.9（b）所示的 T 型去耦等效电路。在此去耦等效电路中，各电感元件相互之间不再具有互感作用，它们的等效电感量分别为 $L_1{-}M$、$L_2{-}M$ 和 M，这 3 个无互感线圈连接成 T 型结构形式，因此称为互感线圈的 T 型去耦等效电路。

注意：图 6.9（b）所示电路与图 6.9（a）所示电路相比较，原来具有互感的 L_1 和 L_2 的位置由 $L_1{-}M$ 和 $L_2{-}M$ 取代，而由 L_1 和 L_2 同名端相连接的一端多了一个电感量为 M 的电感元件，这种去耦等效法实现的等效电路的参数只与同名端有关。

对图 6.9（c）所示的二端口网络，两个互感线圈的一对异名端连在一起，左、右两端口电压分别为

$$u_1 = L_1 \frac{\mathrm{d}i_1}{\mathrm{d}t} - M \frac{\mathrm{d}i_2}{\mathrm{d}t}, \quad u_2 = L_2 \frac{\mathrm{d}i_2}{\mathrm{d}t} - M \frac{\mathrm{d}i_1}{\mathrm{d}t}$$

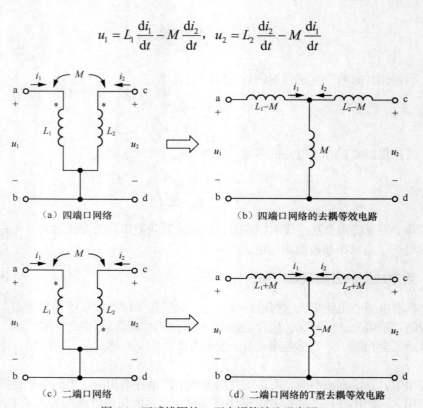

图 6.9　互感线圈的 T 型去耦等效法示意图

对上述两式进行变换，可得到如下方程：

$$u_1 = (L_1 + M) \frac{\mathrm{d}i_1}{\mathrm{d}t} - M \frac{\mathrm{d}(i_1 + i_2)}{\mathrm{d}t}$$

$$u_2 = (L_2 + M) \frac{\mathrm{d}i_2}{\mathrm{d}t} - M \frac{\mathrm{d}(i_1 + i_2)}{\mathrm{d}t}$$

　　根据两个电压方程，可得到如图 6.9（d）所示的 T 型去耦等效电路。在此去耦等效电路中，各电感元件相互之间不再具有互感作用，它们的等效电感量分别为 L_1+M、L_2+M 和 $-M$，这 3 个无互感线圈也连接成 T 型去耦等效电路。

　　显然，当互感线圈的一对同名端相连时，和它们的一对异名端相连时的 T 型等效电路相比较，其中的各无互感元件的参数发生了变化。

　　例 6.1　求图 6.10（a）所示电路的输入阻抗。

　　依照去耦等效法，可直接画出例 6.1 电路的去耦等效电路，如图 6.10（b）所示，再根据此等效电路图写出去耦等效电路的复阻抗

$$Z = -\mathrm{j}\omega M + \frac{[R_1 + \mathrm{j}\omega(L_1 + M)][R_2 + \mathrm{j}\omega(L_2 + M)]}{[R_1 + \mathrm{j}\omega(L_1 + M)] + [R_2 + \mathrm{j}\omega(L_2 + M)]}$$

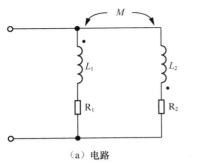
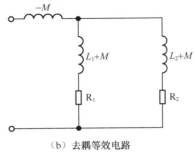

（a）电路 （b）去耦等效电路

图 6.10 例 6.1 电路与去耦等效电路

思考题

1. 互感线圈的串联和并联有哪几种形式？其等效电感分别为多少？
2. 画出互感线圈顺接串联的去耦等效电路，并根据去耦等效电路求出等效电感。
3. 画出互感线圈同名端并联的 T 型等效电路，并根据等效电路求出等效电感。

 ### 6.3 空心变压器

两个具有互感的线圈，一个线圈与电源相接，另一个线圈与负载相连，就构成一个最简单的变压器。变压器是通过互感来实现从一个电路向另一个电路传输能量或信号的器件。当变压器线圈的芯子为非铁磁材料时，称其为空心变压器。

6-7 空心变压器

空心变压器中的两个具有互感的线圈构成一个二端口网络，其中一个线圈端口与电源 u_S 相连，这个线圈称为变压器的原线圈或一次侧，也可以叫作变压器的初级；端口与负载 $|Z|_L$ 相连接的线圈称为变压器的副线圈或二次侧，也叫作变压器的次级。空心变压器的两个互感线圈绕在非磁性材料制作的芯子上，它们在电路上没有任何联系，通过两个线圈之间的磁耦合进行能量传递。空心变压器电路如图 6.11（a）所示。对空心变压器电路进行分析时，通常采用直接列写方程的方法。

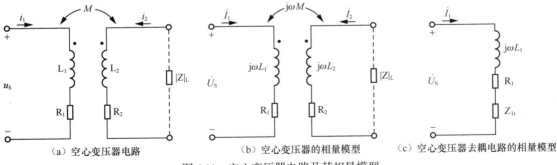

（a）空心变压器电路 （b）空心变压器的相量模型 （c）空心变压器去耦电路的相量模型

图 6.11 空心变压器电路及其相量模型

在空心变压器电路中，当信号源 u_S 接入电路后，初级线圈上产生电流 i_1，由于两个线圈之间存在互感，电流 i_1 不仅会在初级线圈产生自感电压，还会在次级线圈上产生互感电压；当次级回路与负载 $|Z|_L$ 相连接构成闭合通路时，互感电压将在次级回路中激发电流 i_2；i_2 通过互感又

会对初级回路产生影响，即在初级回路中引起互感电压。

在图 6.11（b）所示的空心变压器的相量模型中，初级回路总阻抗为 $Z_{11} = R_1 + \mathrm{j}\omega L_1$，当次级回路与负载相连时，次级回路总阻抗 $Z_{22} = R_2 + \mathrm{j}\omega L_2 + Z_\mathrm{L}$，根据图中电压、电流相量的参考方向，可写出初级和次级回路的电压相量方程式为

$$Z_{11}\dot{I}_1 + \mathrm{j}\omega M \dot{I}_2 = \dot{U}_\mathrm{s}$$

$$\mathrm{j}\omega M \dot{I}_1 + Z_{22}\dot{I}_2 = 0$$

联立方程式可解得

$$\dot{I}_1 = \frac{\dot{U}_\mathrm{s}}{Z_{11} + \dfrac{\omega^2 M^2}{Z_{22}}}$$

$$\dot{I}_2 = \frac{-\mathrm{j}\omega M \dot{I}_1}{Z_{22}}$$

令上式中的 $\dfrac{\omega^2 M^2}{Z_{22}} = Z_{1\mathrm{r}}$，称为次级回路对初级回路的反射阻抗。反射阻抗 $Z_{1\mathrm{r}}$ 反映了次级回路通过互感对初级回路产生的影响，把反射阻抗与初级回路相串联，可得到空心变压器去耦电路的相量模型，如图 6.11（c）所示。

注意：空心变压器反射阻抗的大小与同名端无关，且电抗性质与次级回路总阻抗 Z_{22} 的电抗性质相反。

例 6.2 空心变压器电路的相量模型如图 6.12（a）所示，求次级回路电流 $\dot{I}_2$。

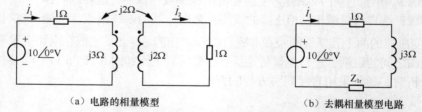

（a）电路的相量模型　　　　　　　　（b）去耦相量模型电路

图 6.12　例 6.2 电路的相量模型及去耦等效相量模型电路

解：首先计算空心变压器的反射阻抗，即

$$Z_{1\mathrm{r}} = \frac{\omega^2 M^2}{Z_{22}} = \frac{2^2}{1 + \mathrm{j}2} = \frac{4 - \mathrm{j}8}{5} = 0.8 - \mathrm{j}1.6\,(\Omega)$$

画出图 6.12（b）所示的去耦相量模型电路，根据此电路求初级电流，即

$$\dot{I}_1 = \frac{\dot{U}_\mathrm{s}}{Z_{11} + Z_{1\mathrm{r}}} = \frac{10\angle 0°}{1 + \mathrm{j}3 + 0.8 - \mathrm{j}1.6} = \frac{10\angle 0°}{2.28\angle 37.9°} \approx 4.39\angle -38°\,(\mathrm{A})$$

根据互感原理，次级回路电流应等于初级电流在次级产生的互感电压除以次级回路总阻抗，即

$$\dot{I}_2 = \frac{j\omega M \dot{I}_1}{Z_{22}} = \frac{j2 \times 4.39 \angle -38°}{1+j2} = \frac{8.78 \angle 52°}{2.24 \angle 63.4°} \approx 3.92 \angle -11.4° (A)$$

注意： 空心变压器的反射阻抗折合到一次侧时，是与一次侧回路相串联的，且反射阻抗的性质与二次侧回路总阻抗的性质相反。这一点实际上反映了空心变压器次级回路总是通过磁耦合向初级回路吸取电能的本质。

思考题

在图 6.11（a）中，若 i_2 的参考方向与图示参考方向对同名端不一致，则反射阻抗的表达式是否改变？

 ## 6.4　理想变压器

工程实际中的变压器大多是铁心的，这是因为铁心的磁导率很高，采用铁心可使两个互感线圈相互耦合的程度更紧，以减少变压器在能量传递过程中的损耗。

两个互感线圈绕制在同一铁心上，可构成一个最简单的铁心变压器。在实际工程概算中，为了简化计算，通常在误差允许的范围内，将铁心变压器作为一个无损耗的电压、电流、阻抗转换器，这种理想化的铁心变压器称为理想变压器。

6-8　理想变压器

6.4.1　理想变压器的条件

理想变压器在电路理论中也是一种基本的理想电路元件。

理想变压器的电路模型如图 6.13 所示。图中的 N_1、N_2 分别为理想变压器的初级线圈匝数和次级线圈匝数，而图中的 $n=N_2/N_1$ 称为匝数比，也称作变比。之所以叫作理想变压器，是指这个铁心变压器上不存在漏磁现象，无铜损、无铁损，并且变压器铁心的导磁能力非常强、趋近于无穷大而不需要电路提供能量产生铁心中的工作主磁通。

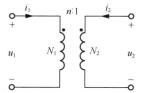

图 6.13　理想变压器的电路模型

因此，理想变压器应满足以下 3 个条件。

① 无损耗。

② 全耦合，即耦合系数 $K=1$。

③ 线圈的电感量 L_1、L_2 和互感量 M 均为无穷大，但 $\sqrt{\dfrac{L_1}{L_2}} = n$ 为常数。

显然，理想变压器与耦合电感在本质上已大相径庭。耦合电感是依据电磁感应原理工作的，需要 3 个参数 L_1、L_2 和 M 来描述，是动态元件；而理想变压器只需要一个变比 n 来描述，不再有电磁感应的痕迹，属于静态元件。理想变压器是电路的基本无源元件之一。工程实际中使用的铁心变压器，在精确度要求不高时，均可用理想变压器作为其电路模型进行分析与计算。

6.4.2 理想变压器的主要性能

1. 变压关系

理想变压器可以用来变换电压。设端口电压、电流的参考方向如图 6.13 所示：两个端口电压、电流方向关联且对同名端一致，此时端口电压 u_1 和 u_2 有效值之间的关系为

$$\frac{U_1}{U_2} = \frac{N_1}{N_2} = n \tag{6.7}$$

若图 6.13 中两个端口电压的参考方向对同名端不一致，则 u_1 和 u_2 的相位就会出现 $180°$ 的相位差。因此，变压器次级输出电压与初级输入电压可以同相，也可以反相，这取决于输出端的接法（对输入端口来讲，其电压、电流总是方向关联）。

2. 变流关系

理想变压器在电路中变换电压的同时可以变换电流。

因为理想变压器无损耗，所以电源送入变压器的功率与变压器输出的功率相等。根据图 6.13 的参考方向有 $u_1 i_1 = u_2 i_2$，则其变流的关系可描述为

$$\frac{I_2}{I_1} = \frac{U_1}{U_2} = n \tag{6.8}$$

由此得出结论：理想变压器初级与次级的电流有效值与其匝数成反比。

3. 变阻关系

理想变压器在电路中还可以变换阻抗。当理想变压器的次级接负载电阻（阻抗为 Z_L）时，有

$$Z_L = \frac{\dot{U}_2}{\dot{I}_2} = \frac{\frac{\dot{U}_1}{n}}{n\dot{I}_1} = \frac{1}{n^2}\frac{\dot{U}_1}{\dot{I}_1} = \frac{1}{n^2}Z_{1n} \tag{6.9}$$

或者

$$Z_{1n} = n^2 Z_L \tag{6.10}$$

式中，Z_{1n} 是负载电阻折合到初级线圈两端的等效阻抗，也是变压器次级回路阻抗在初级回路中的反映，因此也称作反射阻抗。

当理想变压器次级输出端短路时，$Z_L \to 0$，所以反射阻抗 $Z_{1n} \to 0$，即初级线圈也相当于短路；当理想变压器次级输出端开路时，$Z_L \to \infty$，所以 $Z_{1n} \to \infty$，初级线圈也相当于开路。

应当指出：理想变压器的 Z_{1n} 虽然也是次级阻抗在初级的反映，但它与空心变压器的反射阻抗有所不同。首先，空心变压器的反射阻抗 Z_{1r} 与初级回路的自阻抗 Z_{11} 相串联，共同构成互感电路的输入阻抗；而理想变压器的反射阻抗 Z_{1n} 是直接跨接于初级两端的，与初级相并联。其次，空心变压器次级对初级反射阻抗的性质与次级回路总阻抗的性质相反，而理想变压器反射阻抗的性质与负载阻抗的性质相同。

归纳：理想变压器有以下两个重要的基本性质。

① 理想变压器既不耗能，也不储能，任一时刻进入理想变压器的功率等于零。

② 当理想变压器次级回路阻抗是 Z_L 时，折合到初级回路的输入阻抗 $Z_{1n} = n^2 Z_L$。

例 6.3 电路如图 6.14（a）所示。当变比 n 为多大时，10Ω 电阻可获得最大功率？

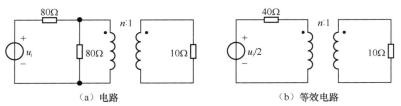

（a）电路　　　　　　　　　　　　（b）等效电路

图 6.14　例 6.3 电路与等效电路

解： 先将初级回路中的信号电压 u_i 和电阻部分利用戴维南定理求出其加在初级绕组两端的等效信号源，即

$$u_\mathrm{i}' = \frac{80u_\mathrm{i}}{80+80} = \frac{u_\mathrm{i}}{2} \quad \text{和} \quad R_\mathrm{S}' = 80 \mathbin{/\!/} 80 = 40(\Omega)$$

画出图 6.14（b）所示的等效电路图。根据负载获得最大功率的条件可知，当 $R_\mathrm{in} = R_\mathrm{S}'$ 时，负载可获得最大功率，即

$$n^2 R_\mathrm{L} = R_\mathrm{S}'$$

即有

$$n^2 = 40/10 = 2^2$$

可得

$$n = 2$$

当理想变压器的变比等于 2 时，10Ω 电阻上可获得最大功率。

思考题

1. 理想变压器必须满足什么条件？
2. 理想变压器具有什么性能？
3. 在图 6.14 所示的电路图中，若 $n=4$，则接多大的负载电阻可获得最大功率？

 ## 6.5　全耦合变压器

理想变压器与实际铁心变压器的差别较大。为了寻求一种比理想变压器更接近实际铁心变压器的电路模型，在理想变压器的基础上提出了全耦合变压器的概念。

6-9　全耦合
变压器

6.5.1　全耦合变压器的定义

当实际铁心变压器的损耗很小可以忽略，并且其初、次级线圈耦合很紧，漏磁通极小可忽略不计时，可用全耦合变压器作为其电路模型。

理想变压器的电感量和互感量都是无穷大，因此磁路工作时不需要电流激磁，显然，这一点和实际铁心变压器的差距比较大。全耦合变压器的电感量和互感量都是有限值，因此，全耦合变压器是一个满足理想变压器 3 个条件中前两个条件的变压器。在实际电路的分析中，全耦合变压器要比理想变压器更接近实际铁心变压器的情况。

6.5.2　全耦合变压器的等效电路

全耦合变压器的电压变换关系与理想变压器电压变换的依据相同。不同的是，全耦合变压器的输入电流包括两个分量：激磁电流 i_0；当次级电流 i_2 存在时而相应出现的初级电流 i_1'。因此，全耦合变压器的输入电流 $i_1 = i_0 + i_1'$。

图 6.15（a）虚框内是全耦合变压器的电路，与空心变压器符号的差别在于两个互感耦合线圈之间多了一个表示铁心的竖线。利用理想变压器反映阻抗的概念，可得到图 6.15（b）所示的全耦合变压器的等效电路及图 6.15（c）所示的等效电路。

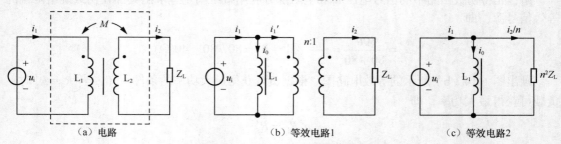

图 6.15　全耦合变压器的电路与等效电路

由图 6.15（a）到图 6.15（b），可看出 L_2 消失了，这是因为次级电流经过次级绕组时产生的磁动势与初级电流产生的磁动势相抵消后，仅剩下维持产生铁心工作主磁通的磁势。图 6.15（b）中出现的激磁电流 i_0 就已经含有 L_2 的作用，而 i_0 又是通过初级绕组的，因此，不必画出 L_2。换言之，图 6.15（b）所示等效电路与图 6.15（a）所示电路的差别反映了理想变压器和全耦合变压器的不同点，理想变压器的工作磁通不需要激磁，全耦合变压器的工作磁通需要电源提供电流激磁。根据理想变压器反射阻抗的概念，又可得出图 6.15（c）所示的等效电路图。

6.5.3　全耦合变压器的变换系数

全耦合变压器的 $K=1$，即 $M = \sqrt{L_1 L_2}$，所以

$$\frac{L_1}{L_2} = \frac{L_1 L_2}{L_2^2} = \frac{M^2}{L_2^2} \qquad (6.11)$$

根据自感和互感的定义

$$L_2 = \frac{N_2 \psi_{22}}{i_2}, \quad M = \frac{N_1 \psi_{21}}{i_2} = \frac{N_1 \psi_{22}}{i_2}$$

将上述关系代入式（6.11）可得

$$\frac{L_1}{L_2} = \frac{M^2}{L_2^2} = \frac{N_1^2 \dfrac{\psi_{22}^2}{i_2^2}}{N_2^2 \dfrac{\psi_{22}^2}{i_2^2}} = \frac{N_1^2}{N_2^2} = n^2$$

即全耦合变压器的变换系数为

$$n = \sqrt{\frac{L_1}{L_2}} \qquad (6.12)$$

例 6.4　在图 6.15（a）所示电路中，若负载阻抗 $Z_{\mathrm{L}}=1-\mathrm{j}2\Omega$，初级线圈感抗为 $\mathrm{j}2\Omega$，次级感抗为 $\mathrm{j}1\Omega$，输入电压 $\dot{U}_i=10\underline{/0°}\mathrm{V}$，求 $\dot{I}_1$。

解：根据全耦合变压器等效电路的分析方法，先计算图 6.15（c）所示等效电路的参数 $n^2 Z_{\mathrm{L}}$，由

$$n^2=\frac{\omega L_1}{\omega L_2}=\frac{2}{1}=2$$

则

$$n^2 Z_{\mathrm{L}}=2\times(1-\mathrm{j}2)=2-\mathrm{j}4=4.47\underline{/-63.4°}(\Omega)$$

$$Z_i=\frac{\mathrm{j}2\times 4.47\underline{/-63.4°}}{2-\mathrm{j}4+\mathrm{j}2}=\frac{8.94\underline{/26.6°}}{2.83\underline{/-45°}}\approx 3.16\underline{/71.6°}(\Omega)$$

$$\dot{I}_1=\frac{\dot{U}_i}{Z_i}=\frac{10\underline{/0°}}{3.16\underline{/71.6°}}\approx 3.16\underline{/-71.6°}(\mathrm{A})$$

思考题

1. 具备什么条件的变压器称作全耦合变压器？画出全耦合变压器的等效电路。

2. 一个全耦合变压器的初级线圈并联一电容 C，次级线圈接电阻 R_{L}，当初级线圈接理想电压源时，电路处于谐振状态，若改变匝数比 n 的值，则电路是否仍然谐振？为什么？

小结

1. 当流过一个线圈中的电流发生变化时，在相邻线圈中产生感应电压的现象叫作互感。

2. 在列写自感电压和互感电压的表达式时，自感电压的正负与端口电压和电流的参考方向是否关联有关：关联时取正，否则取负。互感电压的正负与电流的参考方向和同名端有关：电流都是流入同名端时，互感取正，否则取负。

3. 互感线圈串联时，若为顺接串联，等效电感为 L_1+L_2+2M；若为反接串联，等效电感为 L_1+L_2-2M。

4. 互感线圈并联时，若同侧相并，其等效电感为 $\dfrac{L_1 L_2-M^2}{L_1+L_2-2M}$；若异侧相并，其等效电感为 $\dfrac{L_1 L_2-M^2}{L_1+L_2+2M}$。

5. 当两个互感线圈只有一端连接时，可以采用 T 型去耦等效法进行分析，当两个互感线圈的一对同名端连接时，3 条支路的自感系数分别为 M、L_1-M、L_2-M；一对异名端连接时，3 条支路的自感系数分别为 $-M$、L_1+M、L_2+M。

6. 空心变压器由两个具有互感的耦合线圈构成。空心变压器的电路分析中，一般用反射阻抗 $\dfrac{\omega^2 M^2}{Z_{22}}$ 表示次级对初级回路的影响，初级对次级回路的影响用互感电压 $\mathrm{j}\omega M\dot{I}_1$ 表示，这样初、次级两个端口回路可以等效为无互感电路进行分析。

7. 理想变压器应具备无损耗、耦合系数 $K=1$、线圈的电感量和互感量为无穷大 3 个条件。

理想变压器具有变压特性——$U_1 = nU_2$、变流特性——$I_2 = nI_1$、变阻抗特性——$Z_{1n} = n^2 Z_L$。分析理想变压器电路时，应根据已知条件，利用其基本特性进行分析。

8. 全耦合变压器可以等效为一个由初级线圈确定的电感与一个理想变压器的并联组合，其中，理想变压器的匝数比 $n = \sqrt{\dfrac{L_1}{L_2}}$；全耦合变压器需满足无损耗、耦合系数 $K=1$、线圈的电感量为有限值 3 个条件。

能力检测题

一、填空题

1. 由穿过本线圈中的电流变化而在本线圈两端产生的感应电压称为_____电压；由相邻线圈中的电流变化而在本线圈两端产生的感应电压称为_____电压。

2. 当端口电压、电流为_____参考方向时，自感电压取正；当端口电压、电流参考方向为_____时，自感电压取负。

3. 两个线圈之间耦合的紧密程度可由_____的多少来表明，量化后可用_____K 表示。当两个互感线圈之间无互感时，$K=$_____；当两个互感线圈之间达到全耦合时，$K=$_____。

4. 两个具有互感的线圈，它们绕向一致的端子称为_____。

5. 两个全耦合的互感线圈，电感分别是 0.4H 和 1.6H，它们之间的互感系数是_____。当它们顺向串联时，其等效电感 $L_{顺}=$_____；当它们反向串联时，其等效电感 $L_{反}=$_____。

6. 理想变压器的变压比 $n=$_____，全耦合变压器的变压比的平方 $n^2=$_____。

7. 理想变压器应具备 3 个条件：①_____，②_____，③_____均为无穷大。

8. 当实际变压器的_____很小可忽略且耦合系数 $K=$_____，其线圈的电感量为有限值时，可用_____变压器作为其电路模型。

9. _____变压器和_____变压器相比，更接近实际铁心变压器。

10. 空心变压器的反射阻抗与初级回路相_____联，且与次级回路总阻抗的性质_____；理想变压器的反射阻抗与初级回路相_____联，性质与次级回路阻抗性质_____。

二、判断题

1. 由于线圈本身的电流变化而在线圈两端引起感应电压的现象称为互感。　　　（　　）

2. 两个相邻较近的线圈之间不可避免地存在互感。　　　（　　）

3. 由同一电流在两个线圈中引起的感应电压，极性始终保持一致的端子称为同名端。

　　　（　　）

4. 两个互感线圈感应电压的极性只与电流流向有关，与线圈绕向无关。　　　（　　）

5. 两个相串联的互感线圈，它们的等效电感量等于它们的自感量之和。　　　（　　）

6. 两个线圈同侧相并，其等效电感量比异侧相并的两个线圈的等效电感量大。　　（　　）

7. 当两个线圈中的电流同时由同名端流入或流出时，它们产生的磁场相互削弱。

　　　（　　）

8. 空心变压器和理想变压器的反射阻抗计算式相同。　　　（　　）

9. 无论是空心变压器、全耦合变压器还是理想变压器，其变压比都是 N_1/N_2。　　（　　）

10. 全耦合变压器和理想变压器都是无损耗且耦合系数 $K=1$ 的变压器。　　　（　　）

三、选择题

1. 符合无损耗、耦合系数 $K=1$ 和参数无穷大 3 个条件的变压器是（   ）。

    A. 空心变压器　　　　　　B. 全耦合变压器　　　　　C. 理想变压器

2. 线圈几何尺寸确定后，其互感电压的大小正比于相邻线圈中电流的（   ）。

    A. 大小　　　　　　　　　　B. 变化量　　　　　　　　C. 变化率

3. 反射阻抗的性质与次级回路总阻抗性质相反的变压器是（   ）。

    A. 空心变压器　　　　　　B. 全耦合变压器　　　　　C. 理想变压器

4. 两个互感线圈顺向串联时，其等效电感量 $L_{顺}=$（   ）。

    A. L_1+L_2-2M　　　　　B. L_1+L_2+2M　　　　　C. L_1+L_2-M

四、简答题

1. 试述同名端的概念。两个互感线圈在串联和并联时为什么必须注意它们的同名端？

2. 何谓耦合系数？什么是全耦合？

3. 理想变压器和全耦合变压器的区别是什么？相同之处又是什么？

4. 如果误把本应顺向串联的两个线圈反向串联，则会发生什么现象？为什么？

5. 何谓同侧相并？何谓异侧相并？哪一种并联方式获得的等效电感量大？

五、分析计算题

1. 具有互感的两个线圈顺接串联时总电感为 0.6H，反接串联时总电感为 0.2H，当两个线圈的电感量相同时，求互感和线圈的电感。

2. 求图 6.16 所示电路中的电流。

3. 在图 6.17 所示电路中，变压器为理想变压器，$\dot{U}_\mathrm{s}=10\angle0°\mathrm{V}$，求电压 $\dot{U}_\mathrm{c}$。

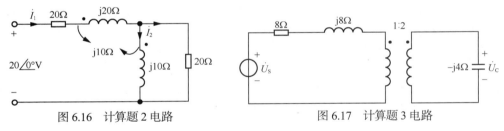

图 6.16 计算题 2 电路　　　　　　　　　　图 6.17 计算题 3 电路

4. 由理想变压器组成的电路如图 6.18 所示，已知 $\dot{U}_\mathrm{s}=16\angle0°\mathrm{V}$，求：$\dot{I}_1$、$\dot{U}_2$ 和 R_L 吸收的功率。

5. 图 6.19 所示为全耦合变压器电路模型，求 10Ω 和 40Ω 两个电阻的端电压。

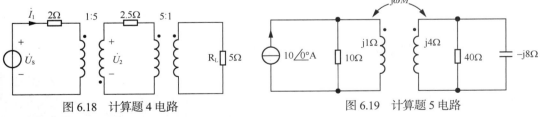

图 6.18 计算题 4 电路　　　　　　　　　　图 6.19 计算题 5 电路

六、素质拓展题

科技创新始终是一个国家、一个民族发展的重要力量，也始终是推动人类社会进步的重要力量。在变压器的发展方面，我国自主研发的 ±1100kV 换流变压器赶超了西门子，创造了世界纪录。请通过网络了解 ±1100kV 换流变压器的相关内容，分析其优势及应用场景。

第7章 三相电路

知识 导图

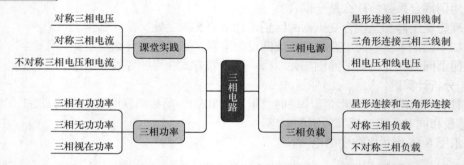

目前，世界各国的电力系统中，电能的产生、传输和供电方式绝大多数采用了三相制。广泛采用三相制供电体系，是因为三相输电线路比单相输电线路节省导线材料，且生产中广泛使用的三相交流电机比单相交流电机的性能更好，经济效益更高。前面讲的单相制实际上是三相制的一部分，在学习单相交流电的基础上再来认识三相交流电的基本特征和分析方法，更容易接受和掌握。

本章主要介绍三相正弦交流电路中电压、电流的相值和线值之间的关系，对称三相电路和不对称三相电路的分析法，三相电路功率的计算和测量方法等。

知识目标

熟悉三相电路的两种接线方式，掌握三相电路中电压、电流的相值与线值之间的大小关系和相位关系，掌握三相电路对称电路的分析与计算，理解不对称三相电路的分析计算方法，掌握三相电路中各种功率的关系，理解并掌握相量分析法在三相电路中的应用。

能力目标

具有识别和掌握三相电源和三相负载两种连接方法的能力；具有对三相电路电压、电流正确测量的能力；具有测量三相功率的能力。

 ## 7.1 三相电源

如前所述，目前生产和生活中广泛使用的交流电是由发电厂的三相发电机产生的。对称三相感应电压对应的相量表达式为

7-1 三相电源
的连接

$$\dot{U}_A = U\angle 0°$$

$$\dot{U}_B = U\angle -120°$$

$$\dot{U}_C = U\angle 120°$$

（7.1）

对称三相交流电的相量和恒等于零，即

$$\dot{U}_A + \dot{U}_B + \dot{U}_C = 0$$

（7.2）

7.1.1　星形连接三相电源及其供电体制

1. 三相电源的星形连接

发电机三相绕组的末端 X、Y、Z 连在一起，首端 A、B、C 分别作为与外电路相连接的端点，如图 7.1（a）所示。电源绕组的这种连接方式称为星形（Y）连接。

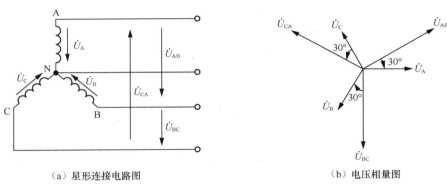

（a）星形连接电路图　　　　　　　　　　　（b）电压相量图

图 7.1　三相发电机绕组的星形连接电路图及电压相量图

图 7.1（a）中，电源三相绕组的末端公共连接点 N 点称为电源中点（或零点），从中点引出的导线称为中线（或零线），当中线与"地"相连时，又把中点称为"地"点。从电源首端 A、B、C 引出的 3 根导线称为端线（或相线），俗称火线。通常将电源首端引出的 3 根端线分别用黄、绿、红 3 种颜色标记。

电源三相绕组每一相由首端指向末端的感应电压称为相电压（U_P），如图 7.1（a）中的电压相量 $\dot{U}_A$、$\dot{U}_B$、$\dot{U}_C$，也可以表示为 $\dot{U}_{AN}$、$\dot{U}_{BN}$、$\dot{U}_{CN}$。端线 A、B、C 之间的电压称为线电压（U_L），如图 7.1（a）中的电压相量 $\dot{U}_{AB}$、$\dot{U}_{BC}$、$\dot{U}_{CA}$。端线上通过的电流称为线电流。三相电气设备铭牌数据上所指的电流，通常指线电流。

设电源绕组尾端连接点（中点）的电位为零，则首端电位显然等于各相电压，根据电压等于两点电位之差，可得各线电压与相电压的相量关系式为

$$\dot{U}_{AB} = \dot{U}_A - \dot{U}_B = \sqrt{3}\dot{U}_A\angle 30°$$

$$\dot{U}_{BC} = \dot{U}_B - \dot{U}_C = \sqrt{3}\dot{U}_B\angle 30°$$

$$\dot{U}_{CA} = \dot{U}_C - \dot{U}_A = \sqrt{3}\dot{U}_C\angle 30°$$

上式说明：线电压 u_L 在数量上是相电压 u_P 的 $\sqrt{3}$ 倍，在相位上超前与其相对应的相电压 30°。

发电机的三相感应电压（即相电压）总是对称的。因此，3个线电压也依次三相对称。实际计算时，只要计算出线电压$\dot U_{AB}$，依照对称关系即可写出$\dot U_{BC}$、$\dot U_{CA}$，再根据线电压与相电压的关系又可写出3个相电压。

例7.1 已知三相电源的相电压$u_A = 220\sqrt{2}\sin 314t$ V，试写出其他相电压和线电压的解析式。

解： 三相电源的三个相电压对称，根据对称关系可写出

$$u_B = 220\sqrt{2}\sin(314t - 120°)\ (V)$$

$$u_C = 220\sqrt{2}\sin(314t + 120°)\ (V)$$

因线电压数量上是相电压的$\sqrt{3}$倍，相位上超前与其相对应的相电压30°，所以有

$$u_{AB} = 380\sqrt{2}\sin(314t + 30°)\ (V)$$

$$u_{BC} = 380\sqrt{2}\sin(314t - 90°)\ (V)$$

$$u_{CA} = 380\sqrt{2}\sin(314t + 150°)\ (V)$$

2. 星形连接电源的供电体制

三相电源做星形连接时，最大的优越性就是可以向负载提供两种不同数值的电压：火线与火线之间的线电压；火线与零线之间的相电压。例如，星形连接电源相电压为220V时，线电压为$\sqrt{3} \times 220 = 380$(V)。

生产中大多三相用电器的额定电压为380V，因此用电器的三相引出端可直接与电源的三根火线相连接，即电源供出的380V线电压供动力负载使用；生活中的照明电路或其他单相负载的额定电压标准值大多是220V，单相用电器可接于电源火线与零线之间，取用220V电源相电压。

三相电源做星形连接时，对外引出3根火线和1根零线，形成的供电方式称为三相四线制供电体系。

7.1.2 三角形连接三相电源及其供电体制

1. 三相电源的三角形连接

图7.2（a）为三相电源做三角形（△）连接的电路图。所谓△连接，即把三相电源绕组依次首尾相接连成一个闭合回路，如X与B连接、Y与C连接、Z与A连接；再从端子A、B、C引出3根端线的连接方式。可以看出，电源绕组做△连接时，任意两根端线都是由一相绕组的两端引出的，因此，三相电源做△连接时，线电压等于相电压，即

$$u_{AB} = u_A,\ u_{BC} = u_B,\ u_{CA} = u_C$$

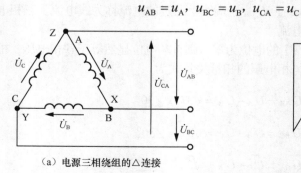

（a）电源三相绕组的△连接　　　　　　（b）一相接反情况

图7.2　三相电源做△连接的电路图

三相电源的相电压总是对称的，所以△连接的三相电源的 3 个线电压也必定对称。

实际三相电源作△连接时，如果接法正确，三相电源的三相电压对称，因此回路中无电流。但是如果有一绕组接反，如 C 相接反，把 Z 端错误的与 Y 端连接了，如图 7.2（b）所示，则当 A、C 还未连接时，有开口电压

$$\dot{U}_{AC} = \dot{U}_A + \dot{U}_B - \dot{U}_C = -2\dot{U}_C$$

也就是说，开口处的电压有效值是一相电源绕组感应电压的 2 倍，而各相电源绕组的阻抗均很小，当一相绕组的首尾端接反时，电源绕组的三角形环路中就会产生很大的环流以致烧坏电源。因此，实际三相电源做三角形连接时，为确保连接无误，应先把 3 个绕组接成开口三角形，再经过一个量程大于两倍电源相电压的电压表将开口闭合。由于电压表的内阻很大，无论三相绕组的连接是否正确，电源回路中的电流都很小，不会损坏绕组。如果电压表的读数为零，则判断电源绕组接线正确，否则需重新连接。

2.　△连接电源的供电体制

三相电源做△连接时，对外只引出 3 根端线，因此构成的供电体制为三相三线制。三相三线制△连接的电源，只能向负载提供一种数值的电压值——线电压，但此线电压在数值上等于三相电源一相绕组的感应电压。

思考题

1.　三相电源的相电压有效值为 220V，若把 X、Y 连接起来，则 U_{AB} 等于多少？若把 Y、C 连接起来，则 U_{BZ} 等于多少？

2.　三相电源线电压有效值为 380V，每相绕组的复阻抗为 0.5+j1Ω，做△连接。

（1）如果有一相接反，则试求电源回路的电流。

（2）如果有两相接反，则试求电源回路的电流。

 ## 7.2　三相负载

三相负载的连接方式和三相电源的连接方式一样，也有星形连接和三角形连接两种。

7.2.1　三相负载的两种连接方式

实际生产和生活中，用电器分为单相用电器和三相用电器。例如，家庭用的电风扇、电冰箱、照明设备，办公用的计算机、多媒体设备等均称为单相用电器，或单相负载；生产中常见的三相电动机、三相变压器和三相电阻炉等称为三相用电器。无论是单相用电器还是三相用电器，实用中都取用了发电厂发出的三相交流电。

发电厂发出的三相交流电对外供出时，广泛采用的是三相四线制。图 7.3 所示为三相电路常见的负载连接形式。

其中，图 7.3（a）所示为 3 组单相负载分别连接于三相电源的火线与中线之间，构成了三相四线制的星形连接电路；图 7.3（b）所示为三相用电器的三相三线制星形连接电路；图 7.3（c）所示为三相负载的三相三线制三角形连接电路。

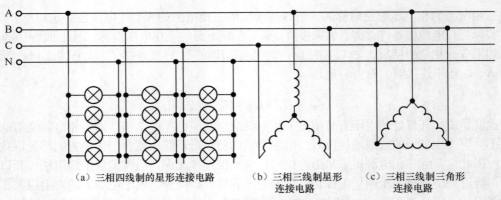

（a）三相四线制的星形连接电路　　（b）三相三线制星形　（c）三相三线制三角形
　　　　　　　　　　　　　　　　　　连接电路　　　　　连接电路

图 7.3　三相电路常见的负载连接形式

*7.2.2　对称三相负载电路

7-2 对称三相负载的星形连接

三相电源总是对称的，当三相负载的复阻抗符合 $Z_A = Z_B = Z_C = |Z| \angle \varphi$ 的对称关系时，所构成的三相电路称为对称三相电路。

1. 对称三相负载的星形连接

图 7.4 所示为电源和负载均为星形连接的三相电路，对称三相电路中，负载的端电压对称，三相阻抗相等，因此，三相负载中通过的电流必然对称。

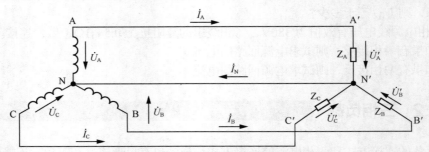

图 7.4　电源和负载均为星形连接的三相电路

在对称三相负载的星形连接电路中，将火线上通过的电流称为线电流，一般用"I_L"表示；将各相负载中通过的电流称为相电流，用"I_P"表示。星形连接三相负载的火线与负载相串联，所以电路中的线电流等于相电流，即

$$I_L = I_P \tag{7.3}$$

星形连接三相四线制电路的相量模型中，设备负载复阻抗分别为 Z_A、Z_B、Z_C，由于各相负载端电压相量等于电源相电压相量，因此各复阻抗中通过的电流相量为

$$\dot{I}_A = \frac{\dot{U}_A}{Z_A}, \quad \dot{I}_B = \frac{\dot{U}_B}{Z_B}, \quad \dot{I}_C = \frac{\dot{U}_C}{Z_C} \tag{7.4}$$

相量模型中，中线上通过的电流相量是 $\dot{I}_N$。对电路结点 N′列相量形式的 KCL 方程式可得

$$\dot{I}_N = \dot{I}_A + \dot{I}_B + \dot{I}_C \tag{7.5}$$

当忽略线路阻抗 Z_L 和中线阻抗 Z_N 且三相负载的复阻抗符合 $Z_A = Z_B = Z_C = Z = |Z| \underline{/\varphi}$ 的对称关系时，电路为星形连接对称三相电路。对称三相电路中，负载的端电压对称，三相阻抗相等，因此三相负载中通过的电流必然对称。因对称三相交流电具有瞬时值之和恒等于零，以及相量和恒等于零的特点，所以星形连接三相电路对称时的中线电流

$$\dot{I}_N = \dot{I}_A + \dot{I}_B + \dot{I}_C = 0 \tag{7.6}$$

中线电流为零说明三相负载对称时中线不起作用。因此，对称三相负载情况下可去掉中线，这不会对电路产生影响。实际应用中的三相用电器都是对称三相负载，它们在星形连接时一般不连接中线，此时的供电方式变为三相三线制，如图 7.3（b）所示。

7-3 对称三相负载的三角形连接

2. 对称三相负载的三角形连接

3 个负载阻抗首尾相接连成一个闭环，3 个连接点分别与电源的 3 根火线相连，就构成了负载的三角形连接，如图 7.5 所示。其电流相量图如图 7.6 所示。

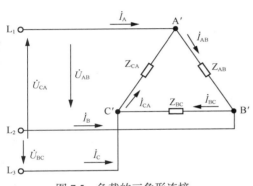

图 7.5 负载的三角形连接

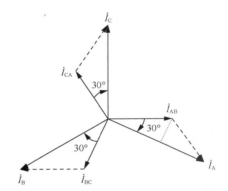

图 7.6 负载三角形连接时的电流相量图

由图 7.5 可知，负载三角形连接时各相负载的端电压实际上等于电源的线电压，即

$$U_{\triangle L} = U_{\triangle P} \tag{7.7}$$

上述关系是由负载的连接方式所决定的。由图 7.6 还可看出，通过三角形连接负载中的相电流与通过火线上的线电流不再相等。

三相负载电流仍可分别按单相电路进行求解，即：

$$\dot{I}_{AB} = \frac{\dot{U}_{AB}}{Z_{AB}}, \quad \dot{I}_{BC} = \frac{\dot{U}_{BC}}{Z_{BC}}, \quad \dot{I}_{CA} = \frac{\dot{U}_{CA}}{Z_{CA}} \tag{7.8}$$

各火线上通过的电流根据相量形式的 KCL 可得：

$$\dot{I}_A = \dot{I}_{AB} - \dot{I}_{CA} = \dot{I}_{AB} + (-\dot{I}_{CA})$$

$$\dot{I}_B = \dot{I}_{BC} - \dot{I}_{AB} = \dot{I}_{BC} + (-\dot{I}_{AB})$$

$$\dot{I}_C = \dot{I}_{CA} - \dot{I}_{BC} = \dot{I}_{CA} + (-\dot{I}_{BC})$$

使用相量分析法，可得出图 7.6 所示的负载三角形连接时的电流相量图。

从电流相量图分析可得，若三相负载对称，则线电流在数量上是相电流的 $\sqrt{3}$ 倍，即：

$$I_L = \sqrt{3} I_P \qquad\qquad (7.9)$$

相位上，线电流滞后与其相对应的相电流 30°，即在三角形连接的对称三相电路中，火线上通过的线电流在数量上是对应相电流的 $\sqrt{3}$ 倍，即

$$I_L = \sqrt{3} I_P \qquad\qquad (7.10)$$

在相位上，线电流滞后与其相对应的相电流 30°。

三相电路实际上是正弦稳态电路的特殊情况。所以对三相电路而言，前面讨论的正弦稳态电路的分析方法仍然适用。

3. 对称三相负载电路举例

例 7.2 某三相用电器，已知各相等效电阻 $R=6\Omega$，感抗 $X_L=8\Omega$，试求下列两种情况下三相用电器的相电流和线电流，并比较所得结果。

① 用电器的三相绕组连接成星形接于 $U_1=380\text{V}$ 的三相电源上；

② 绕组连接成三角形接于 $U_1=220\text{V}$ 的三相电源上。

解：①负载Y接时

$$U_P = \frac{U_1}{\sqrt{3}} = \frac{380}{1.732} \approx 220\,(\text{V})$$

$$I_P = \frac{U_P}{|Z_P|} = \frac{220}{\sqrt{6^2 + 8^2}} = 22\,(\text{A})$$

$$I_L = I_P = 22\text{A}$$

② 负载以三角形连接时，有

$$U_P = U_L = 220\text{V}$$

$$I_P = \frac{U_P}{|Z_P|} = \frac{220}{\sqrt{6^2 + 8^2}} = 22\,(\text{A})$$

$$I_L = \sqrt{3} I_P = 1.732 \times 22 \approx 38\,(\text{A})$$

此例表明：当实用中三相用电器额定电压标为 220V/380V 时，说明当电源线电压为 220V 时，三相用电器应连接成三角形；当电源线电压为 380V 时，三相用电器应连接成星形。比较两种连接方式，负载端电压及通过负载的电流是相同的，因此负载在两种连接方式下均能正常工作。其区别是，用电器三角形连接时电路中的线电流是其星形连接时线电流的 $\sqrt{3}$ 倍。

例 7.3 对称三相负载，各相等效电阻 $R=12\Omega$，感抗 $X_L=16\Omega$，接在线电压为 380V 的三相四线制电源上。试分别计算负载星形连接和三角形连接时的相电流、线电流，并比较结果。

解：负载星形连接时

$$U_P = \frac{U_L}{\sqrt{3}} = \frac{380}{1.732} \approx 220\,(\text{V})$$

$$I_P = \frac{U_P}{|Z_P|} = \frac{220}{\sqrt{12^2 + 16^2}} = 11\,(\text{A})$$

$$I_L = I_P = 11\text{A}$$

负载三角形连接时 $\qquad\qquad U_P = U_L = 380\text{V}$

$$I_P = \frac{U_P}{|Z_P|} = \frac{380}{\sqrt{12^2 + 16^2}} = 19(A)$$

$$I_L = \sqrt{3} I_P = 1.732 \times 19 \approx 33(A)$$

比较计算结果可知：同一个三相负载，在电源线电压相同时，三角形连接时的负载端电压是星形连接时负载端电压的 $\sqrt{3}$ 倍。由于两种不同连接方式下负载端电压不同，造成通过各相负载的电流也不相同，通过火线上的线电流相差更大，三角形连接情况下通过的线电流是星形连接情况下线电流的 3 倍。这种结果说明：负载正常工作时的额定电压是确定的，当负载额定电压等于电源的线电压时，负载做星形连接时无法正常工作；当负载的额定电压等于电源的相电压时，负载做三角形连接时会由于过电压和过电流而造成损坏。

4. 对称三相负载的正确连接

对称三相负载究竟接成三角形还是接成星形，应根据三相负载的额定电压和电源的线电压决定。因为实际电气设备的正常工作条件是加在设备两端的电压等于其额定电压。从供电方面考虑，我国低压供电系统的线电压一般采用 380V 的标准；从电气设备来考虑，我国低压电气设备的额定值一般多按 380V 或 220V 设计。因此，在电源线电压一定、电气设备又必须得到额定电压值的前提下，供用电协调的途径可用调整三相负载的连接方法。

保证电气设备正常工作，还要考虑三相负载的对称与否，这是确定在星形连接时是否要中线的前提。当三相电源的线电压为 380V，低压电气设备的额定电压也为 380V 时（通常指三相负载，如三相异步电动机、三相变压器、三相感应炉等一般是按 380V 设计的），三相电气设备就应该连接成三角形；当三相负载的额定电压为 220V 时，负载就必须连接成星形。三相用电器一般是对称的，所以即便是连接成星形，也可以把中线省略。

课堂实践：对称三相电路电压、电流的测量

一、测量所用主要设备

对称三相电路中的电压、电流测量时，可采用线电压为 380V 的三相电源；三相负载可以采用额定电压为 220V 的三相电动机或三相灯箱负载；测量电压时，需用交流电压表或万用表的交流电压挡；测量电流时，需用交流电流表，因为测量的电流较多，每测一个电流就重新连接电流表较为麻烦，所以一般采用电流插箱实现一表多用的效果。

二、星形连接三相测量电路连接示意图

图 7.7 所示为星形连接的对称三相负载的测量电路。

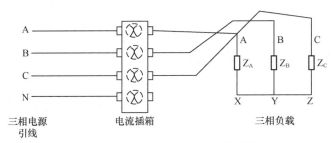

图 7.7　星形连接的对称三相负载的测量电路

三、三角形连接三相测量电路连接示意图

图 7.8 所示为三角形连接的对称三相负载的测量电路。

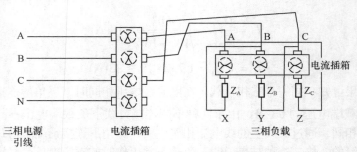

图 7.8　三角形连接的对称三相负载的测量电路

四、实验内容及步骤

（1）将三相电源调整好，使得线电压为 380V，相电压为 220V。

（2）按照图 7.7 接好线路，如果负载采用三相灯箱，则可分别取相同的灯盏数，使之构成对称三相星形连接负载。先测量各相电压，再测量各相电流，将其记录并填写在表 7.1 中。

（3）三相灯负载改为图 7.8 所示的三角形连接。调整电源线电压的数值，为保证灯负载不超过其额定电压，电源线电压应调整为 220V。

（4）测量相电流和线电流，验证是否符合 $I_L = \sqrt{3}I_P$ 的关系，将其记录并填写在表 7.2 中。

（5）请指导教师审阅各实验小组的实验数据，合理时方可结束实验，测量数据如出现不合理的情况，应重新测量。

（6）按要求认真写出实验报告。

表 7.1　星形连接时的数据记录

连接方式	电压单位为 V，电流单位为 A								
	U_{AB}	U_{BC}	U_{CA}	U_A	U_B	U_C	I_A	I_B	I_C
星形连接对称									

表 7.2　三角形连接时的数据记录

连接方式	电压单位为 V，电流单位为 A								
	U_{AB}	U_{BC}	U_{CA}	I_{AB}	I_{BC}	I_{CA}	I_A	I_B	I_C
三角形连接对称									

五、注意事项

（1）在对称三相电路中，如果采用的是灯箱负载，则为纯电阻负载，功率因数等于 1。

（2）实验中，可根据已知的电源电压和负载情况，计算各种情况下的线电压、相电压、线电流、相电流的大小，并与实验所得数据相比较。

7-4　星形连接不对称三相电路的分析

*7.2.3　单相负载接到三相电源的情况

实际应用中，日常办公和生活中用到的照明电路、计算机、电扇、空调、吹风机等都属于单相用电设备。为了照顾供用电和安装的方便，常常把它们接在三相电源上，这些单相电气设备的额定电压一般采用 220V 电压标准。在三相四线制供电系统中，一般把它们接在三相电源的火线与零线之间，使之获得 220V 的电源相电压。在连接这些设备时，一般应考虑各相负载的对称，尽量相对均匀地分布在三相四线制电源上。

单相负载接到三相电源上时，只能连接在三相电源的火线与零线之间，构成单相供电体制，如图 7.3（a）所示的三相照明电路。

例 7.4 在图 7.9 所示的照明电路中，电源线电压为 380V，A、B、C 三相各装 "220V，40W" 白炽灯 50 盏。假设 A 相灯全开，B 相灯全部断开，而 C 相仅开了 25 盏灯。试分析在有中线、中线断开两种情况下，各相负载上实际承受的电压分别为多少。

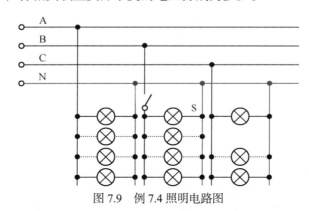

图 7.9 例 7.4 照明电路图

解： 由于星形连接三相负载不对称，因此各相应分开计算。由题意可得

$$R_A = 24.2\Omega, \quad R_B = \infty, \quad R_C = 48.4\Omega$$

（1）有中线时，无论负载是否对称，各相负载承受的电压仍为相电压 220V。

（2）无中线且 B 相开路时，A、C 两相串联，接在两条火线之间，有：

$$I_A = I_C = \frac{U_{AC}}{R_A + R_C} = \frac{380}{24.2 + 48.4} \approx 5.23 \,(\text{A})$$

串联连接两相负载通过的电流相同，但所加电压与各相负载电阻成正比。因此，有：

$$U_A = 5.23 \times 24.2 \approx 127 \,(\text{V})$$

$$U_C = 5.23 \times 48.4 \approx 253 \,(\text{V})$$

显然，当负载不对称且无中线时，大负载的端电压通常低于额定值而不能正常工作；小负载上实际加的电压常常高于额定电压值，因此会影响负载使用寿命甚至导致负载烧损。

实际应用中，电力系统对照明电路均采用三相四线制供电方式，因为照明电路一般情况下很难做到对称。

三相四线制供电方式的优点在于：尽管星形连接负载不对称，因为电路有中线，各相星形连接负载又均接于火线与零线之间，所以各相的端电压仍能保持平衡状态，即等于电源相电压 220V。当一相出现故障或断开时，其他两相照常使用。

此例（2）分析表明：**三相四线制的中线不允许断开！** 如果中线断开，则星形连接三相不对称负载的端电压会严重不平衡，甚至有烧坏灯泡（包括电气设备）的危险。

电力系统中为保证中线不断开，要求中线采用机械强度较高的导线（通常采用钢芯铝线）且导线连接良好，且规定在中线上不能安装熔断器和开关。

课堂实践：不对称三相电压、电流的测量

一、测量电路

星形连接的三相不对称测量电路如图 7.10 所示。

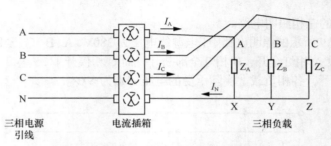

图 7.10 星形连接的三相不对称测量电路

二、实验内容及步骤

（1）按照图 7.10 接好线路，测量电源的线电压和相电压，测量中点电压和各相电流、线电流的数值，注意 I_N 的数值。

（2）三相灯负载分别取不同的灯盏数，使之构成不对称三相星形连接。先测量不对称负载情况下有中线时的各相电流、中线电流及各相电压、线电压及中线电压 $U_{NN'}$，将其记录并填写在表 7.3 中。

（3）把中线从负载中性点处与电源断开，再测量星形连接不对称且无中线时的各相电流、中线电流、各相电压、各线电压，将其记录在表 7.3 中。

（4）将三相灯负载改为三角形连接。调整电源线电压的数值，为保证灯负载不超过其额定电压，电源线电压应调整为 220V。

（5）测量对称情况下的相电流和线电流，验证是否符合 $I_L = \sqrt{3}I_P$ 的关系，将其记录并填写在表 7.4 中。

（6）将三相灯负载连接成不对称情况，测量不对称情况下的相电流和线电流，验证此时线、相电流是否仍遵循 $I_L = \sqrt{3}I_P$ 的数量关系，将测量数据填写在表 7.4 中。

（7）请指导教师审阅各实验小组的实验数据，合理时方可结束实验，测量数据如出现不合理的情况，应重新测量。

（8）按要求认真写出实验报告。

表 7.3　星形连接不对称的数据记录

连接方式	电压单位为 V，电流单位为 A										
	U_{AB}	U_{BC}	U_{CA}	U_A	U_B	$U_{NN'}$	U_C	I_A	I_B	I_C	I_N
星形连接不对称（有中线时）											
星形连接不对称（无中线时）											

表 7.4　三角形数据记录

连接方式	电压单位为 V，电流单位为 A								
	U_{AB}	U_{BC}	U_{CA}	I_{AB}	I_{BC}	I_{CA}	I_A	I_B	I_C
三角形连接不对称									
三角形连接对称									

三、实验思考题

（1）根据实验结果，简要阐述中线的作用，并说明负载在什么情况下可以不要中线，什么情况下必须连接中线，如何保证中线的可靠性。

（2）同一负载做三角形连接和做星形连接时，各相负载的端电压相同吗？

（3）整理实验实测数据，根据个人体会说明对称负载和不对称负载电路的特点。

思考题

1. 一台三相异步电动机正常运行时做三角形连接，为了减小起动电流，起动时先把它做星形连接，转动后再改成三角形连接。试求星形连接起动和直接做三角形连接起动两种情况的线电流的比值。

2. 为什么三相电动机的电源可用三相三线制，而三相照明电源必须用三相四线制？

7.3　三相电路的功率

1. 三相电路的功率计算

由前面介绍的内容可知，单相正弦交流电路中有功功率 $P = UI\cos\varphi$，

无功功率 $Q = UI\sin\varphi$，视在功率 $S = UI = \sqrt{P^2 + Q^2}$。

三相交流电路可以看作 3 个单相交流电路的组合。因此，三相交流电路的有功功率、无功功率和视在功率均可用下式来计算。

7-5　三相电路的功率

$$P = P_A + P_B + P_C$$
$$Q = Q_A + Q_B + Q_C \qquad (7.11)$$
$$S = \sqrt{P^2 + Q^2}$$

当三相负载对称时，无论负载是星形连接还是三角形连接，各相功率都是相等的，因此三相功率是每相功率的 3 倍，即

$$P = 3U_P I_P \cos\varphi_p = \sqrt{3}U_L I_L \cos\varphi_p$$
$$Q = 3U_P I_P \sin\varphi_p = \sqrt{3}U_L I_L \sin\varphi_p \qquad (7.12)$$
$$S = 3U_P I_P = \sqrt{3}U_L I_L$$

式中，U_P 为相电压；U_L 为线电压；I_P 为相电流；I_L 为线电流。

三相电路的瞬时功率为各相负载瞬时功率之和。当电路对称时，三相瞬时功率之和是一个常量，其值等于三相电路的平均功率，即

$$P = P_A + P_B + P_C = 3U_P I_P \cos\varphi \qquad (7.13)$$

习惯上把这一性能称为瞬时功率平衡。正是因为具有这种性能，三相电动机的稳定性才高于单相电动机。

例 7.5　一台三相异步电动机，铭牌上的额定电压是 220V/380V，接线是 △/丫，额定电流是 11.2A/6.48A，$\cos\varphi = 0.84$。试分别求出电源线电压为 380V 和 220V 时，电动机的输入功率。

解：（1）电源线电压为 380V 时，按铭牌规定电动机绕组应连接成星形，输入功率为

$$P_1 = \sqrt{3}U_L I_L \cos\varphi$$
$$\approx 1.732 \times 380 \times 6.48 \times 0.84$$
$$\approx 3\,582\,(\text{W}) \approx 3.6\,(\text{kW})$$

（2）电源线电压为 220V 时，按铭牌规定电动机绕组应连接成三角形，输入功率为

$$P_1 = \sqrt{3}U_L I_L \cos\varphi$$
$$\approx 1.732 \times 220 \times 11.2 \times 0.84$$
$$\approx 3\,584(\text{W}) \approx 3.6\ (\text{kW})$$

通过此例可知，只要按照铭牌的规定去接线，电动机的输入电功率是一样的。

2. 三相电路的功率测量

例7.6 某台电动机的额定功率是2.5kW，绕组为三角形连接，如图7.11所示。当$\cos\varphi = 0.866$、线电压为380V时，求图7.11中两只功率表的读数。

解： 这是用二瓦计法测量三相功率的例题。在三相三线制电路中，不论对称与否，都可以用两只功率表来测量三相功率。两只功率表的连接如图7.11所示。

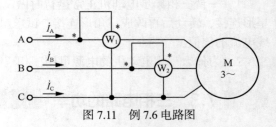

图7.11 例7.6电路图

理论和实践都可以证明图7.11中两只功率表的读数之和等于三相电路吸收的平均功率，其中的功率表 W_1 的读数 $P_1 = U_{AC}I_A \cos(\varphi - 30°)$，功率表 W_2 的读数 $P_2 = U_{BC}I_B \cos(\varphi + 30°)$。为求得两只功率表的读数 P_1 和 P_2，需先求出

$$I_L = \frac{P_N}{\sqrt{3}U_L \cos\varphi} = \frac{2.5 \times 10^3}{1.732 \times 380 \times 0.866} \approx 4.39(\text{A})$$
$$\varphi = \arccos 0.866 = 30°$$

电动机为对称三相负载，所以3个线电流的有效值相同，即 $I_A = I_B = 4.39\text{A}$；电源线电压总是对称的，因此根据题中给出的线电压数值可得 $U_{AC} = U_{BC} = U_L = 380\text{V}$。

所以两只功率表的读数分别为

$$P_1 = U_{AC}I_A \cos(\varphi - 30°) = 380 \times 4.39 \times \cos(30° - 30°) \approx 1\,668(\text{W})$$
$$P_2 = U_{BC}I_B \cos(\varphi + 30°) = 380 \times 4.39 \times \cos 60° \approx 834(\text{W})$$

电路的三相总有功功率为

$$P = P_1 + P_2 = 1668 + 834 = 2\,502(\text{W}) \approx 2.5\ (\text{kW})$$

计算结果与给定的2.5kW基本相符，微小的误差是由计算的精度造成的。

本例所述的二瓦计法只适用于三相三线制电路功率的测量。三相四线制电路的功率需要用三瓦计法测量，即用单相功率表分别测量各相的功率，最后将所测结果相加。

测量三相电路的功率时，分别有下面几种情况。

（1）对于 $\varphi = 0$ 时的电阻性负载，两只功率表读数相等，三相有功功率 $P = P_1 + P_2$。

（2）对于 $\varphi = \pm60°$ 时的感性和容性负载，$\cos\varphi = 0.5$，两只功率表中有一只表的读数为零，三相有功功率 $P = P_1$ 或 $P = P_2$。

（3）对于 $|\varphi| > 60°$ 时的负载，$\cos\varphi < 0.5$，两只功率表中有一只表读数为负值，即功率表反偏转。为了得到读数，应将此功率表的电流线圈两个接头调换一下。此时，三相有功功率等于两只功率表读数之差，即 $P = P_1 - P_2$。因此，三相电路的总功率等于这两只功率表读数的代数和。

显然，在二瓦计法中，单独一只功率表的读数是没有意义的。对于三相四线制，除对称运行外，不能用二瓦计法来测量三相功率。

思考题

1. 将对称三相负载接到三相电源上，试比较做星形连接和做三角形连接时负载的总功率。

2. 怎样计算对称三相负载的功率？功率计算公式中 $\cos\varphi$ 的 φ 表示什么？

小结

1. 对称三相电路星形连接时，电压和电流之间的关系为 $U_L = \sqrt{3}U_P$，线电压超前相电压 $30°$；由三相星形连接电路的连接方式可知 $I_L = I_P$。

2. 对称三相电路三角形连接时，由电路的连接方式决定了 $U_L = U_P$；线电压和相电流之间的关系为 $I_L = \sqrt{3}I_P$，且线电流滞后相电流 $30°$

3. 对称三相正弦量的瞬时值之和或相量之和均等于零。

4. 对称三相电路的计算方法如下：把给定的对称三相电路化为 Y-Y 系统，利用归结为一相的计算方法，求出一相的电压和电流，并根据对称关系直接得到其他两相的电压和电流；最后利用 Y-△ 的等值变换，求出原电路的电压和电流。

5. 不对称三相电路通常采用三相四线制供电体系，当单相设备接到三相电源上时，无论连接时三相负载是否对称，都不允许中线断开。在中线存在的情况下，各相相当于一个单相电源，各相电流分别计算出来即可。

6. 对称三相电路的优越性能之一就是对称三相功率的瞬时功率是一个常量，即

$$P = P_A + P_B + P_C = 3U_P I_P \cos\varphi$$

此式说明，三相瞬时功率等于三相电路吸收的平均功率 P。习惯上将这一性能称为瞬时功率平衡。

7. 三相三线制电路无论对称与否，都可以用二瓦计法测量三相总有功功率。如果采用三相四线制供电，则不能使用二瓦计法。

能力检测题

一、填空题

1. 3 个_____相等、_____相同、_____上互差 $120°$ 的正弦交流电的组合称为_____交流电。

2. 三相四线制供电系统中，电源可以向负载提供_____和_____两种不同的电压值。其中，_____是_____的 $\sqrt{3}$ 倍，且相位上超前与其相对应的_____ $30°$。

3. 电源绕组做星形连接时，其线电压是相电压的_____倍；电源绕组做三角形连接时，线电压是相电压的_____倍。对称三相星形连接电路中，中线电流等于_____。

4. 星形连接对称三相负载的每相阻抗均为 22Ω，功率因数 $\cos\varphi = 0.8$，现测出负载中通过的电流是 $10A$，那么三相电路的有功功率是_____W；无功功率为_____var；视在功率为_____V·A。

5. 三相三线制电路通常采用_____法测量三相总有功功率，对于三相四线制电路，除对称运行外，不能用_____法来测量三相总有功功率。

6. 已知星形连接对称三相电路中的线电流 $i_A = 7.07\sin(314t + 30°)\text{A}$ ，则 $i_B=$＿＿＿＿A，$i_C=$＿＿＿＿A，中线电流 $i_N=$＿＿＿＿A。

二、判断题

1. 三相四线制电路对称时，可改为三相三线制而对负载无影响。 （ ）
2. 三相用电器正常工作时，加在各相的端电压等于电源线电压。 （ ）
3. 对称三相负载做星形连接时，总有 $U_L = \sqrt{3}U_P$ 关系成立。 （ ）
4. 三相负载做星形连接时，无论负载对称与否，线电流总是等于相电流。 （ ）
5. 三相电源向电路提供的视在功率为 $S = S_A + S_B + S_C$。 （ ）
6. 中线的作用就是使不对称星形连接三相负载的端电压保持对称。 （ ）
7. 三相不对称负载越接近对称，中线上通过的电流就越小。 （ ）
8. 为保证中线可靠，不能安装熔断器和开关，且中线截面较粗。 （ ）
9. 三相负载做星形连接时，总有 $i_L = \sqrt{3}i_P$ 关系成立。 （ ）
10. 三相电路无论对称与否，三相总有功功率均为 $P = 3U_P I_P \cos\varphi_P$。 （ ）

三、单项选择题

1. 对称三相电路是指（ ）。
   A. 三相电源对称的电路
   B. 三相负载对称的电路
   C. 三相电源和三相负载都对称的电路

2. 在三相四线制供电线路中，已知做星形连接的三相负载中 A 相为纯电阻，B 相为纯电感，C 相为纯电容，通过三相负载的电流均为 10A，则中线电流为（ ）。
   A. 30A   B. 10A   C. 7.32A

3. 在电源对称的三相四线制电路中，若三相负载不对称，则三相负载的各相电压（ ）。
   A. 不对称   B. 仍然对称   C. 不一定对称

4. 三相电源绕组接成三相四线制，测得 3 个相电压 $U_A=U_B=U_C=220$V，3 个线电压 $U_{AB}=380$V，$U_{BC}=U_{CA}=220$V，这说明（ ）。
   A. A 相绕组接反了   B. B 相绕组接反了   C. C 相绕组接反了

5. 对称三相交流电路的瞬时功率是（ ）。
   A. 一个随时间变化的量
   B. 一个常量，其值恰好等于有功功率
   C. 为零

6. 三相四线制中，中线的作用是（ ）。
   A. 保证三相负载对称   B. 保证三相功率对称
   C. 保证三相电压对称   D. 保证三相电流对称

四、简答或分析题

1. 三相发电机做星形连接，如果有一相（如 C 相）接反了，设相电压为 U，试问 3 个线电压分别是多少？

2. 学校某教学大楼的照明电路发生了故障，第二层楼和第三层楼的所有电灯突然暗下来，只有第一层楼的电灯亮度未变，试问这是为什么？与此同时，发现第三层楼的电灯比第二层楼的更暗一些，这又是为什么？你能说出此教学大楼的照明电路是按何种方式连接的吗？这种连接方式符合照明电路安装原则吗？

3. 如图 7.12 所示,已知 V_1 的读数为 380V,指出其他各表的读数。

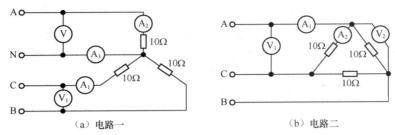

（a）电路一　　　　　　　　　　（b）电路二

图 7.12　简答或分析题 3 电路

五、计算题

1. 已知对称三相负载连接成三角形,接在线电压为 220V 的三相电源上,火线上通过的电流均为 17.3A,三相功率为 4.5kW。求各相负载的电阻和感抗。

2. 已知 $u_{AB} = 380\sqrt{2} \sin(314t + 60°)V$,试写出 u_{BC}、u_{CA}、u_A、u_B、u_C 的解析式。

3. 某对称三相负载,已知 $Z=3+j4\Omega$,接于线电压等于 380V 的三相四线制电源上,试分别计算做星形连接和做三角形连接时的相电流、线电流、有功功率、无功功率、视在功率。

4. 在图 7.13 所示电路中,当开关 S 闭合时,各电流表读数均为 3.8A。若将 S 打开,则电流表读数各为多少?

5. 图 7.14 所示为对称三相的丫-△三相电路,当开关 S 闭合时,$U_{AB}=380V$,$Z=27.5+j47.64\Omega$,求功率表的读数,并说明两表测量数值之和有无意义。

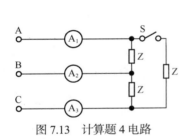

图 7.13　计算题 4 电路

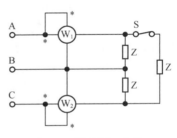

图 7.14　计算题 5 电路

六、素质拓展题

1. 观察学校实训楼及各个实训室线路的布置,设计某一实训室的强电电路。

2. 随着科技的不断进步,智能电网应运而生。请同学们查找相关知识,了解我国智能电网的发展现状。

第8章 电路的暂态分析

知识 导图

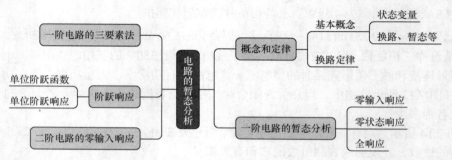

暂态过程的理论，广泛应用于自动化"控制"技术和电子技术中。所谓"控制"，就是一个寻找各种期望的稳态值和缩短暂态时间，并减少暂态过程中出现危害的过程。因此，本章研究的问题是为后续的电子技术、控制理论课程打基础。

电路的暂态过程实际上非常复杂，但在电路分析理论中研究它时，仅仅是对暂态过程中普遍遵循的最简单、最基本的规律进行研究和探讨，目的是让学习者建立起关于暂态的概念，并在认识"暂态"的过程中充分理解暂态过程中的三要素。

知识 目标

了解"稳态"与"暂态"之间的区别与联系；理解电路"换路"的概念，牢固掌握换路定律；理解暂态分析中有关"零输入响应""零状态响应""全响应""阶跃响应"等概念；充分理解一阶电路中暂态过程中响应的规律；熟练掌握一阶电路暂态分析的三要素法；了解二阶电路自由振荡的过程。

能力 目标

利用实验室电工实验装置以及双踪示波器、函数信号发生器、万用表、直流稳压电源等研究一阶电路的过渡过程，学会从响应的曲线中求出 RC 电路的时间常数 τ，了解电路参数对充放电过程的影响。

 ## 8.1 基本概念和换路定律

首先需要明确的是，适用于换路定律的电量只有电容电压和电感电流，其他电量是不适用换路定律的。

8.1.1　基本概念

基本概念就是共同语言，也是认识事物规律的开始。若要深刻理解电路的暂态分析，则必须先理解和掌握以下几个基本概念。

1．状态变量

代表物体所处状态的可变化量称为状态变量。例如，电感元件的磁场能 $w_\mathrm{L}=\dfrac{1}{2}Li_\mathrm{L}^2$ 、电容元件的电场能 $w_\mathrm{C}=\dfrac{1}{2}Cu_\mathrm{C}^2$ ，两式中的电感元件上通过的电流 i_L 和电容元件的极间电压 u_C 就是状态变量。状态变量的大小显示了动态元件上能量储存的状态。

状态变量 i_L 的大小不仅能够反映出电感元件上磁场能量储存的情况，还能够反映出电感元件上的电流不能发生跃变这一事实；同理，电容元件上的状态变量 u_C 的大小不仅反映了电容元件的电场能量储存情况，还反映了电容元件极间电压不能跃变这一特性。

2．换路

在含有动态元件 L 和 C 的电路中，电路的接通及断开，接线的改变或是电路参数、电源的突然变化等，统称为"换路"。

3．暂态

动态元件 L 中的磁场能量及 C 中的电场能量只能连续变化而不能发生跃变，因此，当电路发生"换路"时，必将引起动态元件上响应的变化。这些变化持续的时间一般非常短暂，因此称为"暂态"。

4．零输入响应

电路发生换路前，动态元件中已储有原始能量。换路时，外部输入激励等于零，仅在动态元件原始储能下引起的电路中电压、电流发生变化的情况，称为零输入响应。

5．零状态响应

动态元件中的原始储能为零，仅在外输入激励的作用下引起电路中的电压、电流发生变化的情况，称为零状态响应。

6．全响应

电路中的动态元件中存在原始能量，且有外部激励，这种情况下引起的电路中电压、电流发生变化的情况称为全响应。对于线性电路：全响应=零输入响应+零状态响应。

7．阶跃响应

当电路中的激励是阶跃形式（通常指变化前后都是恒定值的激励，如直流电源突加、突减的供电方式）时，在电路中引起的电压、电流发生变化的情况称为阶跃响应。

8.1.2　换路定律

8-1　换路定律

根据能量的建立和消失不能突变的自然规律，在电路换路时，储能元件 L 和 C 的储能必然对应一个吸收与释放的过程，这些过程显然需要时间。由此可提出一个重要的基本规律：在电路发生换路后的一瞬间，电感元件上通过的电流 i_L 和电容元件的极间电压 u_C，都应保持换路前一瞬间的原有值不变。此规律称为换路定律。

设换路发生在 $t=0$ 时刻，换路前一瞬间（电路状态为换路前的情况）可记为 $t=0_-$，换路后一瞬间（电路状态为换路后的情况）则记为 $t=0_+$，它们均与 $t=0$ 时刻的时间间隔无限接近而趋近于零。此时，换路定律可用数学式表示为

$$\begin{cases} i_L(0_+) = i_L(0_-) \\ u_C(0_+) = u_C(0_-) \end{cases}$$

（8.1）

式（8.1）所表达的换路定律实质上反映了在含有动态元件的电路发生换路时，动态元件的状态变量不会发生变化这一必然规律。其中的"0_+"数值称作初始值。

注意：这个初始值对应的是一个稳定状态而不是暂态过程中的变量。

8-2 初始值的计算

例8.1 电路如图 8.1（a）所示。设在 $t=0$ 时开关 S 闭合，此前已知电感和电容中均无原始储能。求 S 闭合后各电压、电流的初始值。

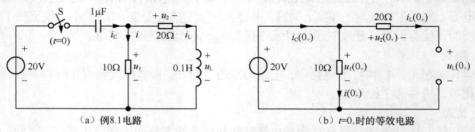

（a）例8.1电路　　　　　　　　　　（b）$t=0_+$时的等效电路

图 8.1　例 8.1 电路图及其等效电路

解：根据电路给定的电感和电容中均无原始储能这一条件，可得

$$i_L(0_+) = i_L(0_-) = 0$$
$$u_C(0_+) = u_C(0_-) = 0$$

由于 $t=0_+$ 这一瞬间电容元件两端的电压等于零，从电路产生电流的观点来看，电容元件此时相当于短路；电感元件的电流在换路后一瞬间仍等于它换路前一瞬间的零值，相当于开路。于是，可画出图 8.1（b）所示的 $t=0_+$ 时的等效电路，根据此电路可求得

$$u_1(0_+) = 20(V)$$

$$i_C(0_+) = i(0_+) = \frac{20}{10} = 2(A)$$

$$u_2(0_+) = 20i_L(0_+) = 0(V)$$

$$u_L(0_+) = u_1(0_+) = 20(V)$$

例8.2 电路如图 8.2（a）所示，设换路前电路已达稳态。$t=0$ 时开关 S 打开，求 S 打开后动态元件两端的电压与通过动态元件的电流初始值。

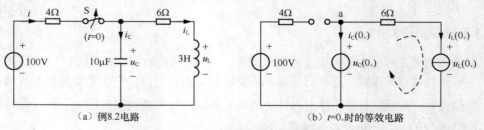

（a）例8.2电路　　　　　　　　　　（b）$t=0_+$时的等效电路

图 8.2　例 8.2 电路图及其等效电路

解：开关 S 打开前电路已达稳态，因此，直流稳态下的电容元件相当于开路，电感元件相当于短路，可得

$$i_L(0_+) = i_L(0_-) = i(0_-) = \frac{100}{4+6} = 10(A)$$

$$u_C(0_+) = u_C(0_-) = i_L(0_-) \times 6 = 10 \times 6 = 60(V)$$

根据此计算结果，可画出开关 S 打开后一瞬间，$t = 0_+$ 的等效电路，如图 8.2（b）所示，图中电容元件等效为一个电压值等于 60V 的恒压源，电感元件等效为一个电流值等于 10A 的恒流源。

因为开关 S 断开，所以电感与电容此时相当于串联，因此

$$i_C(0_+) = -i_L(0_+) = -10(A)$$

对右回路列 KVL 方程式可得

$$u_L(0_+) = u_C(0_+) - u_R(0_+) = 60 - 10 \times 6 = 0(V)$$

思考题

1. 何谓暂态？何谓稳态？你能说出多少实际生活中存在的过渡过程现象？
2. 从能量的角度看，暂态分析研究问题的实质是什么？
3. 何谓换路？换路定律阐述问题的实质是什么？换路定律是否也适用于暂态电路中的电阻元件？
4. 动态电路中，在什么情况下电感 L 相当于短路，电容 C 相当于开路？又在什么情况下，L 相当于一个恒流源，C 相当于一个恒压源？

8.2　一阶电路的暂态分析

当一阶电路受到外加作用激励后或电路结构突然发生改变时，状态变量发生变化，使电路从一个稳定状态过渡到另一个稳定状态，其间所经历的过程称为过渡过程，过渡过程的时间非常短暂，因此又称为暂态过程。

8.2.1　一阶电路的零输入响应

只含有一个储能元件的动态电路称为一阶电路。而所谓的零输入响应，是指仅由 $t = 0$ 时刻的非零初始状态引起的电路响应。

8-3　一阶电路
的零输入响应

1. RC 电路的零输入响应

RC 电路的零输入响应，实质上就是指具有一定原始能量的电容元件在放电过程中，电路中电压和电流的变化规律。零输入响应通常取决于状态变量的初始状态和电路特性。

根据换路定律可知，当电容元件原来已经储存一定能量时，若电路发生换路，电容元件的极间电压不会发生跃变，必须自原来的数值开始连续地增加或减少，而电容元件中的充、放电电流是可以跃变的。

图 8.3（a）所示为 RC 放电电路。开关 S 在位置 1 时电容 C 被充电，充电完毕后电路处于稳态。$t = 0$ 时换路，开关 S 由位置 1 迅速投向位置 2，放电过程开始。

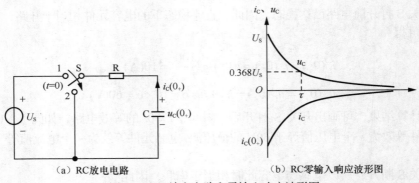

（a）RC放电电路　　　　　　（b）RC零输入响应波形图

图 8.3　RC 放电电路和零输入响应波形图

放电过程开始的一瞬间，根据换路定律可得 $u_C(0_+) = u_C(0_-) = U_S$。此时，电路中的电容元件与 R 串联后经位置 2 构成放电回路，由 KVL 可得

$$RC\frac{\mathrm{d}u_C}{\mathrm{d}t} + u_C = 0$$

这是一个一阶的常系数线性齐次微分方程，对其求解可得

$$u_C(t) = U_S\mathrm{e}^{-\frac{t}{RC}} = u_C(0_+)\mathrm{e}^{-\frac{t}{\tau}} \tag{8.2}$$

式中，U_S 为过渡过程开始时电容电压的初始值 $u_C(0_+)$；$\tau = RC$ 称为电路的时间常数。

如果用许多不同数值的 R、C 及 U_S 来重复上述放电实验可发现，不论 R、C 及 U_S 的值如何，RC 一阶电路中的响应都是按指数规律变化的，如图 8.3（b）所示。由此可推论：RC 一阶电路零输入响应的规律是指数规律。

观察电路响应的变化还可发现，R 和 C 值越大，放电过程进行得越慢；R 和 C 值越小，放电过程进行得越快。也就是说，RC 一阶电路放电速度的快慢取决于 R 和 C 乘积的大小。因此，时间常数 $\tau = RC$ 是反映过渡过程进行快慢程度的物理量。

令式（8.2）中的 t 值分别等于 1τ、2τ、3τ、4τ、5τ，可得出 u_C 随时间变化的数值表，如表 8.1 所示。

表 8.1　u_C 随时间变化的数值

t	τ	2τ	3τ	4τ	5τ
u_C	$0.368U_S$	$0.135U_S$	$0.050U_S$	$0.018U_S$	$0.007U_S$

由表 8.1 中数据可知，放电过程经历一个 τ 时间后，电容电压就衰减为初始值的 36.8%，经历了 2τ 后衰减为初始值的 13.5%，经历了 3τ 后就衰减为初始值的 5%，经历了 5τ 后就衰减为初始值的 0.7%。理论上，根据指数规律，必须经过无限长时间，过渡过程才能结束，但实际上，过渡过程经历了 $3\tau \sim 5\tau$ 的时间后，剩下的电容电压值已经微不足道了。因此，在工程上一般认为此时电路已经进入了稳态。

由此得出：时间常数 τ 是暂态过程经历了总变化量的 63.2% 所需要的时间，单位是秒（s）。

电容元件上的放电电流可根据它与电压的微分关系求得，即

$$i_C = -C\frac{\mathrm{d}u_C}{\mathrm{d}t} = -C\frac{\mathrm{d}u_C(0_+)\mathrm{e}^{-\frac{t}{RC}}}{\mathrm{d}t} = \frac{u_C(0_+)}{R}\mathrm{e}^{-\frac{t}{RC}} \tag{8.3}$$

电容元件上的电流在图 8.3（b）中的位置是横轴下方，说明它是负值，原因是电容放电时的电压与电流方向非关联。

2. RL 电路的零输入响应

根据电磁感应定律可知，电感线圈通过变化的电流时总会产生自感电压，自感电压限定了电流必须从零开始连续地增加，而不会发生不占用时间的跳变，不占用时间的变化率将是无限大的变化率，这在事实上是不可能的。同理，本来在电感线圈中流过的电流也不会跳变消失。实际应用中，含有电感线圈的电路拉断开关时，触点上总会产生电弧就是因为此。

图 8.4（a）所示电路，在 $t<0$ 时通过电感的电流为 I_0。设 $t=0$ 时开关 S 闭合，根据换路定律，电感中仍具有初始电流 I_0，此电流将在 RL 回路中逐渐衰减，最后为零。在这一过程中，电感元件在初始时刻的原始能量 $W_L = 0.5LI_0^2$ 逐渐被电阻消耗，转化为热能。

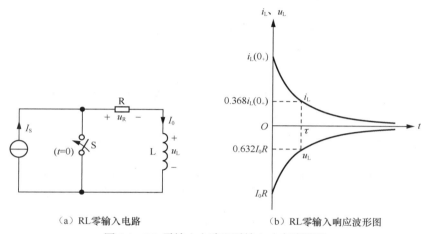

（a）RL 零输入电路　　　　　（b）RL 零输入响应波形图

图 8.4　RL 零输入电路和零输入响应波形图

根据图示电路中电压和电流的参考方向及元件上的伏安关系，应用 KVL 可得

$$Ri + L\frac{di}{dt} = 0 \quad (t \geqslant 0)$$

若以储能元件 L 上的电流 i_L 作为待求响应，则可解得

$$i_L(t) = I_0 e^{-\frac{R}{L}t} = i_L(0_+) e^{-\frac{t}{\tau}} \tag{8.4}$$

式中，$\tau = \dfrac{L}{R}$，τ 是 RL 一阶电路的时间常数，其单位也是秒（s）。显然，在 RL 一阶电路中，L 值越小、R 值越大，过渡过程进行得越快，反之越慢。

电感元件两端的电压有

$$u_L(t) = L\frac{di}{dt} = -RI_0 e^{-\frac{t}{\tau}} \tag{8.5}$$

电路中响应的波形如图 8.4（b）所示，显然，它们也都是随时间按指数规律衰减的曲线。

对一阶电路的零输入响应可归纳以下几点。

（1）一阶电路的零输入响应都是随时间按指数规律衰减到零的，这实际上反映了暂态过程在没有外输入激励作用下，储能元件的原始能量逐渐被电阻消耗掉的物理过程。

（2）零输入响应取决于电路的原始能量和电路的特性，对于一阶电路来说，电路的特性是通过时间常数 τ 来体现的。

（3）若原始能量增大 A 倍，则零输入响应将相应增大 A 倍，这种原始能量与零输入响应的线性关系称为零输入线性。

8.2.2 一阶电路的零状态响应

所谓零状态响应，是指当电路发生换路时，一阶电路中的储能元件初始能量等于零，仅在外激励作用下引起的电路响应。

1. RC 电路的零状态响应

电容上的原始能量 $u_C = 0$ 时称为零状态。实际上，零状态响应研究的就是 RC 电路充电过程中响应的变化规律，其电路如图 8.5（a）所示。

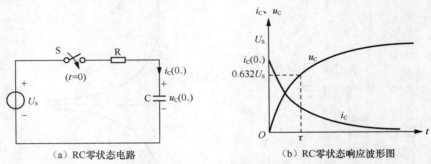

（a）RC零状态电路　　　　　（b）RC零状态响应波形图

图 8.5　RC 零状态电路和零状态响应波形图

从理论上讲，当开关 S 闭合后，经过足够长的时间，电容的充电电压才能等于电源电压 U_S，充电过程结束，充电电流 i_C 也才能衰减到零。

对图 8.5（a）列出其 KVL 方程式为

$$RC\frac{\mathrm{d}u_C}{\mathrm{d}t} + u_C = U_S$$

这是一个一阶的线性非齐次方程，对此方程进行求解可得到方程的解为

$$u_C(t) = u_C(\infty)\left(1 - \mathrm{e}^{-\frac{t}{RC}}\right) = U_S\left(1 - \mathrm{e}^{-\frac{t}{RC}}\right) \tag{8.6}$$

式中，$u_C(\infty)$ 是充电过程结束时电容电压的稳态值，数值上等于电源电压。

显然，一阶电路的零状态响应规律也是指数规律，其波形图如图 8.5（b）所示。充电开始时，电容的电压不能发生跃变，$U_C = 0$；随着充电过程的进行，电容电压按指数规律增长，经历 $3\tau \sim 5\tau$ 时间后，过渡过程基本结束，电容电压 $u_C(\infty) = U_S$，电路达稳态。

电容的基本工作方式是充放电，故电容支路的电流不是放电电流就是充电电流，即电容电流只存在于过渡过程中，因此电路只要达到稳态，i_C 必定等于零，在这一充电过程中，i_C 仍按指数规律衰减。充电过程中，电压、电流为关联方向，故其在横轴上方。

2. RL 电路的零状态响应

电路如图 8.6 所示，在 $t = 0$ 时开关闭合。换路前由于电感中的电流为零，根据换路定律，换路后 $t = 0_+$ 瞬间 $i_L(0_+) = i_L(0_-) = 0$。电流为零，说明此时的电感元件相当于开路；过渡过程结

束，电路重新达到稳态时，由于直流情况下的电流恒定，电感元件上不会引起感抗，它又相当于短路，这一点恰好与电容元件的作用相反。

在图 8.6 所示的 RL 零状态响应电路中，$t=0_+$ 时电流等于零，因此电阻上的电压 $u_R=0$，由 KVL 可知，此时电感元件两端的电压 $u_L(0_+)=U_S$。当达到稳态后，自感电压 u_L 一定为零，电路中的电流将由零增至 U_S/R 后保持恒定。显然，在这一过渡过程中，自感电压 u_L 是按指数规律衰减的，而电流 i_L 则是按指数规律上升的，电阻两端电压始终与电流成正比，因此，u_R 从零增至 U_S。其波形图如图 8.7 所示。

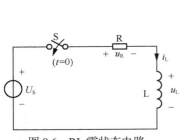

图 8.6　RL 零状态电路

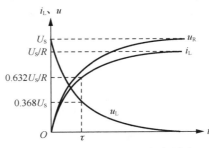

图 8.7　RL 零状态响应波形图

RL 一阶电路零状态响应的规律用数学式可表达为

$$i_L(t) = \frac{U_S}{R}\left(1 - e^{-\frac{t}{\tau}}\right)$$

$$u_R(t) = Ri_L = U_S\left(1 - e^{-\frac{t}{\tau}}\right) \tag{8.7}$$

$$u_L(t) = L\frac{di_L}{dt} = U_S e^{-\frac{t}{\tau}}$$

对一阶电路的零状态响归纳如下。

（1）一阶电路的零状态响应都是随时间按指数规律上升的，这实际上反映了在外激励作用的条件下，储能元件的能量积累过程。

（2）零状态响应取决于电路的外激励和电路特性，对于一阶电路来说，电路的特性是通过时间常数 τ 来体现的。

8.2.3　一阶电路的全响应

电路中动态元件为非零初始状态，且又有外输入激励，在它们的共同作用下所引起的电路响应，称为全响应。因此，全响应可用下式来表达。

全响应＝零输入响应+零状态响应

例 8.3　电路如图 8.8 所示，在 $t=0$ 时 S 闭合。已知 $u_C(0_-)=12V$，$C=1mF$，$R=1k\Omega$，$R_L=2k\Omega$，试求 $t \geqslant 0$ 时的 u_C 和 i_C。

解：既然 RC 电路的全响应是由零输入响应和零状态响应两部分构成的，那么可以分别进行求解。

首先，求零输入响应 u_C'。

当输入为零时，u_C 从初始值 12V 按指数规律衰

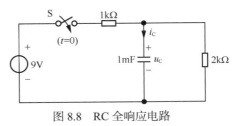

图 8.8　RC 全响应电路

8-5　一阶电路的全响应

减，根据式（8.2）可求得零输入响应为

$$u_C'(t) = 12\mathrm{e}^{-\frac{t}{\tau}} \ (\mathrm{V})$$

其中，有

$$\tau = RC = \frac{1 \times 2}{1 + 2} \times 10^3 \times 1 \times 10^{-3} = \frac{2}{3} \ (\mathrm{s})$$

其次，求零状态响应 u_C''。

电容初始状态为零时，在 9V 电源作用下引起的电路响应可由式（8.6）求得，即

$$u_C''(t) = 6\left(1 - \mathrm{e}^{-\frac{t}{\tau}}\right) \ (\mathrm{V}) \ （其中，时间常数与零输入响应相同）$$

因此，全响应为

$$u_C(t) = u_C' + u_C'' = 12\mathrm{e}^{-1.5t} + 6 - 6\mathrm{e}^{-1.5t} = 6 + (12 - 6)\mathrm{e}^{-1.5t} = 6 + 6\mathrm{e}^{-1.5t} \ (\mathrm{V})$$

其中，第一项是常量 6V，它等于电容电压的稳态值 $u_C(\infty)$，因此也称为全响应的稳态分量；而第二项是按指数规律衰减的，只存在于暂态过程中，被称为全响应的暂态分量，由此也可把全响应写为

$$全响应 = 稳态分量 + 暂态分量$$

电容支路的电流

$$i_C(t) = C\frac{\mathrm{d}u_C}{\mathrm{d}t} = 1 \times 10^{-3} \times \frac{\mathrm{d}(6 + 6\mathrm{e}^{-1.5t})}{\mathrm{d}t} = 9\mathrm{e}^{-1.5t} \ (\mathrm{mA})$$

例 8.4 电路如图 8.9（a）所示。在 $t=0$ 时 S 打开。开关 S 打开前电路已达稳态。已知 $U_S=24\mathrm{V}$，$L=0.6\mathrm{H}$，$R_1=4\Omega$，$R_2=8\Omega$。试求开关 S 打开后的电流 i_L 和电压 u_L。

解： 换路前电路已达稳态，因此电感元件相当于短路，故可得出换路前的等效电路，如图 8.4（b）所示。由图 8.4（b）可求得电流的初始值。

$$i_L(0_+) = i_L(0_-) = \frac{U_S}{R_1} = \frac{24}{4} = 6 \ (\mathrm{A})$$

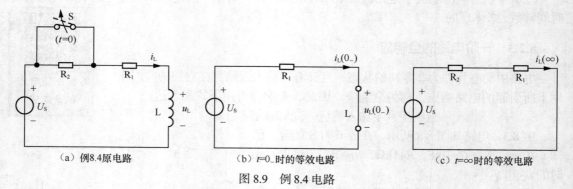

（a）例 8.4 原电路　　　　（b）$t=0_-$ 时的等效电路　　　　（c）$t=\infty$ 时的等效电路

图 8.9　例 8.4 电路

根据图 8.9（c）可求得稳态值

$$i_L(\infty) = \frac{U_S}{R_1 + R_2} = \frac{24}{4 + 8} = 2 \ (\mathrm{A})$$

时间常数 τ 为

$$\tau = \frac{L}{R_1 + R_2} = \frac{0.6}{4+8} = 0.05(\text{s})$$

则零输入响应 i_L' 为

$$i_L'(t) = 6e^{-20t}(\text{A})$$

零状态响应 i_L'' 为

$$i_L''(t) = 2(1 - e^{-20t})(\text{A})$$

全响应为

$$i_L(t) = i_L' + i_L'' = 6e^{-20t} + 2 - 2e^{-20t} = 2 + 4e^{-20t}(\text{A})$$

根据电感元件上的伏安关系可求得

$$u_L(t) = L\frac{\text{d}i}{\text{d}t} = 0.6 \times \frac{\text{d}(2 + 4e^{-20t})}{\text{d}t} = -48e^{-20t}(\text{V})$$

*8.2.4 一阶电路暂态分析的三要素法

一阶电路的全响应可表述为零输入响应和零状态响应之和，也可表述为稳态分量和暂态分量之和，其中，响应的初始值、稳态值和时间常数 τ 称为一阶电路的三要素。

8-6 一阶电路暂态分析的三要素法

一阶电路响应的初始值 $i_L(0_+)$ 和 $u_C(0_+)$，必须在换路前 $t=0_-$ 的等效电路中进行求解，并根据换路定律得出；如果是其他各量的初始值，则应根据 $t=0_+$ 的等效电路进行求解。

一阶电路响应的稳态值均应根据换路后重新达到稳态时的等效电路进行求解。

一阶电路的时间常数 τ 应在换路后 $t \geq 0$ 时的等效电路中求解。求解时首先将 $t \geq 0$ 时的等效电路除源（所有电压源做短路处理，所有电流源做开路处理），再让动态元件断开，并把断开处看作无源二端网络的两个对外引出端，对此无源二端网络求出其入端电阻 R_0。当电路为 RC 一阶电路时，时间常数 $\tau = R_0C$；当电路为 RL 一阶电路时，时间常数 $\tau = L/R_0$。

将上述求得的三要素代入下式，即可求得一阶电路的任意响应。

$$f(t) = f(\infty) + [f(0_+) - f(\infty)]e^{-\frac{t}{\tau}} \qquad (8.8)$$

式（8.8）称为一阶电路任意响应的三要素法的一般表达式。应用此式可方便地求出一阶电路中的任意响应。

例 8.5 应用一阶电路的三要素法重新求解例 8.3 中的电容电压 u_C。

解： 首先，根据换路定律可得出电容电压的初始值，即

$$u_C(0_+) = u_C(0_-) = 12(\text{V})$$

其次，根据图 8.10（a）所示的 $t \geq 0$ 时的等效电路求出电容电压的稳态值，即

$$u_C(\infty) = 9 \times \frac{2}{1+2} = 6(\text{V})$$

将图 8.10（a）除源后，求动态元件两端的等效电阻 R_0，由图 8.10（b）可得

$$R_0 = 1 /\!/ 2 = \frac{2}{3}(\text{k}\Omega)$$

$$\tau = R_0 C = \frac{2}{3} \times 10^3 \times 1 \times 10^{-3} = \frac{2}{3}(\text{s})$$

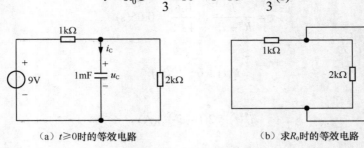

（a）$t \geqslant 0$时的等效电路　　　　　　（b）求R_0时的等效电路

图 8.10　例 8.5 等效电路

将上述求得的三要素值代入式（8.8），可得

$$u_C(t) = u_C(\infty) + [u_C(0_+) - u_C(\infty)]e^{-1.5t}$$
$$= 6 + (12 - 6)e^{-1.5t}$$
$$= 6 + 6e^{-1.5t}(\text{V})$$

例 8.6　应用一阶电路的三要素法重新求解例 8.4 中的电感电流 i_L。

解：例 8.4 前三步已求得电路的三要素，把它们直接代入式（8.8）可得

$$i_L(t) = i_L(\infty) + [i_L(0_+) - i_L(\infty)]e^{-20t}$$
$$= 2 + (6 - 2)e^{-20t}$$
$$= 2 + 4e^{-20t}(\text{A})$$

计算结果与例 8.4 完全相同，所不同的是，计算步骤大大简化了。

课堂实践：一阶电路的响应测试

一、测试目的

（1）测定 RC 一阶电路的零输入响应、零状态响应及完全响应。

（2）学习电路时间常数的测量方法。

（3）掌握有关微分电路和积分电路的概念。

二、测试设备

（1）普通双踪示波器　　　　　一台

（2）函数信号发生器　　　　　一台

（3）电阻箱　　　　　　　　　一只

（4）电容箱　　　　　　　　　一只

三、测试原理说明

（1）动态网络的过渡过程是十分短暂的单次变化过程。要用普通示波器观察过渡过程和测量有关的参数，就必须使这种单次变化的过程重复出现。为此，利用信号发生器输出的方波来模拟阶跃激励信号，即利用方波输出的上升沿作为零状态响应的正阶跃激励信号；利用方波的下降沿作为零输入响应的负阶跃激励信号。只要选择方波的重复周期远大于电路的时间常数 τ，那么电路在这样的方波序列脉冲信号的激励下，其响应就和直流电接通与断开的过渡过程基本相同。

（2）含有动态元件的电路的方程为微分方程，用一阶微分方程描述的电路称为一阶电路。图 8.11 所示为 RC 一阶电路。

将开关 S 的位置扳向"1"，使电路处于零状态，在 $t = 0$ 时刻把开关 S 由位置"1"扳向位置"2"，电路对激励 U_S 的响应为零状态响应，有

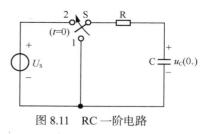

图 8.11　RC 一阶电路

$$u_C(t) = U_S - U_S e^{-\frac{\tau}{RC}}$$

这一暂态过程为电容充电的过程，充电曲线如图 8.12（a）所示。

若开关 S 的位置先置于"2"，使电路处于稳定状态，在 $t = 0$ 时刻把开关 S 由位置"2"扳向位置"1"，则电路发生的响应为零输入响应，有

$$u_C(t) = U_S e^{-\frac{\tau}{RC}}$$

这一暂态过程为电容放电的过程，放电曲线如图 8.12（b）所示。

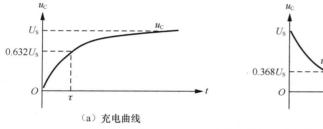

（a）充电曲线　　　　　　　　　　（b）放电曲线

图 8.12　RC 一阶电路的充、放电曲线

动态电路的零状态响应和零输入响应之和称为全响应。

（3）动态电路在换路以后一般会经过一段时间的暂态。因为这一过程不是重复的，所以不易用普通示波器来观察其动态过程（普通示波器只能用来观察周期性的波形）。为了能利用普通示波器研究上述电路的充放电过程，可由方波激励实现 RC 一阶电路重复出现的充放电过程。若方波激励的半周期 $T/2$ 与时间常数 $\tau(= RC)$ 之比保持在 5:1 左右，则可使电容每次充放电的暂态过程基本结束，再开始新一次的充放电过程，如图 8.13 所示。

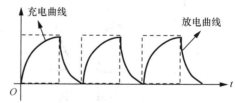

图 8.13　方波激励 RC 一阶电路的充、放电曲线

（4）RC 电路充放电的时间常数 τ 可以通过示波器观察的响应波形计算。设时间坐标单位确定，对于充电曲线，幅值由零上升到终值的 63.2% 所需要的时间为时间常数 τ。对于放电曲线，幅值下降到初值的 36.8% 所需要的时间也为时间常数 τ。

（5）RC 一阶动态电路在一定条件下，可近似构成微分电路和积分电路。当时间常数 τ 远远小于方波周期 T 时，可近似构成图 8.14（a）所示的微分电路；当时间常数 τ 远远大于方波周期 T 时，可近似构成图 8.14（b）所示的积分电路。

四、实验内容

（1）图 8.14（a）微分电路连接峰-峰值一定、周期一定的方波信号源，调节电阻箱阻值和电容箱的电容值，观察并描绘 $\tau = 0.01\,T$、$\tau = 0.2\,T$ 和 $\tau = T$ 这 3 种情况下 $u_S(t)$ 和 $u_o(t)$ 的波形。用示波器测出对应 3 种情况的时间常数，并将其记录于表 8.2 中，与理论值相比较。

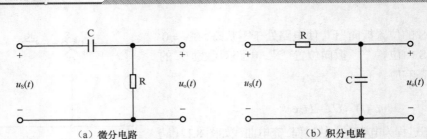

（a）微分电路　　　　　　　　　　　　（b）积分电路

图 8.14　RC 一阶微分电路和积分电路

表 8.2　一阶电路响应测试实验数据

参数值		时间常数		波形	
$R/\text{k}\Omega$	$C/\mu\text{F}$	τ（理论值）	τ（测试值）	$u_\text{S}(t)$	$u_\text{o}(t)$
			$0.01T$		
			$0.2T$		
			T		

（2）图 8.14（b）所示的积分电路连接峰-峰值一定、周期一定的方波信号源，选取合适的电阻、电容参数，观察并描绘 $\tau = T$、$\tau = 3T$ 和 $\tau = 5T$ 这 3 种情况下 $u_\text{S}(t)$ 和 $u_\text{o}(t)$ 的波形。用示波器测出对应 3 种情况的时间常数，自拟与表 8.2 类似的表格，记录有关数据和波形，与给定的理论值相比较。

（3）设计一个简单的一阶网络实验线路，要求观察到该网络的零输入响应、零状态响应和全响应。研究零输入响应、初始状态、零状态响应与激励之间的关系。

五、实践思考题

（1）为什么说实验中所介绍的 RC 微分电路、积分电路是近似的微分电路、积分电路？其最大误差在什么地方？

（2）完成实验内容所要求的数据记录和表格拟定。

（3）完成实验要求的电路设计，并做出相应的理论分析。

思考题

1. 一阶电路的时间常数 τ 由什么来决定？其物理意义是什么？

2. 一阶电路响应的规律是什么？电容元件上通过的电流和电感元件两端的自感电压有无稳态值？为什么？

3. 能否说一阶电路响应的暂态分量等于它的零输入响应？稳态分量等于它的零状态响应？为什么？

4. 说明一阶电路的零输入响应规律、零状态响应规律及全响应的规律。

5. 你能正确画出一阶电路 $t=0_+$ 和 $t=\infty$ 时的等效电路图吗？图中动态元件应如何处理？

6. 何谓一阶电路的三要素？试述其物理意义。三要素法中的几个重要环节应如何掌握？

7. 一阶电路中的 0、0_-、0_+ 这 3 个时刻有何区别？$t=\infty$ 是什么概念？它们的实质各是什么？在具体分析时如何取值？

8.3　一阶电路的阶跃响应

在电子工程和控制理论中，阶跃响应是在非常短的时间之内，一般系统的输出在输入量从 0 跃变为 1 时的体现。

8-7　单位阶跃函数

8.3.1　单位阶跃函数

在动态电路的暂态分析中，常引用单位阶跃函数，以便描述电路的激励和响应。单位阶跃函数是一种奇异函数，一般用符号 $\varepsilon(t)$ 表示，其定义为

$$\varepsilon(t) = \begin{cases} 0 & t \leqslant 0_- \\ 1 & t > 0_+ \end{cases} \tag{8.9}$$

单位阶跃函数的波形图如图 8.15 所示。显然，单位阶跃函数在 $t=0$ 处不连续，函数值由 0 跃变到 1。

单位阶跃函数既可以表示电压，也可以表示电流，它在电路中通常用来表示开关在 $t=0$ 时刻的动作。

图 8.16（a）、（c）所示电路中的开关 S 的动作，完全可以用图 8.16（b）、（d）中的阶跃电压或阶跃电流来描述。

单位阶跃函数实质上反映了电路在 $t=0$ 时刻把一个零状态电路与一个 1V 或 1A 的独立源相接通的开关动作。

单位阶跃函数 $\varepsilon(t)$ 表示的是从 $t=0$ 时刻开始的阶跃，如果阶跃发生在 $t=t_0$ 时刻，则可以认为是 $\varepsilon(t)$ 在时间上延迟了 t_0 后得到的结果，把此时的阶跃称为延时单位阶跃函数，并记作 $\varepsilon(t-t_0)$，其定义为

$$\varepsilon(t-t_0) = \begin{cases} 0 & t \leqslant t_{0-} \\ 1 & t > t_{0+} \end{cases} \tag{8.10}$$

图 8.15　单位阶跃函数的波形图

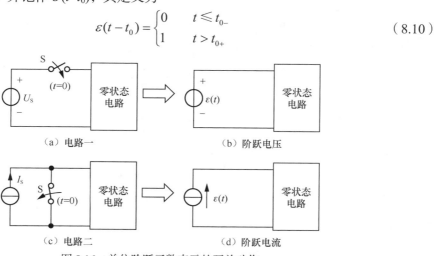

图 8.16　单位阶跃函数表示的开关动作

延时单位阶跃函数的波形图如图 8.17 所示。对于一个图 8.18 所示的矩形脉冲波，可以看作由一个 $\varepsilon(t)$ 与一个 $\varepsilon(t-t_0)$ 共同组成的，即

$$f(t) = \varepsilon(t) - \varepsilon(t - t_0)$$

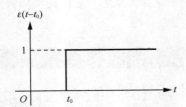

图 8.17　延时单位阶跃函数的波形图

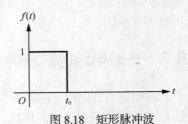

图 8.18　矩形脉冲波

同理，对于图 8.19 所示的幅度为 1 的矩形脉冲波，则可表示为

$$f(t) = 1(t - t_1) + 1(t - t_2)$$

8.3.2　单位阶跃响应

零状态电路对单位阶跃信号的响应称为单位阶跃响应，简称阶跃响应，一般用 $S(t)$ 表示。

如前所述，单位阶跃函数 $\varepsilon(t)$ 作用于电路时相当于单位独立源（1V 或 1A）在 $t=0$ 时与零状态电路接通，因此，电路的零状态响应实际上就是单位阶跃响应。只要电路是一阶的，均可采用三要素法进行求解。

例 8.7　电路如图 8.20 所示，已知 $u(t) = 5 \times 1(t-2)\mathrm{V}$，$u_C(0_+) = 10\mathrm{V}$，试求电路响应 $i(t)$。

8-8 单位阶跃
响应

解：该电路是 RC 一阶电路，因此电路达到稳态时电流 $i(\infty) = 0$，电流响应只有瞬态分量而没有稳态分量，而此瞬态分量又是在电容电压和电源电压两部分的共同作用下产生的，故需用叠加定理求解。

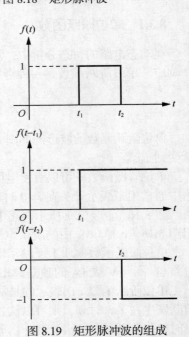

图 8.19　矩形脉冲波的组成

① 电容电压作用的时间为 $t=0$ 时刻，因此电容电压作用下的电流初始值为

$$i(0_+) = \frac{10}{2} \times 1(t) = 5 \times 1(t)(\mathrm{A})$$

电路的时间常数为

$$\tau = RC = 2 \times 1 = 2(\mathrm{s})$$

电容电压作用下电流的阶跃响应为

$$i(t)' = 5\mathrm{e}^{-0.5t} \times 1(t)(\mathrm{A})$$

② 电源电压作用的时间是 $t=2\mathrm{s}$，因此电源电压作用下的电流初始值为

$$i(2_+) = \frac{-5}{2} \times 1(t-2) = -2.5 \times 1(t-2)(\mathrm{A})$$

电流的参考方向与电源作用的电流实际方向相反，因此公式中取负号。

该响应的时间常数为

$$\tau = RC = 2 \times 1 = 2(\text{s})$$

电源电压作用下电流的阶跃响应为

$$i(t)'' = -2.5\mathrm{e}^{-0.5(t-2)} \times 1(t-2)(\text{A})$$

③ 应用叠加定理可得电路电流的响应为

$$i(t) = i(t)' + i(t)'' = [5\mathrm{e}^{-0.5t} \times 1(t) - 2.5\mathrm{e}^{-0.5(t-2)} \times 1(t-2)](\text{A})$$

由此例可看出，单位阶跃响应的求解方法与一阶电路响应的求解方法类似，把响应公式中的输入改为单位阶跃响应 $\varepsilon(t)$，即可获得该电路的阶跃响应，为表示响应适用的时间范围，在所得结果的后面要乘以相应的单位阶跃函数。

例 8.8　电路如图 8.21 所示，已知 $I_0 = 3\text{mA}$，试求 $t \geq 0$ 时的电容电压 $u_C(t)$。

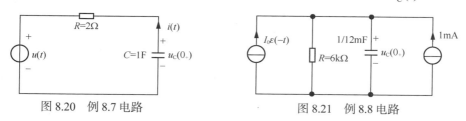

图 8.20　例 8.7 电路　　　　　图 8.21　例 8.8 电路

解：电路中的 $\varepsilon(-t)$ 实质上是指 1A 的电流源在 $t \leq 0_-$ 时作用于电路，在 $t \geq 0_+$ 时与电路断开的开关动作。

采用三要素法求解，有

$$u_C(0_+) = u_C(0_-) = (3+1) \times 6 = 24(\text{V})$$

$$u_C(\infty) = 1 \times 6 = 6(\text{V})$$

$$\tau = RC = 6 \times \frac{1}{12} = 0.5(\text{s})$$

所以

$$u_C(t) = u_C(\infty) + [u_C(0_+) - u_C(\infty)]\mathrm{e}^{-\frac{t}{\tau}} = [6 + 18\mathrm{e}^{2t}](\text{V}) \ (t \geq 0)$$

也就是说，电容电压响应不是阶跃响应，电路中的阶跃函数只在 $t \leq 0_-$ 时作用于电路。

思考题

1. 单位阶跃函数是如何定义的？其实质是什么？它在电路分析中有什么作用？
2. 说明（$-t$）、（$t+2$）和（$t-2$）各对应时间轴上的哪一点。
3. 试用阶跃函数分别表示图 8.22 所示的电流和电压的波形图。

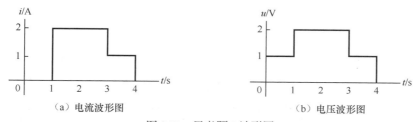

（a）电流波形图　　　　　　　　　（b）电压波形图

图 8.22　思考题 3 波形图

8.4 二阶电路的零输入响应

一阶电路只含有一个储能元件（电感或电容）。含有两个储能元件的电路需用二阶线性常微分方程来描述，因此称为二阶电路。

8-9 二阶电路的零输入响应

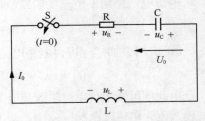

图 8.23 RLC 相串联的零输入响应电路

图 8.23 所示为 RLC 相串联的零输入响应电路，已知电容电压的初始值 $u_C(0_-) = U_0$，电流的初始值 $i(0_-) = I_0$，在 $t = 0$ 时开关 S 闭合，电路中的过渡过程开始，根据 KVL 可知，过渡过程可用下式描述。

$$LC\frac{d^2 u_C}{dt^2} + RC\frac{du_C}{dt} + u_C = 0$$

显然，此式是一个以 u_C 为变量的二阶线性齐次微分方程式，其特征方程为

$$LCS^2 + RCS + 1 = 0$$

$$S = \frac{-R}{2L} + \sqrt{\left(\frac{R}{2L}\right) - \frac{1}{LC}} = -\delta \pm \sqrt{\delta^2 - \omega_0^2} \quad (\text{其中}, \quad \delta = \frac{R}{2L}, \quad \omega_0 = \frac{1}{\sqrt{LC}})$$

当电路中出现 $\delta > \omega_0$（即 $R > 2\sqrt{\dfrac{L}{C}}$）、$\delta < \omega_0$（即 $R < 2\sqrt{\dfrac{L}{C}}$）和 $\delta = \omega_0$（即 $R = 2\sqrt{\dfrac{L}{C}}$）这 3 种关系时，电路的响应将各不相同。

1. $R > 2\sqrt{\dfrac{L}{C}}$

当 $R > 2\sqrt{\dfrac{L}{C}}$ 时，电路中的电流和电压波形图如图 8.24（a）所示，这种情况称为"过阻尼"状态。过阻尼状态下，电容电压 u_C 单调衰减而最终趋于零，一直处于放电状态；放电电流 i_C 则从零逐渐增大，达到最大值后又逐渐减小到零，没有正、负交替状况，因此响应是非振荡的。

"过阻尼"状态下，电路既要满足换路定律，又要满足 u_C 和 i_C 最终为零的条件，所以它们不再按指数规律变化。从能量的角度上看，在 $0 \sim t_m$ 阶段，电容器原来储存的电场能量逐渐放出，一部分消耗在电阻上，一部分随着电流上升而使电感储能增加，由于电阻 R 的值较大，消耗的能量多，电感储存的能量少，在电流增大到对应 t_m 时刻，当电场释放的能量满足不了电阻消耗的时候，电流开始下降，即在 $t_m \sim \infty$ 阶段，磁场能量伴随电流的减小开始释放，电场能量和磁场能量一起消耗在电阻上，直到全部耗尽为止。

2. $R < 2\sqrt{\dfrac{L}{C}}$

当 $R < 2\sqrt{\dfrac{L}{C}}$ 时，电路中的电流和电压波形图如图 8.24（b）所示，这种情况称为"欠阻尼"状态。欠阻尼状态下，随着电容器的放电，电容电压逐渐下降，电流的绝对值逐渐增大，电场放出的能量一部分转换为磁场能量，另一部分转化为热能消耗于电阻上；在电容放电结束时，电流并不为零，仍按原方向继续流动，但绝对值在逐渐减小。当电流衰减为零时，电容器上又

反向充电到一定电压，此时又开始放电，送出反方向的电流。此后，电压、电流的变化与前一阶段相似，只是方向与前阶段相反。由此周而复始地进行充放电，就形成了电压、电流的周期性交变，这种现象称为电磁振荡。在振荡过程中，电阻的存在会不断地消耗能量，所以电压和电流的振幅逐渐减小，直至为零，即电路中的原始能量全部消耗在电阻上后，振荡被终止。这种振荡称为减幅振荡。

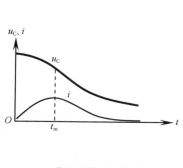

（a）"过阻尼"状态波形图　　　　　　　　　（b）"欠阻尼"状态波形图

图 8.24　"过阻尼"和"欠阻尼"状态波形图

减幅振荡现象属于一种基本的电磁现象，在电子技术中得到广泛应用，如外差式收音机、电视机等。但在实际电路中，为了使减幅振荡成为不减幅的振荡，一般常采用晶体管或其他电路来补偿电阻上的损耗。

3.　$R = 2\sqrt{\dfrac{L}{C}}$

当 $R = 2\sqrt{\dfrac{L}{C}}$ 时，电流和电压的波形仍是非振荡的，其能量转换过程与"过阻尼"状态相同。只是此状态下电路响应临近振荡，故称此时为"临界阻尼"状态。

4.　$R = 0$

$R = 0$ 是一种理想的电路状态，因为电阻为零，所以电路中没有能量损耗。这种情况下，电容元件通过电感元件反复充放电，所达到的电压值始终等于 U_0，因此电路中的电流振幅也不会减小，电场能量与磁场能量之间的相互转换永不停息，此时的振荡就成了按正弦规律变化的等幅振荡。在等幅振荡情况下，两个动态元件上的电抗必然相等，即 $X_L = X_C$，由此可导出 LC 等幅振荡时电路的固有频率为

$$f_0 = \frac{1}{2\pi\sqrt{LC}}$$

如果电路中存在电阻，则所产生的减幅振荡的频率就与电阻有关，上述公式就不能使用了。

以上讨论的情况仅适用于 RLC 串联电路的零输入状态，恒定输入情况下的全响应与零输入响应类似，仍按以上 3 种情况判断电路是否产生振荡。显然，一个电路是否振荡并不取决于何种激励，而是由电路元件的参数所决定的。

思考题

1.　二阶电路的零输入响应有哪几种情况？各种情况下响应的表达式如何？条件是什么？

2. 图 8.25 所示电路处于临界阻尼状态，如将开关 S 闭合，则电路将处于过阻尼还是欠阻尼状态？

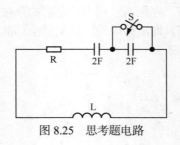

图 8.25　思考题电路

小结

1. 因为电感元件和电容元件上的电压和电流是微分或积分的动态关系，所以将它们称为动态元件。在含有动态元件的电路中，发生换路时，一般不能从原来的稳定状态立刻变化到新的稳定状态，而是必须经历一个过渡过程，对过渡过程中响应的分析过程，称为暂态分析。

2. 一阶电路发生换路时，状态变量不能发生跃变，一般遵循换路定律，即

$$u_C(0_+) = u_C(0_-)$$
$$i_L(0_+) = i_L(0_-)$$

3. 只含有一个动态元件的电路可以用一阶微分方程进行描述，因而称为一阶电路。一阶电路的响应，既可以只由外加激励引起（零状态响应），又可以只由动态元件本身的原始储能引起（零输入响应），还可由二者共同作用引起（全响应）。

4. 时间常数 τ 体现了一阶电路过渡过程进行的快慢程度。对于 RC 一阶电路，$\tau = RC$；对于 RL 一阶电路，$\tau = \dfrac{L}{R}$，同一电路中只有一个时间常数。式中，R 等于从动态元件两端看进去的戴维南等效电路中的等效电阻。时间常数 τ 的取值决定于电路的结构和参数。

5. 一阶电路的过渡过程可以用三要素法来求解，一般表达式为

$$f(t) = f(\infty) + [f(0_+) - f(\infty)]e^{-\frac{t}{\tau}}$$

式中，$f(t)$ 为待求响应；$f(\infty)$ 为待求响应的稳态值；$f(0_+)$ 为待求响应的初始值；τ 为电路的时间常数。三要素法使直流激励下的一阶电路的求解过程大大简化了，应该熟练掌握。

6. 单位阶跃函数具有一种起始的性质。电路对单位阶跃函数的零状态响应称为阶跃响应，用 $s(t)$ 表示。延迟的阶跃函数激励下的响应也要延迟出现，这就是它的延迟性质。

7. 零输入状态下 RLC 电路过渡过程的性质取决于电路元件的参数。当 $R > 2\sqrt{\dfrac{L}{C}}$ 时，电路发生非振荡过程，称为"过阻尼"状态；当 $R < 2\sqrt{\dfrac{L}{C}}$ 时，电路出现振荡过程，称为"欠阻尼"状态；当 $R = 2\sqrt{\dfrac{L}{C}}$ 时，电路为临界非振荡过程，称为"临界阻尼"状态。

当电阻为零时，电路出现等幅振荡。在 RLC 串联的零输入电路中产生振荡的必要条件是

$R < 2\sqrt{\dfrac{L}{C}}$。当 $R > 2\sqrt{\dfrac{L}{C}}$ 或 $R = 2\sqrt{\dfrac{L}{C}}$ 时，由于电阻较大，电容放电一次，能量会被电阻消耗殆尽，电路无法产生振荡。

能力检测题

一、填空题

1. 电感元件的状态变量是_____，电容元件的状态变量是_____，状态变量的大小不仅能够反映动态元件上的能量储存情况，还能反映出动态元件上的_____不能发生跃变这一事实。

2. 含有动态元件的电路中，电路的接通及断开，接线的改变或是电路参数、电源的突然变化等，统称为_____。

3. 在电路发生换路后的一瞬间，电感元件的_____和电容元件的_____都应保持换路前一瞬间的原有值不变，此规律称为_____定律。

4. 仅在动态元件原始能量的作用下所引起的电路响应称为_____响应；当动态元件的原始能量为零，仅在外激励作用下引起的电路响应称为_____响应；动态元件既存在原始能量，又有外输入激励时引起的电路响应称为_____。

5. 一阶电路的暂态分析中，响应的_____、_____和_____称为一阶电路的_____。

6. 在二阶电路中，$R > 2\sqrt{\dfrac{L}{C}}$ 时的情况称为_____状态；$R < 2\sqrt{\dfrac{L}{C}}$ 时的情况称为_____状态；$R = 2\sqrt{\dfrac{L}{C}}$ 时的情况称为_____状态。

7. RL 一阶电路的时间常数 $\tau=$_____，RC 一阶电路的时间常数 $\tau=$_____，在过渡过程中，时间常数 τ 的数值越大，过渡过程所经历的时间_____。

二、判断题

1. LC 一阶电路在电路突然接通或突然断开时将出现"暂态"过程。（　　　）

2. 一阶电路原始能量为零、仅在外输入激励下引起的响应称为零输入响应。（　　　）

3. 外输入激励为零、仅在动态元件原始能量作用下引起的响应为零输入响应。（　　　）

4. 时间常数 τ 体现了一阶电路过渡过程进行的快慢程度。（　　　）

5. 无论是一阶电路还是二阶电路，都可以用三要素法来求解。（　　　）

6. 过阻尼状态下，二阶电路中的电容元件一会儿充电，一会儿放电。（　　　）

7. 二阶电路中的电阻为零时，电场和磁场之间的振荡为等幅振荡。（　　　）

8. RLC 串联的零输入电路产生振荡的必要条件是 $R > 2\sqrt{\dfrac{L}{C}}$。（　　　）

9. 当电路发生换路时，电容元件的电流不能发生跃变，按指数规律衰减。（　　　）

10. 一阶电路发生过渡过程时，状态变量都是按指数规律变化的。（　　　）

三、选择题

1. 状态变量是指（　　　）。

A. 一阶电路中电感元件上通过的电流和电容元件的极间电压

B. 一阶电路中电感元件的端电压和通过电容元件的电流

C. 一阶电路中电感元件上通过的电流和电容元件上通过的电流

2. 在 RC 一阶电路的暂态过程中，电容元件上的电流变化规律是（   ）。

　　A. 在零输入响应中，i_C 按指数规律衰减，在零状态响应中，i_C 按指数规律上升

　　B. 在零输入响应中，i_C 按指数规律上升，在零状态响应中，i_C 按指数规律衰减

　　C. 无论是零状态响应还是零输入响应，i_C 均按指数规律衰减

3. 对一阶电路时间常数 τ 的正确说法是（   ）。

　　A. 一阶电路时间常数 τ 的数值越大，过渡过程的时间越短

　　B. 一阶电路时间常数 τ 的数值越大，过渡过程的时间越长

　　C. 一阶电路时间常数 τ 的数值大小并不影响过渡过程进行的快慢

4. 在 RL 一阶电路的暂态过程中，通过电感元件的电流变化规律是（   ）。

　　A. 在零状态响应中，i_L 按指数规律衰减；在零输入响应中，i_L 按指数规律上升

　　B. 在零状态响应中，i_L 按指数规律上升；在零输入响应中，i_L 按指数规律衰减

　　C. 无论是零输入响应还是零状态响应，i_L 均按指数规律衰减

5. 若使二阶电路发生欠阻尼状态，则条件是（   ）。

　　A. $R > 2\sqrt{\dfrac{L}{C}}$　　　　　　B. $R < 2\sqrt{\dfrac{L}{C}}$　　　　　　C. $R = 2\sqrt{\dfrac{L}{C}}$

四、名词解释

1. 暂态

2. 换路

3. 全响应

4. 阶跃响应

五、简答题

1. 什么是电路的过渡过程？含有哪些元件的电路存在过渡过程？

2. 在 RC 一阶电路中，如何确定电容元件上电压的初始值？

3. 在 RC 一阶电路的全响应中，电容电压和电容电流分别按什么规律如何变化？

4. 何谓一阶电路响应的暂态分量和稳态分量？什么是一阶电路的三要素？

六、计算题

1. 图 8.26 所示的各电路已达稳态，开关 S 在 $t = 0$ 时动作，试求各电路中各元件电压的初始值。

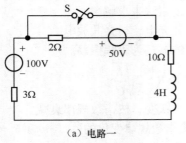

（a）电路一

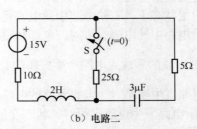

（b）电路二

图 8.26　计算题 1 电路

2. 图 8.27 所示电路在 $t=0$ 时开关 S 闭合，闭合开关之前电路已达稳态。试求电路响应 $u_C(t)$。

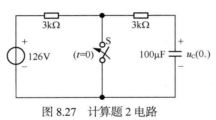

图 8.27 计算题 2 电路

3. 在图 8.28 所示电路中，$R_1=R_2=100\text{k}\Omega$，$C=1\mu\text{F}$，$U_S=3\text{V}$。开关 S 闭合前，电容元件上原始储能为零，试求开关闭合后 0.2s 时电容两端的电压。

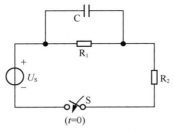

图 8.28 计算题 3 电路

4. 图 8.29 所示电路在换路前已达稳态，$t=0$ 时开关 S 闭合。试求电路响应 $u_C(t)$。

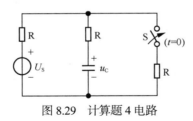

图 8.29 计算题 4 电路

5. 图 8.30 所示电路在换路前已达稳态，$t=0$ 时开关 S 动作。试求电路响应 $u_C(t)$。

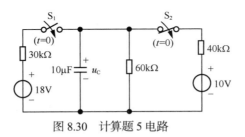

图 8.30 计算题 5 电路

七、素质拓展题

金工实习时电火花加工的原理是什么？要产生能融化金属的电火花需要多高的电压？要产生如此高的直流电压在操作过程中会不会很危险？在实验室能不能实现呢？

请带着上述问题查阅相关资料并开展分组研讨，理解看似普普通通的电阻、电感、电容联手的威力。

第9章 非正弦周期电流电路

🔆 知识 导图

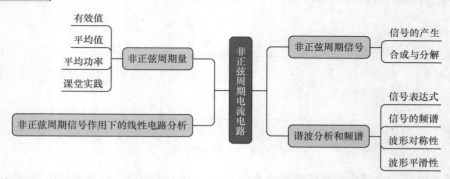

生产和生活中主要采用的是正弦交流电。但在不少的实际应用中，还会遇到一些不按正弦规律变化的电压和电流。例如，通信工程方面传输的各种信号，如收音机、电视机收到的信号电压或电流，它们的波形都是非正弦波；自动控制、电子计算机等技术领域中的脉冲信号、非电测量技术中由非电量转换过来的电信号等，其波形都是非正弦的。分析非正弦周期电流电路时，仍然要应用前面讲到的电路基本定律，但是如何应用基本定律去分析非正弦周期信号作用下的电流电路，是摆在我们面前的新问题。为此，本章将引入非正弦周期信号激励于线性电路的谐波分析法。

💡 知识 目标

了解非正弦周期量与正弦周期量之间存在的特定关系；理解和掌握谐波分析法；明确非正弦周期量的有效值与各次谐波有效值的关系及平均功率；掌握简单线性非正弦周期电流电路的分析。

💡 能力 目标

具有使用信号发生器和直流电源，并使用双踪示波器对它们的信号进行观察的能力。

 9.1 非正弦周期信号

非正弦信号又可分为周期性的和非周期性的两种。本章主要讨论在非正弦周期信号的作用下线性电路的稳态分析和计算方法，并简要地介绍信号频谱的概念。

9.1.1　非正弦周期信号的产生

当电路中的激励是非正弦周期信号时，电路中的响应也是非正弦的。例如，实验室中的信号发生器除了能产生正弦波信号外，还能产生方波信号和三角波信号等，如图 9.1 所示。

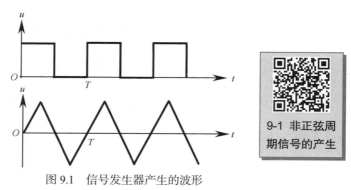

当非正弦周期信号加到电路中时，在电路中产生的电压和电流也是非正弦波。若一个电路中同时有几个不同频率的正弦激励共同作用，则电路中的响应一般也不是正弦量。

图 9.1　信号发生器产生的波形

9-1 非正弦周期信号的产生

例如，晶体管交流放大电路工作时既有为静态工作点提供能量的直流电源，又有需要传输和放大的正弦输入信号，则放大电路中各电流既不是直流，也不是正弦交流，而是非正弦周期电流。

电路中含有非线性元件时，即使激励是正弦量，电路中的响应也可能是非正弦周期函数。例如，对于半波整流电路，加在输入端的电压是正弦量，但是通过非线性元件二极管时，正弦量的负半波被削掉，输出成为非正弦的半波整流；另外，在正弦激励下，通过铁心线圈中的电流一般也是非正弦波。

非正弦周期信号的波形变化具有周期性，这是它们的共同特点。

9.1.2　非正弦周期信号的合成与分解

图 9.2（a）中的粗黑实线所示方波是一种常见的非正弦周期信号；图中虚线所示的 u_1 是一个与方波同频率的正弦波，显然，两个波形的形状相差甚远；图中虚线所示还有一个振幅是 u_1 波形的 1/3、频率是 u_1 波形的 3 倍的正弦波 u_3，将这两个正弦波进行叠加，即可得到一个图 9.2（a）中细实线所示的合成波 u_{13}，这个 u_{13} 与 u_1 相比，波形比较接近方波。

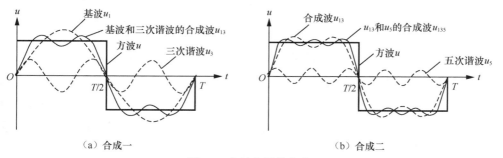

（a）合成一　　　　　　　　　　　　（b）合成二

图 9.2　方波电压的合成

如果再在 u_{13} 上叠加一个振幅是 u_1 波形的 1/5、频率是 u_1 波形的 5 倍的正弦波 u_5，如图 9.2（b）中虚线所示的两个波形，又可得到图 9.2（b）中细实线所示的合成波 u_{135}，这个 u_{135} 显然更加接近方波的波形。以此类推，把振幅为 u_1 的 1/7，1/9，…，7 倍，9 倍，…于 u_1 的高频率正弦波继续叠加到合成波 u_{135}，u_{1357}，…上，最终的合成波肯定与图 9.2 中的方波完全相同。

9-2 非正弦周期信号的谐波概念

此例说明，一系列振幅不同、频率成整数倍的正弦波，叠加后可构成一个非正弦周期波。把这些频率不同的正弦波称为非正弦周期波的谐波，其中 u_1 的频率与方波相同，称为方波的基波，是构成方波的基本成分；其余的叠加波按照频率为基波的 K 次倍而分别称为 K 次谐波，如 u_3 称为方波的 3 次谐波、u_5 称为方波的 5 次谐波等。K 为奇数的谐波又称为奇次谐波，K 为偶数的谐波又称为偶次谐波；基波可称作一次谐波，高于一次谐波的正弦波均可称为高次谐波。

各次谐波可以合成为一个非正弦周期波，反之，一个非正弦周期波也可分解为无限多个谐波成分，这个分解的过程称为谐波分析，谐波分析的数学基础是傅里叶级数。

思考题

1. 电路中产生非正弦周期波的原因是什么？试举例说明。
2. 有人说："只要电源是正弦的，电路中各部分的响应也一定是正弦波。"，这种说法对吗？
3. 试述基波、高次谐波、奇次谐波、偶次谐波的概念。
4. 稳恒直流电和正弦交流电有谐波吗？什么样的波形才具有谐波？试说明。

9.2 谐波分析和频谱

非正弦周期信号有各自的变化规律，为了能从这些不同的变化规律中寻找它们和正弦周期信号之间的固有关系，需对非正弦周期信号进行谐波分析和频谱分析，以便弄清它们是由哪些频率成分构成的，以及各个频率分量所占的比例等。这些问题搞清楚后，就可以在非正弦周期信号的分析和计算中引入正弦电路分析法，从而使问题大大简化。

9-3 非正弦周期
信号的谐波分析
和频谱

9.2.1 非正弦周期信号的傅里叶级数表达式

由 9.1 节内容可知，方波实际上是由振幅按 1，1/3，1/5，…规律递减，频率按基波的 1，3，5，…奇数递增的一系列正弦谐波分量所合成的。方波的谐波分量表达式为

$$u = U_\mathrm{m} \sin \omega t + \frac{1}{3} U_\mathrm{m} \sin 3\omega t + \frac{1}{5} U_\mathrm{m} \sin 5\omega t + \frac{1}{7} U_\mathrm{m} \sin 7\omega t + \cdots \qquad (9.1)$$

上述谐波表达式在数学上称为傅里叶级数展开式，其中，$\omega = \dfrac{2\pi}{T}$ 是非正弦周期信号基波的角频率，T 为非正弦周期信号的周期。

具有其他波形的非正弦周期信号，也都是由一系列正弦谐波分量所合成的。但是不同的非正弦周期信号波形所包含的各次谐波成分在振幅和相位上也各不相同。所谓谐波分析，就是对一个已知波形的非正弦周期信号，找出它所包含的各次谐波分量的振幅和初相，写出其傅里叶级数表达式的过程。

电工电子技术中经常遇到的一些非正弦周期信号所具有的波形和谐波成分，这里将其列于表 9.1 中，而对于它们的傅里叶级数求解步骤不再赘述。

表 9.1　非正弦周期信号波形及傅里叶级数表达式

序号	$f(t)$的波形图	$f(t)$的傅里叶级数表达式
1		$f(t) = \dfrac{4A}{\pi}\left(\sin \omega t + \dfrac{1}{3}\sin 3\omega t + \dfrac{1}{5}\sin 5\omega t + \cdots\right)$
2		$f(t) = \dfrac{8A}{\pi^2}\left(\sin \omega t - \dfrac{1}{9}\sin 3\omega t + \dfrac{1}{25}\sin 5\omega t - \cdots\right)$
3		$f(t) = \dfrac{A}{2} - \dfrac{A}{\pi}\left(\sin 2\omega t + \dfrac{1}{2}\sin 4\omega t + \dfrac{1}{3}\sin 6\omega t + \cdots\right)$
4		$f(t) = \dfrac{4A}{\pi}\left(\dfrac{1}{2} - \dfrac{1}{3}\cos \omega t - \dfrac{1}{15}\cos 4\omega t - \dfrac{1}{35}\cos 6\omega t - \cdots\right)$
5		$f(t) = \dfrac{2A}{\pi}\left(\dfrac{1}{2} + \dfrac{\pi}{4}\cos \omega t - \dfrac{1}{3}\cos 2\omega t - \dfrac{1}{15}\cos 4\omega t - \cdots\right)$
6		$f(t) = \dfrac{2A}{\pi}\left(\sin \omega t - \dfrac{1}{2}\sin 2\omega t + \dfrac{1}{3}\sin 3\omega t - \cdots\right)$
7		$f(t) = \dfrac{8A}{\pi^2}\left(\cos \omega t + \dfrac{1}{9}\cos 3\omega t + \dfrac{1}{25}\cos 5\omega t + \cdots\right)$
8		$f(t) = A\left[\dfrac{1}{2} + \dfrac{2}{\pi}\left(\sin \omega t + \dfrac{1}{3}\sin 3\omega t + \dfrac{1}{5}\sin 5\omega t + \cdots\right)\right]$

9.2.2　非正弦周期信号的频谱

非正弦周期信号虽然可以展开成傅里叶级数，但是看起来不够直观，不能一目了然。为了能够更直观地表示出一个非正弦周期信号中包含哪些频率分量，每一个分量的相对幅度有多大，常常采用图 9.3（a）所示的振幅频谱图进行说明。

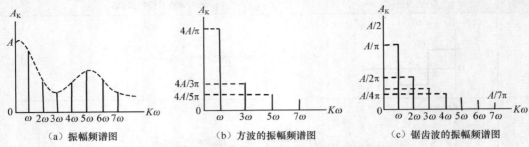

（a）振幅频谱图　　　　　　（b）方波的振幅频谱图　　　　　　（c）锯齿波的振幅频谱图

图 9.3　振幅频谱图及方波、锯齿波的振幅频谱图

频谱图的画法：建立直角坐标系，横轴表示频率或角频率，纵轴表示非正弦周期信号的振幅。采用一些长度与基波和各次谐波振幅大小相对应的线段，按频率的高低顺序依次排列，如图 9.3（a）所示。其中每一条谱线代表一个相应频率的谐波分量，谱线的高度代表这一谐波分量的振幅，谱线所在的横坐标位置代表这一谐波分量的频率。将各条谱线的顶点连接起来的曲线［图 9.3（a）中虚线］，称为振幅的包络线。由振幅频谱图可直观地看出非正弦周期信号包含了哪些谐波分量，以及各分量所占的"比例"。图 9.3（b）、（c）所示分别是方波、锯齿波的振幅频谱图。

9.2.3　波形的对称性与谐波成分的关系

谐波分析是根据已知波形来进行的。非正弦周期信号的波形本身就决定了这个信号含有哪些频率的谐波以及这些谐波的幅度与相位。实际问题中遇到的各种不同波形的周期信号，在某些特殊情况下，根据给出的波形用直观的方法即可判断出它们所含有的谐波成分，因此不必对其进行具体的谐波分析，从而给所研究的问题带来了方便。

非正弦周期波含有的谐波成分按频率可分为两类：一类是频率为基波频率的 1，3，5，…倍的谐波，称为奇次谐波；另一类是频率为基波频率的 2，4，6，…倍的谐波，称为偶次谐波。有些周期信号中还存在一定的直流成分，称为零次谐波，零次谐波属于偶次谐波。

观察表 9.1 所示的序号为 1、2、7 的 3 种非正弦周期波的波形，发现它们的共同特点是波形的后半周与波形的前半周具有镜像对称关系，因此这些波形具有奇次对称性，具有奇次对称性的周期信号只具有奇次谐波成分，不存在直流成分以及偶次谐波成分；对于表 9.1 中序号为 8 的波形，当横轴向上移动 $A/2$ 时，就成为方波，因此它除了具有奇次谐波外，还具有直流成分；表 9.1 中序号为 3、4 的两种波形的共同特点是波形的后半周完全重复波形前半周的变化，具有偶次对称性。具有偶次对称性的非正弦周期信号的谐波，除了含有恒定的直流成分以外，还包含一系列的偶次谐波，而没有奇次谐波成分。

综上所述，具有偶次对称性的非正弦周期信号的傅里叶级数中，包含直流成分和各偶次谐波成分；具有奇次对称性的非正弦周期信号的傅里叶级数中，仅包含奇次谐波成分。而不具有上述两种对称性的半波整流，既有奇次谐波分量又有偶次谐波分量。

9.2.4　波形的平滑性与谐波成分的关系

从表 9.1 中还可看出，不同的波形，各次谐波分量之间幅度的比例也不同。例如，锯齿波的四次谐波振幅是二次谐波振幅的 1/2，而正弦全波整流的四次谐波振幅是二次谐波振幅的 1/5。

再比较一下方波和等腰三角波，方波的三次谐波振幅是基波振幅的 1/3，五次谐波振幅是基波振幅的 1/5，其 n 次谐波振幅是基波振幅的 $1/n$；等腰三角波的三次谐波振幅是基波振幅的 $\left(\dfrac{1}{3}\right)^2$，五次谐波振幅是基波振幅的 $\left(\dfrac{1}{5}\right)^2$，其 n 次谐波振幅是基波振幅的 $\left(\dfrac{1}{n}\right)^2$，显然，方波包含的谐波幅度比等腰三角波显著。

　　观察方波和等腰三角波的波形，可看出前者的平滑程度差。这是因为方波在正、负半周交界处，其瞬时值突然从 $+A$ 陡变为 $-A$，发生了跳变；而等腰三角波则在半个周期内按直线规律从 $+A$ 下降为 $-A$，或从 $-A$ 上升为 $+A$，整个波形没有突出的跳变点。由此可以说，等腰三角波的波形平滑性较方波好。显然，平滑性较好的非正弦周期波所含有的高次谐波成分相应较小。于是可得出另一个结论：一个非正弦周期信号所包含的高次谐波的幅度是否显著取决于波形的平滑程度。

　　波形的平滑性对电路的影响可从两个方面阐述，在输出直流电压或要求输出正弦信号的场合，高次谐波成为不利因素，因此要设法排除，此时需采取措施尽量提高输出波形的平滑度；在另一些场合下，希望得到一种极不平滑的波形，以便利用其所含有的大量不同频率的高次谐波成分，此时应尽量减小输出波形的平滑度。

　　通信技术中，载波机上的谐波发生器就是一个利用大量高次谐波进行工作的例子。为了将不同话路的话音信号加在不同的载波频率上，先要用振荡器来产生所需的载波频率。但每一条话路设置一个振荡器显得很不经济，所以一般使用谐波振荡器来产生载波。谐波振荡器中只有一个振荡器，用它来产生具有一定频率的正弦波。当正弦波通过非线性元件之后，就变成了周期性的双向尖顶窄脉冲。这些双向的尖顶窄脉冲具有奇次对称性，跳变幅度很大且持续时间又短，因此平滑度极差，其中包含了大量的振幅相差不多的奇次谐波。将这些双向尖顶窄脉冲进行全波整流，得到的单方向尖顶窄脉冲又具有偶次对称性质，其中含有一系列丰富的偶次谐波。利用滤波器将这些不同频率的谐波分开之后，即成为谐波发生器的输出信号。这些不同频率的高次谐波信号分别被用来作为各个不同话路的载波频率，由此可节省不少的振荡器。

思考题

　　1. 非正弦周期信号电流，其中基波分量为 i_1，二次谐波分量为 i_2，三次谐波分量为 i_3，下列两式哪个是正确的？为什么？

　　（1）$i = i_1 + i_2 + i_3$　　　　　　　（2）$\dot{I} = \dot{I}_1 + \dot{I}_2 + \dot{I}_3$

　　2. 非正弦周期信号的谐波表达式是什么形式？其中每一项的意义是什么？

　　3. 举例说明什么是奇次对称性？什么是偶次对称性？波形具有偶半波对称时是否一定有直流成分？何谓波形的平滑性？它与谐波成分有什么关系？方波和等腰三角波的三次谐波相比，哪个较大？为什么？

　　4. 脉冲技术中常有"方波的前沿和后沿代表高频成分"的说法，如何理解这种说法？

*9.3 非正弦周期量的有效值、平均值和平均功率

9.3.1 非正弦周期量的有效值和平均值

9-4 非正弦周期量的有效值、平均值和平均功率

非正弦周期量的有效值，在数值上等于与它热效应相同的直流电的数值。这一点表明其有效值的定义与正弦量有效值的定义相同。

假设一个非正弦周期电流为已知，即

$$i = I_0 + \sqrt{2}I_1 \sin(\omega t + \varphi_1) + \sqrt{2}I_2 \sin(2\omega t + \varphi_2) + \cdots$$

式中，I_0 为直流分量，I_1，I_2，$\cdots$ 为各次谐波的有效值。经数学推导，非正弦周期量的有效值等于它的各次谐波有效值的平方和的开方，即

$$I = \sqrt{I_0^2 + I_1^2 + I_2^2 + \cdots} \tag{9.2}$$

非正弦量的有效值也可以直接用仪表来测量，如用电磁式、电动式等仪表都可以测出它的有效值。但是用晶体管或电子管伏特计来测量非正弦周期量时必须注意：这种仪器测量的通常是正弦量，因此常常把最大值除以 $\sqrt{2}$，直接换算成有效值刻在表盘上，测量非正弦量时，这种伏特计的读数并不是待测量的有效值。为此，引入非正弦周期量的平均值的概念。

一般规定，正弦量的平均值按半个周期计算，而非正弦周期量的平均值要按一个周期计算。因为正弦量在一个周期内的平均值为零，但半个周期内的平均值不为零，其值

$$I_{av} = \frac{2}{\pi} I_m \approx 0.637 I_m$$

这个平均值的计算公式在非正弦量半波整流或全波整流电路中都是有用的。对于非正弦周期量，其平均值可按傅里叶级数分解后，求其恒定分量（即零次谐波），即非正弦周期信号在一个周期内的平均值就等于它的零次谐波分量。其用数学式可表达为

$$I_{av} = \frac{1}{T} \int_0^T |i(t)| \, dt \tag{9.3}$$

非正弦周期信号的一些特点在某种程度上可用波形因数和波顶因数来描述。

波形因数是非正弦周期量的有效值与平均值之比，即

$$K_f = \frac{有效值}{平均值}$$

波顶因数等于非正弦周期量的最大值与有效值之比，即

$$K_A = \frac{最大值}{有效值}$$

这两个因数均大于 1，一般情况下 $K_A > K_f$。非正弦周期量的波形顶部越尖，这两个因数越大；而非正弦周期量波形顶部越平，这两个因数越小。

9.3.2 非正弦周期量的平均功率

非正弦周期量通过负载时，负载也要消耗功率，此功率与非正弦量的各次谐波有关。理论计算证明：只有同频率的电压和电流谐波分量（包括直流电压和直流电流）才能构成平均功率。

换言之，不同频率的电压和电流无法产生平均功率。非正弦量的平均功率表达式为

$$P = U_0 I_0 + U_1 I_1 \cos\varphi_1 + U_2 I_2 \cos\varphi_2 + \cdots$$
$$= P_0 + P_1 + P_2 + \cdots$$

（9.4）

式中，第一项 P_0 表示零次谐波响应所构成的有功功率；第二项及以后均表示同频率的各次谐波电压和电流构成的有功功率。显然，除 P_0 外，其他各次谐波分量有功功率的计算方法，与正弦交流电路中所用的方法完全相同；φ_1，φ_2，…为各次谐波电压与电流的相位差角。由式（9.4）可知，非正弦周期量的平均功率就等于它的各次谐波所产生的平均功率之和。

例 9.1　已知有源二端网络的端口电压和电流分别为

$$u = [50 + 85\sin(\omega t + 30°) + 56.6\sin(2\omega t + 10°)](\text{V})$$
$$i = [1 + 0.707\sin(\omega t - 20°) + 0.424\sin(2\omega t + 50°)](\text{A})$$

求该电路所消耗的平均功率。

解：电路中的电压和电流分别包括零次谐波、一次谐波和二次谐波，因此其平均功率为

$$P = 50 \times 1 + \frac{85 \times 0.707}{2}\cos[30° - (-20°)] + \frac{56.6 \times 0.424}{2}\cos(10° - 50°)$$
$$\approx 50 + 19.3 + 9.2$$
$$= 78.5(\text{W})$$

课堂实践：非正弦周期电流电路的研究实验

一、实验目的

（1）观察非正弦周期性电压的谐波分解。

（2）通过实验理解基波与三次谐波的合成。

二、实验设备

（1）函数信号发生器。

（2）双踪示波器。

（3）自制相关实验装置。

三、实验电路

非正弦周期量的研究实验电路原理图如图 9.4 所示。

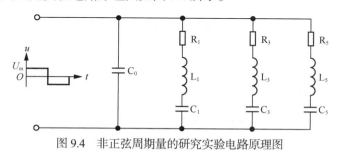

图 9.4　非正弦周期量的研究实验电路原理图

四、实验原理与说明

图 9.5（a）所示为函数信号发生器产生的方波。

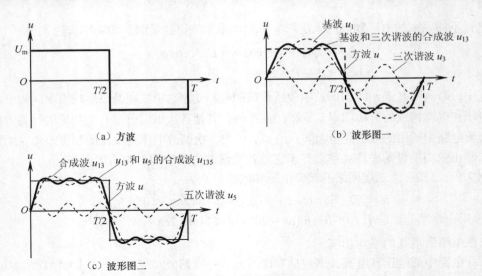

（a）方波　　　　　　　　　　（b）波形图一

（c）波形图二

图 9.5　函数信号发生器产生的方波

根据表 9.1 可得其傅里叶级数展开式为

$$f(t) = \frac{4U_{\mathrm{m}}}{\pi}\left(\sin \omega t + \frac{1}{3}\sin 3\omega t + \frac{1}{5}\sin 5\omega t + \cdots \frac{1}{k}\sin k\omega t \right)（k \text{ 为奇数}）$$

该方波的基波和各次谐波振幅按波次成反比降低。通过对其基波、三次谐波和五次谐波的 RLC 串联谐振电路的调谐，可以从电阻 R 两端获得基波波形、三次谐波波形和五次谐波波形，以及它们的合成波波形，如图 9.5（b）、（c）所示。

需要理解的是，实验电容不可避免地具有一定程度的漏电现象，因此电容不是滞后于电源电压 $\pi/2$，而是滞后一个角度，致使各次谐波初相出现差异，其基波、三次谐波、五次谐波相叠加后的合成波的波形可能会出现略微不对称的情况。

由于各谐振电路 Q 值不同，因而获得的基波、三次谐波电压振幅也不成 $1/k$ 的关系。方波的高次谐波通过 C_0 滤去。

五、实验步骤

（1）在图 9.4 所示的实验电路中，由函数信号发生器产生一个方波信号，信号的频率 $f=35\mathrm{kHz}$，连接于实验电路的输入端。

（2）调整好双踪示波器，让其 CH1 踪探头与函数信号发生器输出相连，观察方波信号波形。

（3）双踪示波器的 CH2 踪探头取 R_1 上的信号，同时调节 C_1 的值，使基波幅度达到最大，并进行观察。

（4）将 CH1 踪探头换接至 R_3 上，同时调节 C_3 值，让三次谐波幅度最大，并进行观察。

（5）用双踪示波器的求和键观察基波和三次谐波的合成波。

（6）用 CH1 踪探头取 R_5 上的信号，观察五次谐波。

（7）在同一坐标上绘出方波、基波、三次谐波及合成波的波形。

六、实验注意事项

（1）接线时切忌信号源短路。

（2）使用双踪示波器注意双踪探头需共"地"。

（3）仔细调节各电容的数值，注意观察。

思考题

1. 非正弦周期量的有效值和正弦周期量的有效值在概念上是否相同？其有效值与它的最大值之间是否也存在 $\sqrt{2}$ 倍的数量关系？其有效值计算式与正弦量有效值计算式有何不同？

2. 何谓非正弦周期函数的平均值？如何计算？

3. 非正弦周期函数的平均功率如何计算？不同频率的谐波电压和电流能否构成平均功率？

 ## 9.4　非正弦周期信号作用下的线性电路分析

非正弦周期信号具有各种各样的波形，看起来很复杂，将其加在线性电路后，再来计算电路中的响应似乎相当困难。但掌握了非正弦周期电流电路的谐波分析法之后，就可在一定条件下将一个非正弦周期信号转换为一系列正弦谐波分量之叠加。换言之，非正弦周期信号虽然是非正弦的，但它的各次谐波分量是正弦的，因此，对于每一个正弦谐波分量而言，正弦交流电路中所介绍的相量分析法仍旧适用。

9-5 非正弦周期信号作用下的线性电路分析

根据线性电路的叠加性，对线性非正弦周期电流电路的分析可转换为对它的各次谐波的相量分析，求出非正弦周期波各次正弦谐波分量的响应，再把各次谐波响应的结果进行叠加，即可求出非正弦周期电流电路的响应。具体计算时应掌握以下几点。

（1）当直流分量单独作用时，遇电容元件按开路处理，遇电感元件按短路处理。

（2）当任意一次正弦谐波分量单独作用时，电路的计算方法与单相正弦交流电路的计算方法完全相同。必须注意的是，对不同频率的谐波分量而言，电容元件和电感元件上所呈现的容抗和感抗各不相同，应分别加以计算。

（3）用相量分析法计算出来的各次谐波分量的结果一般是用复数表示的，不能直接进行叠加。必须将复数形式的各次谐波响应转换为瞬时值表达式之后才能进行叠加。不同频率的电路响应不能画在同一个相量图上，也不能对它们直接进行加减。

例 9.2　将图 9.6（a）所示方波电压加在一个电感元件两端。已知 $L=20\text{mH}$，方波电压的周期 $T=10\text{ms}$，幅值为 5V，试求通过电感元件的电流，并画出电流的波形图。

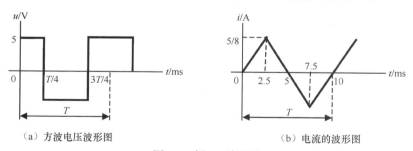

（a）方波电压波形图　　　　　　　（b）电流的波形图

图 9.6　例 9.2 波形图

解：图 9.6（a）所示方波电压的波形与表 9.1 中方波的波形相比，只是纵坐标向左移了 $\dfrac{1}{4}$ 周期，最大值等于 5V，因此其谐波表达式可直接写出，即

$$u = \frac{20}{\pi} \left[\sin \omega \left(t + \frac{\pi}{2} \right) + \frac{1}{3} \sin 3\omega \left(t + \frac{\pi}{2} \right) + \frac{1}{5} \sin 5\omega \left(t + \frac{\pi}{2} \right) + \cdots \right] (\mathrm{V})$$

考虑到 $\omega = \dfrac{2\pi}{T}$ 以及三角公式

$$\sin \left(\alpha + \frac{\pi}{2} \right) = \cos \alpha$$

$$\sin \left(\alpha + \frac{3\pi}{2} \right) = -\cos \alpha$$

故上式又可表达为

$$u = \frac{20}{\pi} \left(\cos \omega t - \frac{1}{3} \cos 3\omega t + \frac{1}{5} \cos 5\omega t - \cdots \right) (\mathrm{V})$$

对各次谐波分别进行计算。当一次谐波电压单独作用时，电感元件对基波所呈现的感抗为

$$Z_1 = \mathrm{j}\omega_1 L = \mathrm{j}\frac{2\pi \times 20}{10} = \mathrm{j}4\pi(\Omega)$$

基波电压的最大值相量 $\dot{U}_{\mathrm{m1}} = \mathrm{j}\dfrac{20}{\pi} \mathrm{V}$，于是基波电流的最大值相量为

$$\dot{I}_{\mathrm{m1}} = \frac{\dot{U}_{\mathrm{m1}}}{Z_1} = \frac{\mathrm{j}\dfrac{20}{\pi}}{\mathrm{j}4\pi} = \frac{5}{\pi^2}(\mathrm{A})$$

对应的解析式为

$$i_1 = \frac{5}{\pi^2} \sin \omega t (\mathrm{A})$$

当三次谐波电压单独作用时，其感抗为

$$Z_3 = \mathrm{j}3\omega L = \mathrm{j}\frac{3 \times 2\pi \times 20}{10} = \mathrm{j}12\pi(\Omega)$$

三次谐波电压的最大值相量 $\dot{U}_{\mathrm{m3}} = -\mathrm{j}\dfrac{20}{3\pi} \mathrm{V}$，于是三次谐波电流的最大值相量为

$$\dot{I}_{\mathrm{m3}} = \frac{\dot{U}_{\mathrm{m3}}}{Z_3} = \frac{-\mathrm{j}\dfrac{20}{3\pi}}{\mathrm{j}12\pi} = -\frac{5}{9\pi^2}(\mathrm{A})$$

对应的解析式为

$$i_3 = -\frac{5}{9\pi^2} \sin 3\omega t (\mathrm{A})$$

当五次谐波电压单独作用时，其感抗为

$$Z_5 = \mathrm{j}5\omega L = \mathrm{j}\frac{5 \times 2\pi \times 20}{10} = \mathrm{j}20\pi(\Omega)$$

五次谐波电压的最大值相量 $\dot{U}_{\mathrm{m5}} = \mathrm{j}\dfrac{20}{5\pi} = \mathrm{j}\dfrac{4}{\pi} \mathrm{V}$，于是五次谐波电流的最大值相量为

$$\dot{I}_{m5} = \frac{\dot{U}_{m5}}{Z_5} = \frac{j\dfrac{4}{\pi}}{j20\pi} = \frac{5}{25\pi^2}(A)$$

对应的解析式为

$$i_5 = \frac{5}{25\pi^2}\sin 5\omega t (A)$$

其他更高次谐波均可依此方法计算出来，实际工程应用中，一般计算至 3～5 次谐波即可。将上述求解结果用它们的瞬时值表达式叠加起来，就构成了电感中电流的傅里叶级数表达式，即

$$i = \frac{5}{\pi^2}\left(\sin\omega t - \frac{1}{9}\sin 3\omega t + \frac{1}{25}\sin 5\omega t - \cdots\right)A$$

参照表 9.1 可知，电流是一个等腰三角波，其峰值 $A=\dfrac{5}{8}$A，电流波形如图 9.6（b）所示。

此例说明，在非正弦周期信号作用下，电感两端的电压与其中的电流具有不同的波形。原因是电感元件对各次谐波呈现的感抗各不相同，谐波频率越高，呈现的感抗值越大，则电感中电流的幅度就会相应减小。显然，电感元件中的电流波形总是比电压波形的平滑性好一些。

图 9.7（a）所示为 π 型低通滤波器电路。其中的电容 C_1 和 C_2 对信号的高次谐波有很大的分流作用，L 对高次谐波呈现的感抗较大，所以通过负载上的电流主要是直流和低次谐波成分。图 9.7（b）所示为 π 型高通滤波器电路。其中的电感 L_1 和 L_2 对信号直流和低次谐波近似短路，C 可以阻碍低次谐波电流通过负载，所以负载上的电流主要为高次谐波。

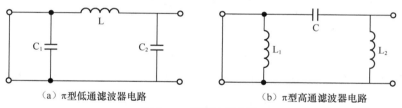

（a）π型低通滤波器电路　　　　　　（b）π型高通滤波器电路

图 9.7　π型滤波器电路

思考题

1. 对非正弦周期信号作用下的线性电路应如何计算？计算方法依据了什么原理？若已知基波作用下的复阻抗 $Z = 30 + j20\,\Omega$，求在三次和五次谐波作用下负载的复阻抗为多少？

2. 某电压 $u = 30 + 60\sin 314t$ V，接在 $R=3\Omega$、$L=12.7$mH 的 RL 串联电路上，求电流有效值和电路中所消耗的功率。

小结

1. 非正弦周期信号均可分解为一系列振幅按一定规律递减、频率成整数倍增加的正弦谐波分量，正确找出非正弦周期量的各次谐波的过程称为谐波分析法。谐波表达式的形式是傅里叶级数。

2. 频谱是描述非正弦周期信号特性的一种方式，一定形状的波形与一定结构的频谱相对应。非正弦周期信号的频谱是离散频谱。

3. 非正弦周期信号各次谐波的存在与否与波形的对称性有关。直流分量 A_0 是一个周期内的平均值，与计时起点的选择无关。

① $f(t) = -f(-t)$ 的波形具有奇次对称性，称为奇函数。奇函数的傅里叶级数表达式中只包含奇次谐波分量，与计时起点的选择无关；若波形还对原点对称，则只含有奇次正弦谐波，与计时起点的选择有关。

② $f(t) = f(-t)$ 的波形具有偶次对称性，称为偶函数。偶函数的傅里叶级数表达式中将包含包括直流成分在内的各偶次谐波，与计时起点的选择无关；若波形还对纵轴对称，则只含有各次余弦谐波与直流分量，且与计时起点的选择有关。

4. 不同频率谐波分量振幅之间的比例取决于波形的平滑性。有跳变的波形比没有跳变的波形平滑性差。平滑性差的波形的各次谐波的振幅相对较大。

5. 本章研究的问题仍限制在线性电路的稳态，因此线性元件 R、L 和 C 的参数均为常数，无论电压、电流如何变化，这些元件上的伏安关系仍然遵循

$$u_R = iR \ , \quad u_L = L\frac{di}{dt} \ , \quad i_C = C\frac{du_C}{dt}$$

在非正弦周期信号作用下的电路中，电阻元件上的电压与电流波形相同；电感元件上由于电流不能发生跳变，其波形的平滑性比电压好；电容元件上由于电压不能发生跳变，电压波形的平滑性比电流波形的平滑性好。

6. 非正弦周期电流电路的分析和计算是按照线性电路的叠加性进行的，对它的各次谐波响应的求解中，前面介绍的各电路定律仍然适用。

非正弦周期量的有效值等于它的恒定分量和各次谐波有效值的平方和的平方根，即

$$I = \sqrt{I_0^{\ 2} + I_1^{\ 2} + I_2^{\ 2} + \cdots}$$
$$U = \sqrt{U_0^{\ 2} + U_1^{\ 2} + U_2^{\ 2} + \cdots}$$

非正弦周期电路的总功率等于它的各次谐波单独作用时产生的平均功率之和，即

$$P = U_0 I_0 + U_1 I_1 \cos\varphi_1 + U_2 I_2 \cos\varphi_2 + \cdots$$

7. 非正弦周期量的平均值定义式为 $f_{av} = \dfrac{1}{T}\displaystyle\int_0^T |f(t)|\,dt$，平均值与它的直流分量是两个不同的概念，由平均值引出了波形因数和波顶因数的概念。

8. 应用叠加定理计算非正弦周期信号作用下的线性电路时，首先要对已知非正弦周期信号进行谐波分析，将其分解为傅里叶级数；再对各次谐波单独作用下的电路进行求解，即对于恒定分量可按直流电路分析，注意直流情况下电感元件和电容元件分别做短路和开路处理，对交流谐波分量则可运用相量分析法，注意电感元件和电容元件对不同频率的谐波所呈现的电抗值各不相同；最后根据叠加定理，把各次谐波响应的结果（交流分量应化为解析式）进行叠加即可得到非正弦周期电路的响应。

能力检测题

一、填空题

1. 一系列_____不同、_____成整数倍的正弦波叠加后可构成一个非正弦周期波。非正弦周期波所具有的共同特点是它们的波形变化具有_____。

2. 一个非正弦周期波可分解为无限多项_____成分，这个分解的过程称为_____分析，其数学基础是_____。

3. 与方波频率相同的谐波成分称为_____，是构成方波的基本成分。在非正弦周期波中，当谐波频率是基波频率的奇数倍时，称为_____谐波，当谐波频率是基波频率的偶数倍时，称为_____谐波，二次或二次以上的谐波分量统称为_____谐波。

4. 振幅频谱图中，将各条谱线的顶点连接起来的曲线称为振幅的_____。

5. 一个非正弦周期波所包含的高次谐波的幅度是否显著，取决于波形的_____。

6. 非正弦周期波的有效值与平均值之比称为_____因数，非正弦周期波的最大值与有效值之比称为_____因数。非正弦周期波的波形顶部越尖，这两个因数越_____，而非正弦周期波的波形顶部越平，这两个因数越_____。

7. 非正弦周期量的平均功率等于它的各次谐波所产生的_____之和。

8. 当一个奇函数仅具有奇次对称性时，其傅里叶级数展开式中只包含各_____谐波分量，与_____的选择无关。

9. 非正弦周期电路中_____元件上由于电流不能发生跃变，其波形的平滑性比电压好。

二、判断题

1. 非正弦周期波的正弦谐波分量通常没有规律。（　　）

2. 非正弦周期量的有效值等于其恒定分量和各次谐波有效值平方和的平方根。（　　）

3. 只有电路中的激励是非正弦周期信号时，电路中的响应才是非正弦的。（　　）

4. 非正弦周期信号的波形变化没有周期性。（　　）

5. 一系列振幅不同、频率成整数倍的正弦波叠加后可构成一个非正弦周期波。（　　）

6. 非正弦周期信号的各次谐波的频率成整数倍，但各次谐波的振幅相差不多。（　　）

7. 高于三次谐波的正弦波才能称为高次谐波。（　　）

8. 对已知波形的非正弦周期量，正确写出其傅里叶级数展开式的过程称为谐波分析。

（　　）

9. 波顶因数在数值上等于非正弦周期量的有效值与平均值之比。（　　）

10. 非正弦周期量的平均功率等于其各次谐波产生的平均功率之和。（　　）

三、选择题

1. 已知非正弦周期信号的周期是 0.02s，其傅里叶级数中角频率为 300πrad/s 的项称为（　　）。

    A．三次谐波分量　　　　B．六次谐波分量　　　　C．基波分量

2. 下列表达式中，属于非正弦周期信号的是（　　）。

    A．$u = \sin \omega t + \cos \omega t$　　B．$u = 5 \sin \omega t + 8 \sin \omega t$　　C．$u = \sin 2\omega t + \cos \omega t$

3. 分解非正弦周期信号电路应采用（　　）。

    A．相量分析法　　　　B．谐波分析法　　　　C．欧姆定律分析法

4. RLC 串联电路在非正弦周期信号激励下对三次谐波产生谐振，则基波信号的电路性质是（　　）。

    A．电阻性　　　　　　B．电感性　　　　　　C．电容性

5. 感性非正弦周期电路的基波角频率是 100π rad/s，三次谐波作用时电路感抗是（　　）。

    A．$30\pi L$　　　　　　B．$50\pi L$　　　　　　C．$300\pi L$

四、简答题

1. 什么是周期性的非正弦波？举出几个非正弦周期波的实例。

2. 非正弦周期量的谐波分量表达式是怎样的？其中每一项的意义是什么？

3. 什么是奇次对称性？什么是偶次对称性？试举例说明。

4. 有人说："只要电源电压波形是正弦的，电路中各部分电流和电压波形就都是正弦的。"这种说法对吗？试举例说明。

5. 在线性电路中，当电源是方波作用时，电路中的电压、电流响应一定也是方波吗？

6. 哪一种非正弦周期量作用的电路中，电压与电流的波形总是相同的？

五、计算题

1. 根据下列解析式，画出电压的波形图，加以比较后说明它们有何不同。

（1） $u = 2\sin\omega t + \cos\omega t$ V

（2） $u = 2\sin\omega t + \sin 2\omega t$ V

（3） $u = 2\sin\omega t + \sin(2\omega t + 90°)$ V

2. 已知正弦全波整流的幅值 I_m=1A，求直流分量 I_0 和基波、二次、三次、四次谐波的最大值。

3. 图 9.8 所示为一个滤波器电路，已知负载 R=1000Ω，C=30μF，L=10H，外加非正弦周期信号电压 u=160+250sin314t V，试求通过电阻 R 的电流。

4. 已知某非正弦周期信号在四分之一周期内的波形为一个锯齿波，且在横轴上方，幅值等于1V，如图 9.9 所示。试根据下列情况分别绘出一个周期的波形图。

（1） $u(t)$ 为偶函数，且具有偶半波对称性。

（2） $u(t)$ 为奇函数，且具有奇半波对称性。

（3） $u(t)$ 为偶函数，无半波对称性。

（4） $u(t)$ 为奇函数，无半波对称性。

（5） $u(t)$ 为偶函数，只含有偶次谐波。

（6） $u(t)$ 为奇函数，只含有奇次谐波。

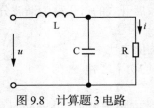

图 9.8　计算题 3 电路

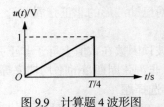

图 9.9　计算题 4 波形图

5. 图 9.10（a）所示电路的输入电压的波形图如图 9.10（b）所示，求电路中的响应 $i(t)$ 和 $u_C(t)$。

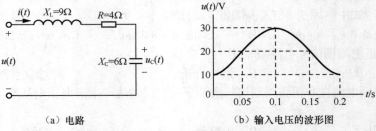

（a）电路　　　　　　　　（b）输入电压的波形图

图 9.10　计算题 5 电路及输入电压的波形图

六、素质拓展题

在处理问题时，有些问题不能直接解决。我们需要转变思路，例如非正弦周期信号的分析，可以利用傅里叶级数转变为多个正弦或余弦函数去分析计算，从而解决问题。请尝试在 Multisim 仿真平台上，利用 4 个或更多个不同角频率的正弦波叠加合成矩形波。

附录 技能训练

实训项目　常用电工工具的使用及配盘练习

　　本附录的任务是使学生了解行业规范所要求的电工工艺基本知识，初步掌握最基本的电工工具的操作技能，培养学生分析问题和解决问题的能力，提高实际动手能力，加强职业道德观念。

一、常用电工工具的使用

1．螺钉旋具的用途及操作方法

　　螺钉旋具也称为螺丝起子、螺丝刀、改锥等，用来紧固或拆卸螺钉。按照螺钉旋具头部形状的不同，可分为十字头螺钉旋具和平头螺钉旋具两种；按照螺钉旋具手柄材料和结构的不同，可分为木柄、塑料柄、夹柄和金属柄4种。

　　（1）十字头螺钉旋具

　　十字头螺钉旋具如附图1所示。十字头螺钉旋具主要用来旋转十字槽形的螺钉、木螺钉和自攻螺钉等。其产品有多种规格，通常说的大、中、小螺钉螺具是用手柄以外的刀体长度来表示的，常用的有100mm、150mm、200mm、300mm和400mm等几种。使用时应注意根据螺钉的大小选择不同规格的螺钉旋具。使用十字头螺钉旋具时，应注意使旋杆端部与螺钉槽相吻合，否则容易损坏螺钉旋具和螺钉的十字槽。

　　（2）平头螺钉旋具

　　平头螺钉旋具如附图2所示。平头螺钉螺具主要用来旋转一字槽形的螺钉、木螺钉和自攻螺钉等。其产品规格与十字头螺钉旋具类似，常用的也是100mm、150mm、200mm、300mm和400mm等几种。使用时应注意根据螺钉的大小选择不同规格的螺钉旋具。若用较小的螺钉旋具来旋拧大号的螺钉，则很容易损坏螺钉旋具；若用较大的螺钉旋具来旋拧小号的螺钉，则易于把螺钉拧坏。

附图1　十字头螺钉旋具

附图2　平头螺钉旋具

　　（3）螺钉旋具的具体使用方法

　　当所需旋紧的螺钉不需用太大力量时，握法如附图3（a）所示，其中食指对螺钉旋具起固定作用，其余手指旋转螺钉旋具；当旋紧螺钉需用较大力气时，握法如附图3（b）所示，拧紧螺钉时，手紧握柄，用力顶住，使螺钉旋具紧压在螺钉上，以顺时针的方向旋转为拧紧，逆时针为拆卸。

2. 验电笔的使用方法

验电笔如附图4所示。这里主要介绍低压验电器的使用。低压验电器能检查低压线路和电气设备外壳是否带电。为便于携带，低压验电器通常做成笔状，前段是金属探头，内部依次装有安全电阻、氖管和弹簧。弹簧与笔尾的金属体相接触。使用时，手应与笔尾的金属体相接触。验电笔的测电压范围为60～500V（严禁测量高压电）。使用前，务必先在正常电源上验证氖管能否正常发光，以确认验电笔验电可靠。由于氖管发光微弱，在明亮的光线下测试时，应当避光检测。

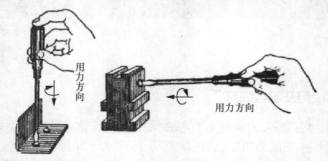

（a）旋紧螺钉不需用太大力量时　　（b）旋紧螺钉需用较大力气时

附图3　螺钉旋具的使用方法

附图4　验电笔

检测线路或电气设备外壳是否带电时，应手指触及验电笔尾部金属体，氖管背光朝向使用者，以便验电时观察氖管辉光情况。验电笔的正确握法如附图5所示，其中，附图5（a）为笔式验电笔的握法，附图5（b）为螺钉旋具式验电笔的握法。

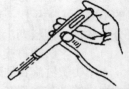

（a）笔式验电笔的握法　　（b）螺钉旋具式验电笔的握法

附图5　验电笔的正确握法

3. 钢丝钳的用途及操作方法

钢丝钳如附图6所示，其主要用途是用手夹持或切断金属导线，带刃口的钢丝钳还可以用来夹断钢丝。钢丝钳的规格有150mm、175mm、200mm共3种，均带有橡胶绝缘套管，可适用于500V以下的带电作业。附图7所示为钢丝钳的使用方法。

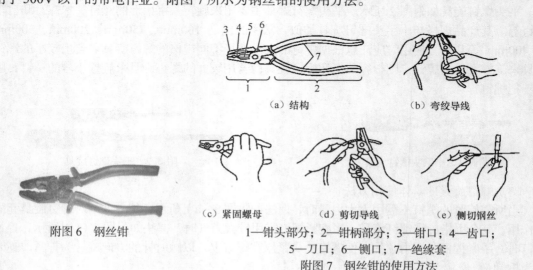

（a）结构　　　　　　（b）弯绞导线

附图6　钢丝钳

（c）紧固螺母　　　（d）剪切导线　　　（e）侧切钢丝

1—钳头部分；2—钳柄部分；3—钳口；4—齿口；
5—刀口；6—侧口；7—绝缘套

附图7　钢丝钳的使用方法

使用钢丝钳的时候应注意以下事项。

① 使用之前，应注意保护钢丝钳的绝缘套管，以免划伤失去绝缘作用。绝缘手柄的绝缘性能良好，是保证带电作业时操作人员人身安全的重要保障。

② 用钢丝钳剪切带电导线时，严禁用刀口同时剪切相线和零线，或同时剪切两根相线，以免发生短路事故。

③ 不可将钢丝钳当锤子用于敲打，以免刃口错位、转动轴失圆而影响正常使用。

4. 尖嘴钳的用途及操作方法

尖嘴钳如附图 8 所示，它是电工（尤其是内线电工）的常用工具之一。尖嘴钳的主要用途是夹捏工件或导线，或用来剪切线径较小的单股与多股线以及给单股导线接头弯圈、剥塑料绝缘层等。

尖嘴钳特别适用于狭小的工作区域，规格有 130mm、160mm、180mm 共 3 种。电工用的尖嘴钳带有绝缘套管，有的带有刃口，可以剪切细小零件。尖嘴钳的使用方法及注意事项与钢丝钳基本类同。尖嘴钳的握法如附图 9 所示。

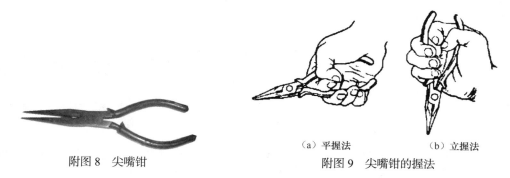

附图 8　尖嘴钳

（a）平握法　　　（b）立握法

附图 9　尖嘴钳的握法

5. 电工刀的用途及操作方法

电工刀如附图 10 所示，主要用来切削电工安装维修过程中导线的绝缘层、电缆绝缘层、木槽板等。普通的电工刀由刀片、刀刃、刀把、刀挂等构成。不用时，应把刀片收缩到刀把内。

电工刀的规格有大号、小号之分，大号刀片长 112mm，小号刀片长 88mm。有的电工刀上带有锯片和锥子，可用来锯小木片和钻孔。电工刀没有绝缘保护，禁止带电作业。

电工刀在使用时应避免切割坚硬的材料，以保护刀口。刀口用钝后，可用油石打磨。如果刀刃部分损坏较重，则可用砂轮打磨，但须防止退火。

使用电工刀时，切忌面向人体切削，其使用方法如附图 11 所示。用电工刀剖削电线绝缘层时，可把刀略微翘起一些，用刀刃的圆角抵住线芯。切忌把刀刃垂直对着导线切割绝缘层，因为这样容易割伤电线线芯。电工刀的刀柄无绝缘保护，不能接触或剖削带电导线及器件。新电工刀的刀口较钝，应先开启刀口再使用。电工刀在使用后应随即将刀身折进刀柄，以避免伤手。

6. 剥线钳的用途及操作方法

剥线钳如附图 12 所示。剥线钳是内线电工和电机修理、仪器仪表电工的常用工具之一。剥线钳适用于直径 3mm 及以下的塑料或橡胶绝缘电线、电缆芯线的剥皮。

剥线钳由钳口和手柄两部分组成。剥线钳钳口分有 0.5～3mm 的多个直径刃口，用来与不同规格线芯直径相匹配。剥线钳也装有绝缘套。

剥线钳的使用方法是，将待剥皮的线头置于钳头的某相应刃口中，用手将两个钳柄果断地一捏，随即松开，绝缘皮便与芯线脱开。

附图 10　电工刀

附图 11　电工刀的使用方法

附图 12　剥线钳

剥线钳在使用时要注意选好刀刃孔径，当刀刃孔径选大时，难以剥离绝缘层，当刀刃孔径选小时，会切断芯线，只有选择合适的孔径才能达到剥线钳的使用目的。

7. 活络扳手的用途及操作方法

活络扳手如附图 13 所示。活络扳手又叫活扳手，主要用来旋紧或拧松有角螺钉或螺母，也是常用电工工具之一。电工常用的活络扳手有 200mm、250mm 和 300mm 共 3 种尺寸，实际应用中，应根据螺母的大小选配合适的活络扳手。

附图 14 所示为活络扳手的使用方法。其中，附图 14（a）所示为一般握法，显然，手越靠后，扳动起来越省力。

附图 13　活络扳手

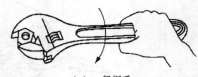
（a）一般握手

（b）调整扳口大小的方法

附图 14　活络扳手的使用方法

附图 14（b）所示为调整扳口大小的方法，用右手大拇指调整蜗轮，不断地转动蜗轮扳动小螺母，根据需要调节扳口的大小，调节时手应握在靠近扳唇的位置。

使用活络扳手时，应右手握手柄。在扳动生锈的螺母时，可在螺母上滴几滴煤油或机油，这样较易拧动。当拧不动螺母时，切不可采用钢管套在活络扳手的手柄上来增加扭力的方法，因为这样极易损伤活络扳唇。另外，不可把活络扳手当锤子用，以免损坏。

二、导线的连接方法

1. 单股铜芯线的直线连接

首先，用电工刀剖削两根连接导线的绝缘层及氧化层，注意，电工刀口在需要剖削的导线上与导线成 45° 夹角，斜切入绝缘层，并以 25° 倾斜推削，对剖开的绝缘层进行齐根剖削，不要伤到线芯。

其次，让剖削好的两根裸露连接线头成 X 形交叉，互相绞绕 2 或 3 圈；扳直两根线头，再将每根线头在线芯上紧贴并绕 3～5 圈，将多余的线头用钢丝钳剪去，并钳平线芯的末端及切口毛刺，具体操作如附图 15 所示。

2. 单股铜芯线的 T 形连接

首先，把去除绝缘层及氧化层的支路线芯的线头与干线线芯十字相交，使支路线芯根部留出 3～5mm 裸线，如附图 16（a）所示。

其次，把支路线芯按顺时针方向贴干线线芯密

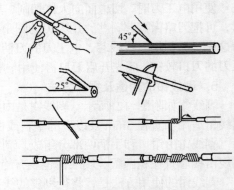
附图 15　单股铜芯线的直线连接的具体操作

绕6～8圈，用钢丝钳切去余下线芯，并钳平线芯末端及切口毛刺，如附图16（b）所示。

如果单股铜导线截面较大，则要在与支线线芯十字相交后，按照附图 16（c）所示绕法，从右端绕下，平绕到左端，从里向外（由下往上）紧密并缠 4～6 圈，剪去多余的线端，最后用绝缘胶布缠封。

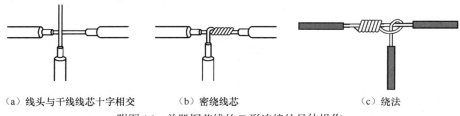

（a）线头与干线线芯十字相交　　（b）密绕线芯　　　　（c）绕法

附图 16　单股铜芯线的 T 形连接的具体操作

3. 多股铜芯线的直线连接

首先，将除去绝缘层及氧化层的两根线头分别散开并拉直，在靠近绝缘层的 1/3 线芯处将该段线芯绞紧，把余下的 2/3 线头分散成伞状，如附图 17（a）所示。

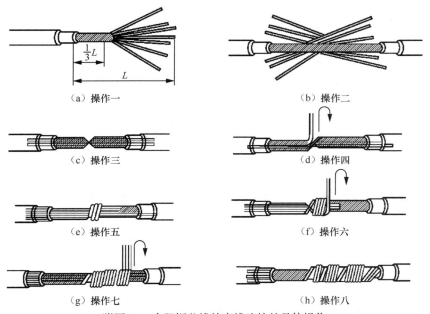

（a）操作一　　　　　　　　　　　　（b）操作二

（c）操作三　　　　　　　　　　　　（d）操作四

（e）操作五　　　　　　　　　　　　（f）操作六

（g）操作七　　　　　　　　　　　　（h）操作八

附图 17　多股铜芯线的直线连接的具体操作

其次，把两个分散成伞状的线头隔根对叉，如附图 17（b）所示；再放平两端对叉的线头，如附图 17（c）所示；接下来把一端的 7 股线芯按 2、2、3 股分成 3 组，把第一组的 2 股线芯扳起，垂直于线头，如附图 17（d）所示；按顺时针方向紧密缠绕 2 圈，将余下的线芯向右与线芯平行方向扳平，如附图 17（e）所示；随后将第二组 2 股线芯扳成与线芯垂直方向，如附图 17（f）所示；按顺时针方向紧压着前两股扳平的线芯缠绕 2 圈，也将余下的线芯向右与线芯平行方向扳平；将第三组的 3 股线芯扳于线头垂直方向，如附图 17（g）所示；按顺时针方向紧压线芯向右缠绕；最后缠绕 3 圈，之后切去每组多余的线芯，钳平线端，如附图 17（h）所示。

用同样的方法去缠绕另一边线芯。

4. 多股铜芯线的T字分支连接

首先，把除去绝缘层及氧化层的分支线芯散开钳直，在距绝缘层 1/8 线头处将线芯绞紧，把余下部分的线芯分成两组，一组 4 股，另一组 3 股，并将其排齐，然后用螺钉旋具把已除去绝缘层的干线线芯撬分为两组，把支路线芯中 4 股的一组插入干线两组线芯中间，把支线的 3 股线芯的一组放在干线线芯的前面，如附图 18（a）所示。

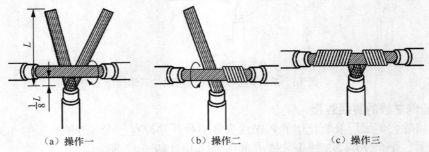

（a）操作一　　　　　　（b）操作二　　　　　　（c）操作三

附图 18　多股铜芯线的 T 字分支连接具体操作

其次，把 3 股线芯的一组向干线一边按顺时针方向紧紧缠绕 3 或 4 圈，剪去多余线头，钳平线端，如附图 18（b）所示。

最后，把 4 股线芯的一组按逆时针方向往干线的另一边缠绕 4 或 5 圈，剪去多余线头，钳平线端，如附图 18（c）所示。

5. 铝芯导线的连接

因为铝极易氧化，而且铝氧化膜的电阻率很高，所以铝芯线不宜采用铜芯线的连接方法，而常采用螺钉压接法和压接管压接法。

（1）螺钉压接法

此方法适用于负荷较小的单股铝芯导线的连接。

首先，除去铝芯线的绝缘层，用钢丝刷刷去铝芯线头的铝氧化膜，并涂上中性凡士林，如附图 19（a）所示。

其次，将线头插入瓷接头或熔断器、插座、开关等的接线桩上，最后旋紧压接螺钉。附图 19（b）所示为直线连接，附图 19（c）所示为分路连接。

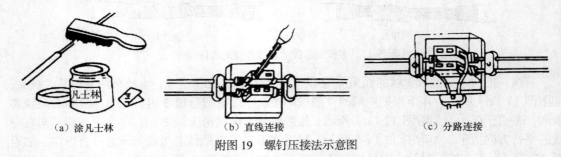

（a）涂凡士林　　　　　　（b）直线连接　　　　　　（c）分路连接

附图 19　螺钉压接法示意图

（2）压接管压接法

压接管压接法适用于较大负载的多股铝芯导线的直线连接，需要压接钳和压接管，如附图 20（a）、（b）所示。

根据多股铝芯线规格选择合适的压接管，除去需连接的两根多股铝芯导线的绝缘层，用钢丝刷清除铝芯线头和压接管内壁的铝氧化层，涂上中性凡士林。

将两根铝芯线头相对穿入压接管，并使线端穿出压接管25～30mm，如附图20（c）所示。

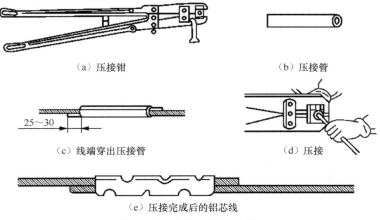

（a）压接钳　　　　　　　　　　　　　　（b）压接管

（c）线端穿出压接管　　　　　　　　　　（d）压接

（e）压接完成后的铝芯线

附图20　压接管压接法示意图

最后进行压接，压接时第一道压坑应在铝芯线头一侧，不可压反，如附图 20（d）所示。压接完成后的铝芯线如附图 20（e）所示。

三、家用配电盘的制作

家用配电盘是供电和用户之间的中间环节，通常也叫作照明配电盘。

配电盘的盘面板一般固定在配电箱的箱体中，是安装电气元件用的。其制作主要步骤如下。

1. 盘面板的制作

根据设计要求来制作盘面板。一般家用配电盘的电路如附图 21 所示。

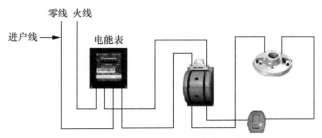

附图 21　一般家用配电盘的电路

根据配电线路的组成及器件规格来确定盘面板的长度尺寸，盘面板四周与箱体边之间应有适当缝隙，以便在配电箱内安装固定，并在板后加框边，以便在反面布设导线。为节约木材，盘面板的材质已广泛采用塑料代替。

电器排列的原则如下。

① 将盘面板放平，全部元件、电器、装置等置于上面，先进行实物排列。一般将电能表装在盘面板的左边或上方，刀闸装在电能表下方或右边，回路开关及灯座要相互对应，放置的位置要便于操作和维护，并使盘面板的外形整齐美观。注意：一定要火线进开关。

② 各电器排列的最小间距应符合电气距离要求，除此之外，各器件、出线口、距盘面板四周边缘的距离均不得小于 30mm。总之，盘面板布置要求安全可靠、整齐、美观，便于加电测试和观察。

2. 盘面板的加工

按照电器排列的实际位置，标出每个电器的安装孔和出线孔（间距要均匀），进行盘面板的钻孔（如采用塑料板，则应先钻一个 $\phi3mm$ 的小孔，再用木螺钉装固定电器）。等盘面板的刷漆干了以后，在出线孔套上瓷管头（适用于木质和塑料盘面板）或橡皮护套（适用于铁质盘面板）以保护导线。

3. 电器的固定

待盘面板加工好以后，将全部电器摆正固定，用螺钉将电器固定牢靠。

4. 盘面板的配线

① 导线的选择。根据电能表和电器规格、容量及安装位置，按设计要求选取导线截面和长度。

② 导线敷设。盘面导线须排列整齐，一般布置在盘面板的背面。盘后引入和引出的导线应留出适当的余量，以便于检修。

③ 导线的连接。导线敷设好后，即可将导线按设计要求依次正确、可靠地把电气元件进行连接。

5. 盘面板的安装要求

① 电源连接：垂直装设的开关或刀闸等设备的上端接电源，下端接负载；横装的设备左侧（面对配电盘）接电源，右侧接负载。

② 接火线和零线：按照左零右火的原则排列。

③ 导线分色：火线和零线一般不采用相同颜色的导线，通常火线用红色导线，零线采用其他较深颜色的导线。

四、综合盘的制作

所谓综合盘，就是在一个盘面上安装一个白炽灯座和两个控制白炽灯通、断的双联开关及 3 个单相五孔插座，其盘面布置如附图 22 所示。

附图 22　综合盘配电板的盘面布置

1. 双联开关控制的照明电路安装

两只双联开关在两个地方控制一盏灯的线路通常用在楼梯或走廊。

控制线路中一个最重要的环节就是火线必须进开关！零线直接连到灯座连接螺纹圈的接线柱上（如果是卡口灯座，则可把零线连接在任意一个灯口的接线柱上）。

火线的连线路径：火线连接于双联开关的动触头的固定端，再从另一个动触头的固定端连接到灯座中心簧片的接线柱上。连线位置可参看附图 23 所示的盘后走线图。

2. 五孔插座的安装

进行插座接线时，每一个插座的接线柱上只能接一根导线，因为插座接线柱一般很小，原设计只接一根导线，如硬要连接多根，当其中一根发生松动时，必会影响其他插座的正常使用；另外，接线柱上若连接插座超过一只，则当一个插座工作时，另一个插座也会跟着发热，轻者对相邻插座使用寿命产生影响，发热严重时还可能烧坏插座接线柱。

对家庭安装来讲，插座的安装位置一般离地面 30cm。卫生间、厨房插座高度另定。卫生间要安装防溅型插座，浴缸上方三面不宜安装插座，水龙头上方不宜安装插座。燃气表周围 15cm 以内不能安装插座。燃具与电气设备应错位设置，其水平净安装距离不得小于 50cm。

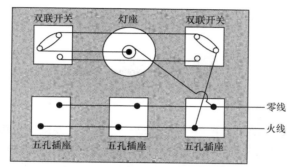

附图 23　盘后走线图

　　安装单相三孔插座时，面对插座正面位置，正确的方法是把单独一孔放置在上方，并让上方一孔接地线，下方两孔的左边一孔接零线，右边一孔接火线，这就是常说的左零右火。安装两孔插座时，左边一孔接零线，右边一孔接相线，不能接错。否则，用电器的外壳会带电，或打开用电器时外壳会带电，易发生触电事故。

　　家用电器一般忌用两孔电源插座，尤其是台扇、落地风扇、洗衣机、电冰箱等，均应采用单相三孔插座。浴霸、电暖器安装不得使用普通开关，应使用与设备电流相配的带有漏电保护的专门开关。

五、实训时间具体安排

　　本实训时间为一周，内容根据各校条件的不同可以进行取舍。

六、实训各项评分标准

　　本次实训按 100 分评价。

　　（1）导线连接（主要练习导线的直线连接和 T 形连接）按 20 分计。

　　① 直线连接时，圈与圈之间距离大扣 1 分；线损伤扣 1 分；圈数比要求的少或多均扣 1分；导线裸露部分太长扣 1 分。

　　② T 形连接时，圈与圈之间距离较大扣 1 分；线被钳子夹伤扣 1 分；圈数不够或多均扣 1分；导线裸露部分过长扣 1 分。

　　（2）综合盘制作按 25 分计。

　　① 线路连接不正确加电实验一次不成功扣 3 分；灯头火线、零线接反扣 2 分。

　　② 火线和零线颜色不分扣 2 分；导线较短致使走线太紧扣 1 分；导线太长造成浪费扣 1分；连线不牢固扣 1 分；线鼻绕反一处扣 1 分。

　　③ 五孔插座中火线、零线接错扣 3 分；元件损坏一片扣 3 分（且要立即购买新的元件进行赔偿）。

　　（3）配电盘制作按 25 分计。

　　① 通电实验不成功每返工一次扣 3 分；元件布局不合理扣 2 分；元件安装松动每处扣 1 分。

　　② 敷线工艺中走线不平直，交叉相接触每处扣 1 分；线鼻绕错一片扣 1 分；线头裸露部分较多，每处扣 1 分。

　　③ 火线、零线不分扣 2 分；火线接错扣 2 分；损坏元件一处扣 3 分（并要立刻赔偿）。

　　（4）实训期间全勤按 10 分计。旷课一次扣 5 分；请事假一次扣 2 分；请病假一次扣 1 分。

　　（5）实训期间劳动态度好且遵守实训纪律按 10 分计。

　　（6）实训总结报告按 10 分计。

参 考 文 献

[1] 李广明，曾令琴.电路与模拟电子技术[M]. 北京：人民邮电出版社，2019.

[2] 邱关源，罗先觉.电路[M]. 5 版. 北京：高等教育出版社，2009.

[3] 刘陈，周景泉. 电路分析基础[M]. 4 版. 北京：人民邮电出版社，2015.